AutoCAD 2008
绘图基础

主　编　何改云　刘福华

副主编　曾维川

天津大学出版社
TIANJIN UNIVERSITY PRESS

内容提要

本书以初学计算机绘图者为对象，介绍 AutoCAD 2008 简体中文版的基础内容。书中围绕绘制机械工程图样这一主题展开讨论，详细叙述了绘图方法和步骤。主要内容有 AutoCAD 的基本知识、设置初始绘图环境、基本绘图方法、特殊对象的绘制、构造图形的方法、尺寸标注、图块及属性、绘制机械工程图、图形输出以及构造、观察、着色、渲染三维模型等。命令介绍均有具体实例说明。每章后附有练习题，供读者上机练习。

本书通俗易懂，由浅入深，实用性强，便于读者自学，既可作为大中专院校 AutoCAD 培训教材，也可作为计算机工作人员的参考书。

图书在版编目(CIP)数据

AutoCAD 2008 绘图基础/何改云，刘福华主编.—天津：天津大学出版社，2008.11（2018.1 重印）
ISBN 978-7-5618-2841-0

Ⅰ.A⋯　Ⅱ.①何⋯②刘⋯　Ⅲ.机械制图：计算机制图-应用软件，AutoCAD 2008　Ⅳ.TH126

中国版本图书馆 CIP 数据核字(2008)第 172280 号

出版发行	天津大学出版社	
地　　址	天津市卫津路 92 号天津大学内（邮编：300072）	
电　　话	发行部：022-27403647	
网　　址	publish.tju.edu.cn	
印　　刷	天津泰宇印务有限公司	
经　　销	全国各地新华书店	
开　　本	185mm×260mm	
印　　张	20.5	
字　　数	512 千	
版　　次	2008 年 11 月第 1 版	
印　　次	2018 年 1 月第 5 次	
定　　价	43.00 元	

前　　言

由美国 AutoDesk 公司开发的 AutoCAD 是当前应用最普及的计算机辅助设计和绘图软件之一。它集图形处理、产品设计、图形数据管理以及网络技术于一体，在机械、电子、建筑、化工等领域得到广泛应用。由于软件在全球的广泛使用，也促进了 AutoCAD 版本的不断增强和完善。AutoCAD 2008 较之以前的版本，在设计和绘图功能及运行性能上都有很大改进。随着 AutoCAD 的完善和普及，它已成为国内许多大中专院校工程类专业的必修课程，也是工程技术人员的必备技术。

AutoCAD 的内容极为丰富，涉及的知识面非常广泛。书中主要介绍其基础内容，包括绘制二维图形以及与二维图形相关的内容，还有构造三维模型、动态观察、着色、渲染等，并且在创建样板、设置文字样式和尺寸样式、绘制二维图形、创建三维模型等方面有所创新。编者以初学者为主要对象，以绘制机械工程图样为主线，逐一叙述了绘图的方法和步骤，使读者能够从零开始，逐步学会使用 AutoCAD 绘制一张完整的工程图样的方法。对于入门者，通过本书的学习也能够掌握绘图的基本技能和技巧。

本书由多年从事 AutoCAD 教学的一线老教师倾心编写。文中随处可见上手容易、易于理解的实例和技巧。这些都是编者在长期教学和使用该软件过程中不断总结的经验使然，这也是本书自发行之日起，在众多 CAD 丛书中不断再版的原因。

本书由何改云、刘福华主编，曾维川副主编。参加本书编写的有何改云、刘福华、曾维川、王金敏、喻宏波、田颖、丁伯慧、郑惠江、秦旭达、曾宏攸、谷莉。

由于时间仓促及编者水平有限，书中难免出现错误和不妥之处，敬请广大读者批评指正。编者电子邮箱地址：zengwc@163.com。

编者

2008 年 8 月

前　言

目　　录

第 1 章　AutoCAD 入门 1

　1.1　AutoCAD 概述 1

　1.2　启动和退出 AutoCAD 2

　1.3　用户界面 4

　　1.3.1　标题栏 4

　　1.3.2　菜单栏 4

　　1.3.3　工具栏 4

　　1.3.4　绘图区域 5

　　1.3.5　命令窗口 7

　　1.3.6　状态栏 7

　　1.3.7　文本窗口 8

　　1.3.8　快捷菜单 8

　　1.3.9　面板 10

　　1.3.10　用户界面设置 10

　1.4　命令和数据的输入 13

　　1.4.1　输入命令 13

　　1.4.2　输入数据 15

　　1.4.3　输入错误的修正 16

　1.5　开始绘图和保存图形 17

　　1.5.1　创建新图 17

　　1.5.2　加载旧图 18

　　1.5.3　保存图形 19

第 2 章　初始绘图环境设置 21

　2.1　图层 21

　　2.1.1　图层的概念与特征 21

　　2.1.2　LAYER(图层)命令 23

　　2.1.3　创建新层 25

　　2.1.4　LINETYPE(线型)命令 29

　　2.1.5　设置对象的特性 30

　2.2　设置绘图环境 30

　　2.2.1　UNITS(单位)命令 30

　　2.2.2　LIMITS(图形界限)命令 32

　　2.2.3　ZOOM(缩放)命令 32

　　2.2.4　PAN(平移)命令 37
　2.3　创建用户样板 37
　　2.3.1　创建用户样板的步骤 37
　　2.3.2　保存用户样板 38
　　2.3.3　装入用户样板 38
　练习题 38
第3章　基本绘图方法 39
　3.1　基本绘图命令 39
　　3.1.1　LINE(直线)命令 39
　　3.1.2　CIRCLE(圆)命令 40
　　3.1.3　ARC(圆弧)命令 41
　3.2　基本编辑命令 43
　　3.2.1　U(放弃)命令 43
　　3.2.2　REDO(重做)命令 43
　　3.2.3　对象选择 44
　　3.2.4　ERASE(删除)命令 47
　　3.2.5　COPY(复制)命令 48
　　3.2.6　ARRAY(阵列)命令 49
　　3.2.7　OFFSET(偏移)命令 52
　　3.2.8　TRIM(修剪)命令 53
　　3.2.9　PROPERTIES(特性)命令 55
　3.3　绘图举例 58
　3.4　其他绘图命令 62
　　3.4.1　RECTANG(矩形)命令 62
　　3.4.2　POLYGON(正多边形)命令 63
　　3.4.3　ELLIPSE(椭圆)命令 64
　　3.4.4　DONUT(圆环)命令 64
　　3.4.5　POINT(点)命令 65
　　3.4.6　DIVIDE(定数等分)命令 66
　　3.4.7　MEASURE(定距等分)命令 67
　练习题 67
第4章　特殊对象的绘制和编辑 70
　4.1　二维多段线 70
　　4.1.1　PLINE(多段线)命令 70
　　4.1.2　PEDIT(多段线编辑)命令 72
　4.2　样条曲线 76
　　4.2.1　SPLINE(样条曲线)命令 76
　　4.2.2　SPLINEDIT(样条曲线编辑)命令 77
　4.3　多线 78

    4.3.1　MLSTYLE(多线样式)命令 78

    4.3.2　MLINE(多线)命令 81

    4.3.3　MLEDIT(多线编辑)命令 83

  4.4　图案填充 85

    4.4.1　BHATCH(图案填充)和 GRADIENT(渐变色填充)命令 85

    4.4.2　HATCHEDIT(图案编辑)命令 90

  练习题 90

第 5 章　绘图辅助工具 92

  5.1　动态输入 92

  5.2　正交 94

  5.3　捕捉 94

  5.4　栅格 95

  5.5　对象捕捉 97

    5.5.1　对象捕捉方式 97

    5.5.2　对象捕捉设置 98

    5.5.3　单点捕捉 100

    5.5.4　操作方法 101

  5.6　自动追踪 102

  5.7　查询命令 104

    5.7.1　LIST(列表)命令 104

    5.7.2　ID(定位点)命令 105

    5.7.3　DIST(距离)命令 105

    5.7.4　AREA(面积)命令 106

  练习题 107

第 6 章　构造图形方法 108

  6.1　辅助线 108

    6.1.1　XLINE(构造线)命令 108

    6.1.2　RAY(射线)命令 109

  6.2　修改对象长度 109

    6.2.1　BREAK(打断)命令 110

    6.2.2　JOIN(合并)命令 111

    6.2.3　EXTEND(延伸)命令 111

    6.2.4　LENGTHEN(拉长)命令 113

  6.3　图形的几何变换 114

    6.3.1　MOVE(移动)命令 114

    6.3.2　MIRROR(镜像)命令 115

    6.3.3　ROTATE(旋转)命令 115

    6.3.4　SCALE(比例缩放)命令 116

    6.3.5　STRETCH(拉伸)命令 117

6.4　修角命令 118
　6.4.1　FILLET(圆角)命令 118
　6.4.2　CHAMFER(倒角)命令 120
6.5　构图方法 122
　6.5.1　从构造矩形开始 122
　6.5.2　从画圆的视图开始 128
6.6　夹点编辑 128
　练习题 130

第 7 章　书写文字 132
7.1　STYLE(文字样式)命令 132
7.2　TEXT(单行文字)命令 135
7.3　MTEXT(多行文字)命令 137
7.4　DDEDIT(文字编辑)命令 139
　练习题 140

第 8 章　尺寸标注 141
8.1　尺寸样式 141
　8.1.1　DIMSTYLE(标注样式)命令 141
　8.1.2　设置新尺寸样式举例 153
8.2　标注尺寸命令 156
　8.2.1　DIMALIGNED(对齐尺寸)命令 156
　8.2.2　DIMLINEAR(线性尺寸)命令 157
　8.2.3　DIMBASELINE(基线尺寸)命令 158
　8.2.4　DIMCONTINUE(连续尺寸)命令 159
　8.2.5　DIMDIAMETER(直径尺寸)和 DIMRADIUS(半径尺寸)命令 159
　8.2.6　DIMCENTER(圆心标记)命令 160
　8.2.7　DIMARC(弧长尺寸)命令 161
　8.2.8　DIMANGULAR(角度尺寸)命令 162
　8.2.9　DIMJOGGED(折弯半径尺寸)命令 163
　8.2.10　QDIM(快速标注)命令 163
8.3　引线的注法 166
　8.3.1　MLEADERSTYLE(多重引线样式)命令 166
　8.3.2　MLEADER(多重引线)命令 170
　8.3.3　MLEADERALIGN(多重引线对齐)命令 171
　8.3.4　QLEADER(快速引线)命令 172
8.4　特殊尺寸的注法 175
　8.4.1　标注尺寸公差 175
　8.4.2　标注并列小尺寸 176
8.5　尺寸编辑命令 177
　8.5.1　PROPERTIES(特性)命令 177

8.5.2　DIMEDIT(尺寸编辑)命令 ……………………………………………177

8.5.3　DIMTEDIT(修改尺寸文字位置)命令 ………………………………178

8.5.4　DIMBREAK(折断尺寸)命令 …………………………………………179

8.5.5　翻转箭头 ………………………………………………………………180

练习题 ………………………………………………………………………………180

第 9 章　图块与属性 …………………………………………………………………181

9.1　图块 ……………………………………………………………………………181

9.1.1　BLOCK(创建块)命令 …………………………………………………182

9.1.2　WBLOCK(写图块)命令 ………………………………………………184

9.1.3　INSERT(插入)命令 ……………………………………………………185

9.1.4　BASE(基点)命令 ………………………………………………………187

9.1.5　EXPLODE(分解)命令 …………………………………………………187

9.1.6　修改插入的图块 ………………………………………………………187

9.1.7　单位图块 ………………………………………………………………187

9.1.8　图块应用举例 …………………………………………………………188

9.2　属性 ……………………………………………………………………………190

9.2.1　ATTDEF(属性定义)命令 ……………………………………………191

9.2.2　编辑属性 ………………………………………………………………194

9.2.3　图块属性应用举例 ……………………………………………………195

练习题 ………………………………………………………………………………195

第 10 章　绘制机械工程图 …………………………………………………………196

10.1　绘制零件图的步骤 ……………………………………………………………196

10.2　绘制装配图的步骤 ……………………………………………………………196

练习题 ………………………………………………………………………………197

第 11 章　工作空间与打印 …………………………………………………………201

11.1　工作空间 ………………………………………………………………………201

11.1.1　模型空间和图纸空间 …………………………………………………203

11.1.2　多视口 …………………………………………………………………204

11.2　打印 ……………………………………………………………………………210

11.2.1　输出设备的配置 ………………………………………………………210

11.2.2　PLOT(打印)命令 ………………………………………………………212

11.2.3　图形打印举例 …………………………………………………………216

第 12 章　创建三维图形 ……………………………………………………………218

12.1　正等轴测图 ……………………………………………………………………219

12.1.1　正等轴测方式 …………………………………………………………219

12.1.2　绘制正等轴测图 ………………………………………………………220

12.2　简单立体图的绘制 ……………………………………………………………223

12.2.1　标高和厚度 ……………………………………………………………223

12.2.2　设置观察方向 …………………………………………………………224

12.2.3   HIDE(消隐)命令 228

12.3   用户坐标系 229

12.3.1   UCS(用户坐标系)命令 229

12.3.2   坐标系图标 232

12.3.3   绘图举例 232

12.4   表面模型 235

12.4.1   3DPOLY(三维多段线)命令 236

12.4.2   REGION(面域)命令 236

12.4.3   3DFACE(三维面)命令 236

12.4.4   TABSURF(平移网格)命令 239

12.4.5   RULESURF(直纹网格)命令 240

12.4.6   REVSURF(旋转网格)命令 240

12.4.7   EDGESURF(边界网格)命令 241

12.4.8   3D(三维对象)命令 242

12.4.9   构造表面模型 243

12.5   实体模型 253

12.5.1   控制实体的显示 253

12.5.2   基本实体 254

12.5.3   组合实体 259

12.5.4   实体模型举例 261

12.6   三维图形编辑 270

12.6.1   基本编辑方法 270

12.6.2   ROTATE3D(三维旋转)命令 270

12.6.3   MOVE3D(三维移动)命令 271

12.6.4   3DARRAY(三维阵列)命令 272

12.6.5   MIRROR3D(三维镜像)命令 273

12.6.6   ALIGN(对齐)命令 273

12.6.7   PEDIT(多段线编辑)命令 275

12.6.8   SECTION(截面)命令 276

12.6.9   SLICE(剖切)命令 277

12.7   三维观察 278

12.7.1   VSCURRENT（视觉样式）命令 278

12.7.2   三维导航 279

12.7.3   DVIEW(动态观察)命令 283

12.8   渲染 286

12.8.1   光源 286

12.8.2   MATERIALS(材质)命令 288

12.8.3   设置背景 291

12.8.4   RENDERENVIRONMENT(渲染环境)命令 294

12.8.5　RPREF(高级渲染设置)命令 295

12.8.6　RENDER(渲染)命令 296

练习题 299

附录 301

第 1 章　AutoCAD 入门

计算机辅助设计及辅助绘图技术的飞速发展，使传统设计方法发生了巨大变革。本章介绍在微机上广泛使用的 AutoCAD 软件发展概况，并对 AutoCAD 的功能进行讨论。除此之外，本章还介绍 AutoCAD 2008 图形屏幕上各个组成部分及使用方法，并阐述 AutoCAD 的基本操作(如命令的执行、点的输入)方法。

1.1　AutoCAD 概述

AutoCAD 作为一种绘图及设计软件，于 1982 年由美国 Autodesk 公司推出。从它诞生以来，推出的主要版本有 AutoCAD 2.17、AutoCAD 2.6、AutoCAD 10.0、AutoCAD R12、AutoCAD R13、AutoCAD R14、AutoCAD 2000、AutoCAD 2002、AutoCAD 2004、AutoCAD 2005、AutoCAD 2006、AutoCAD 2007 和 AutoCAD 2008。AutoCAD 软件已从当初具有相对简单的绘图功能，发展到今天已经具备大型 CAD 系统所必需的功能。它已逐渐成为当今最受欢迎的计算机辅助设计和辅助绘图软件之一。

AutoCAD 可广泛应用于需要绘图及工程设计的各个领域，如机械、电子、土木建筑、地质勘探、设施规划和装潢设计等。AutoCAD 在全世界拥有众多的用户，是目前在微机上运行的功能最强的 CAD 软件之一。AutoCAD 的迅速普及主要基于如下原因。

①AutoCAD 具有开放式体系结构，用户可以根据自己的需要来扩充软件的功能。目前，开放性已成为软件发展的总趋势，也是评价软件性能的标准之一。

②AutoCAD 是一个通用的计算机辅助绘图和设计软件系统。它提供了一套功能强大的命令集。这些命令既可以在工具栏、菜单系统中使用，又可以在键盘上直接输入。此外，与某些只能应用于一些特定的领域和行业的 CAD 软件系统不同，AutoCAD 提供的功能几乎是无限的。它既可以满足用户的一般需要，又可以满足用户的特殊需要。

③AutoCAD 的图形界面十分友好，命令提示也很好理解，初学者很容易学会，并利用它来绘制出各种各样的图样。

④AutoCAD 所定义的图形数据格式已经成为公认的世界工业标准。评价软件系统性能优劣的标准之一就是看它是否具有优异的兼容性。所谓兼容性，是指用户可以在他自己的系统上便捷地处理其他计算机系统上的软件。AutoCAD 使用的文件存储形式是通用文件格式".dwg"，适用于各种操作系统，即 AutoCAD 的图形文件在各种操作系统下是完全兼容的。借助 DXF(Drawing Exchange Format)文件，AutoCAD 的图形可以方便地转换成其他 CAD 系统的图形。

⑤AutoCAD 拥有众多的第三方软件开发商的支持,从而极大地增强了 AutoCAD 的功能。例如,它能与有限元分析、运动分析、数控加工等软件实现有机的无缝连接。

2007 年,Autodesk 公司推出了 AutoCAD 2008。与以前的版本相比,AutoCAD 2008 在界面、速度、功能和使用简便性等方面都有相当大的提高。主要功能包括以下几方面。

(1)方便的用户界面

AutoCAD 提供的用户界面符合 Windows 风格,它包括了 AutoCAD 的大多数命令和选择项以及对系统变量的操作。用户界面上有绘图窗口、命令窗口、状态栏、菜单栏、工具栏、屏幕菜单、快捷菜单、对话框、工具选项板和设计中心等。由于有了这些丰富的界面,使用户的操作变得更加简单、直观、迅速。

(2)绘制并输出平面图形、工程图形和三维图形

AutoCAD 是图形软件,作图功能既强大又完善,修改图形既方便又迅速,还具有完善的尺寸及形位公差标注功能。三维图形既可显示消隐或不消隐的网格图,又可以显示出具有明暗色彩和真实感的立体图。AutoCAD 既可对三维模型进行着色或渲染处理,又可实时地旋转或缩放三维模型。可以给三维实体添加场景、光源、材质,还可用三维模型创建动画,进行工程分析,提取工艺数据。如果需要,可输出符合要求的各种图纸,既精确又美观。

(3)高效实用的绘图辅助工具

AutoCAD 的绘图辅助工具使用户的绘图工作高效快捷。例如,AutoSnap（自动捕捉）功能使用户在实际捕获一点之前就可以看到可能存在的各种对象俘获点,从而加快了绘图的速度。图层管理引入了基于 Windows 界面的具有标签式结构的新型对话框,用户通过它可以完成所有的图层管理操作。AutoCAD 设计中心具有与资源管理器相类似的、直观的界面,利用它可以在 AutoCAD 文件中快速地查找、浏览、提取和重复利用特定的图块、图层和线型等。

(4)全面支持 Internet 的功能

AutoCAD 配备了相应的工具以便用户通过 Internet 与他人共享图形与设计。用户可以方便地将图形与数据库和其他基于网络的信息连接起来。通过"打开"、"保存"和"选择文件"对话框中的"搜索 Web"按钮,用户可以直接从 Internet 上打开或进入 AutoCAD 图形文件,向 Internet 保存文件或浏览相应内容。用户可从 AutoCAD 图形中与数据库直接连接,以执行数据的浏览、查询和管理操作。

(5)强大的二次开发工具

AutoCAD 的许多内容都可以由用户去改变,即随用户的意愿和兴趣设计自己要求的绘图环境和各种文件。例如,修改系统变量,重定义命令,设计用户自己的工具栏、菜单、选项板、线型、填充图案、形和字体,建立用户自己的样板等。AutoCAD 还提供了内嵌语言 AutoLISP 和 Visual LISP,从而使用户可以 AutoCAD 为平台,开发出自己的应用软件。为了与其他高级语言程序进行图形数据交换,AutoCAD 还提供了可用于控制图形和数据库的应用程序编程接口,如 ObjectARX、ActiveX 和 VBA 等。

1.2　启动和退出 AutoCAD

使用 AutoCAD 2008 绘图的第一步是启动 AutoCAD。用户只需双击 Windows 桌面上的 AutoCAD 2008 快捷图标(图 1-1)或选择"开始"→"程序"（或"所有程序"）→Autodesk→

AutoCAD 2008-Simplified Chinese→AutoCAD 2008 选项就可完成这一步骤。启动 AutoCAD 2008 后，显示"新功能研习专题"画面，要求确定"是否要立即查看新功能研习专题"，选择"是"或"以后再说"或"不，不再显示此消息"。对于新用户，一般选择"不，不再显示此消息"，然后单击"确定"按钮，显示 AutoCAD 2008 的应用程序界

图 1-1　AutoCAD 2008 快捷图标

面（图 1-2）。如果不是这样的界面，则选择"工具"菜单→"工作空间"→"AutoCAD 经典"。或者移动鼠标，将光标指向左上方工具栏中"二维草图与注释"并单击，再选择"AutoCAD 经典"。这时的界面上还有"工具选项板"，关闭了这个选项板才显示图 1-2 所示的用户界面。

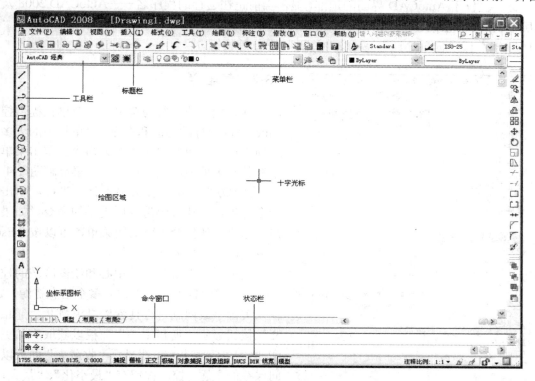

图 1-2　AutoCAD 2008 用户界面

图 1-3　"AutoCAD"对话框

结束 AutoCAD 绘图必须退出 AutoCAD。用户只需双击 AutoCAD 用户界面左上角的 AutoCAD 图标或单击右上角的关闭按钮或点取下拉菜单"文件（F）"中"退出（X）"项或输入 QUIT 命令，就可完成这一步骤。退出 AutoCAD 时，如果当前图形已存储，则直接关闭 AutoCAD；如果当前图形已改变但未存储，用户将看到图 1-3 所示的"AutoCAD"对话框。这时单击"是（Y）"按钮，便将图形保存到当前文件夹的默认文件（如 Drawing1.dwg）中，而单击"否（N）"按钮，则不存储图形，并直接退出 AutoCAD。

1.3 用户界面

AutoCAD 2008 用户界面的具体构成和布局随计算机硬件配置、操作系统及不同用户的喜好而发生变化，但它基本上是由标题栏、菜单栏、工具栏、绘图区域、命令窗口、状态栏、工具选项板等组成，如图 1-2 所示。

1.3.1 标题栏

标题栏位于 AutoCAD 界面的顶部，显示当前正在运行的程序名——AutoCAD 2008 及当前所编辑的默认图形文件名(如 Drawing1.dwg)。标题栏右端是界面的"最小化"(■)、"最大化"(■)或"向下还原"(■)、"关闭"(■)等按钮。

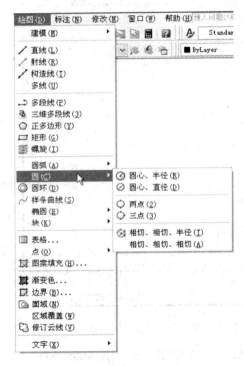

图 1-4   "绘图(D)"菜单

1.3.2 菜单栏

标题栏下边一行为菜单栏。菜单栏提供控制 AutoCAD 运行的功能和命令。菜单栏中的大多数选项都代表相应的 AutoCAD 命令。单击菜单栏中的某一菜单名，便可打开一个菜单。图 1-4 是"绘图(D)"菜单。在菜单上移动光标，单击某一个选项，便执行该选项所提供的命令。如果用户不想执行任何命令就关闭菜单，可以按【Esc】键或单击菜单栏的任何部位。

菜单栏的右端是信息中心和绘图区域的控制按钮。通过信息中心可以访问多个信息资源，如：输入关键字或问题进行搜索以寻求帮助，"通讯中心"按钮显示"通讯中心"面板以获取产品更新和通知，"收藏夹"按钮显示"收藏夹"面板以访问保存的主题。控制按钮有"最小化"、"最大化"或"向下还原"、"关闭"三个按钮。

1.3.3 工具栏

在菜单栏下面的命令按钮，或位于 AutoCAD 图形屏幕其他位置(如左侧或右侧)的命令按钮构成了工具栏。工具栏中含有常用的 AutoCAD 命令。

当将箭头光标置于某一命令按钮上并保持不动时，在箭头光标的下方将显示此按钮的命令名称(图 1-5(a))，同时状态栏中出现此按钮所执行命令的解释信息。通常单击某一按钮就将执行一个 AutoCAD 命令。当光标在某些命令按钮(如■)上，如按住左键不松开，则会显示出一组工具按钮(图 1-5(b))。这组按钮称为弹出工具栏，它与级联菜单相似。具有弹出工具栏的按钮与其他工具按钮的区别在于前者右下角有一个黑色小三角。

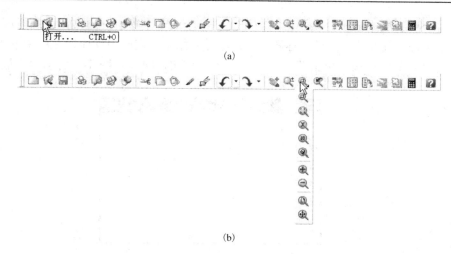

图 1-5　工具栏

(a)"标准"工具栏；(b)弹出工具栏

　　在图 1-2 中，位于菜单栏下方的工具栏分别是"标准"工具栏、"样式"工具栏、"工作空间"工具栏、"图层"工具栏和"对象特性"工具栏。"标准"工具栏主要包含文件操作、对象传递、显示控制以及各选项板按钮等内容。"样式"工具栏用于新建、修改或选择"文字"样式、"尺寸"样式和"表格"样式。"工作空间"工具栏用于选择"二维草图与注释"、"AutoCAD 经典"（二维空间）或"三维建模"工作空间。"图层"工具栏用于新建图层、控制图层状态、设置当前层。"对象特性"工具栏中的工具是用于对对象特性(颜色、线型、线宽等)进行控制和操作。位于屏幕左侧的工具栏是"绘图"工具栏，包括常用的绘图命令。位于屏幕右侧的工具栏是"修改"工具栏，包括常用的编辑命令。

　　用户可以像处理其他窗口一样对工具栏进行打开、关闭、移动或改变命令按钮排列方式等操作。如果想关闭某一工具栏，可首先将其从图形窗口的上部、左端或右端移至屏幕的中间。此时，该工具栏变为浮动工具栏，它的顶部显示此工具栏的名称。用户单击其右上角的"关闭"按钮就可使其消失。若想打开某一工具栏(如"标注")，可在任意工具栏上单击鼠标右键，此时弹出一个快捷菜单，选择某一名称(如"标注")，即可显示对应的工具栏 （图1-6)。要移动工具栏，首先将箭头光标指向工具栏内非按钮处，然后按住左键移动鼠标，拖曳工具栏到预定位置时松开左键即可。

图 1-6　"标注"浮动工具栏

　　由于 AutoCAD 能自动记住工具栏出现的先后次序及位置，因此，用户退出 AutoCAD 时所保持的工具栏状态就是下次启动 AutoCAD 显示用户界面时的状态。

1.3.4　绘图区域

　　绘图区域也称绘图窗口，是用户显示、绘制及编辑图形的地方。它占据了屏幕中央大部分区域。绘图区域处于还原状态时，拥有自己的标题栏、选项卡、控制按钮、滚动条和图形状态栏，后一项一般不显示。绘图区域内可显示一个或多个窗口。通常，绘图区域内显示一个窗口并处于最大化状态，不显示标题栏。标题栏名称显示在应用程序标题栏中的方括号内，控制按钮位于菜单栏右端。单击菜单栏右端的还原按钮，将显示图 1-7 所示的非最大化绘图区域。

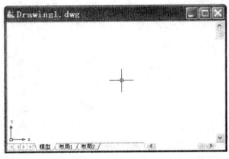

图 1-7 非最大化绘图区域

绘图区域的大小用绘图单位度量。绘图单位由用户选定(毫米或英寸)，本书一般用毫米。默认的显示范围很大，可以用"缩放"命令中的"全部缩放"选项，使显示范围成 A3 图纸大小。用户可以随时改变绘图区域的大小。绘图区域就像一张图纸，在绘图窗口内可以显示整张图纸，也可以显示图纸上的某一部分。绘图区域中的十字光标(也称绘图光标)交点处指示出当前点的位置。当前点的坐标随时显示在状态栏中。十字光标上的小方框是对象选择框，用于选择要操作的对象。

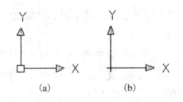

图 1-8 坐标系图标形式
(a)WCS；(b)UCS

绘图区域的左下方有一坐标系图标。它表示当前绘图所采用的坐标系，并指明 X、Y 轴的方向。AutoCAD 的默认设置是一个被称为世界坐标系(World Coordinate System，简称WCS)的笛卡儿直角坐标系。用户也可以通过变更坐标原点和坐标轴方向建立自己的坐标系——用户坐标系(User Coordinate System，简称 UCS)。坐标系图标形式如图 1-8所示。在显示全图时，世界坐标系的原点一般位于绘图区域的左下方。

绘图区域底部的"模型"、"布局 1"、"布局 2"选项卡可使用户方便快捷地在模型空间和图纸(布局)空间之间进行转换。

水平滚动条和垂直滚动条用于左右或上下移动绘图区域，以便显示绘图区域的不同部分。

在单个任务的绘图区域内可同时打开多个图形(图 1-9)，它们可以按"层叠"、"水平平铺"、"垂直平铺"、"排列图标"形式排列。使用"窗口(W)"下拉菜单，可以控制在绘图区域中显示多个图形的方式。多个图形中只有一个图形是激活的，即当前图形，用户可对它进行操作。如果要激活某一个图形为当前图形，只要在该图形的任意位置单击左键即可；或者使用【Ctrl】+【F6】键或【Ctrl】+【Tab】键，可以在打开的图形之间来回切换；或者在"窗口(W)"下拉菜单中单击某一个图形名。绘图时，用户可在多个图形间进行复制、粘贴和拖放等操作。要关闭某一个图形，先激活它，图形显示在当前窗口内，再执行 CLOSE(关闭)命令，或者从"窗口(W)"下拉菜单中单击"关闭(O)"选项，或者从"文件(F)"下拉菜单中单击"关闭(C)"选项。

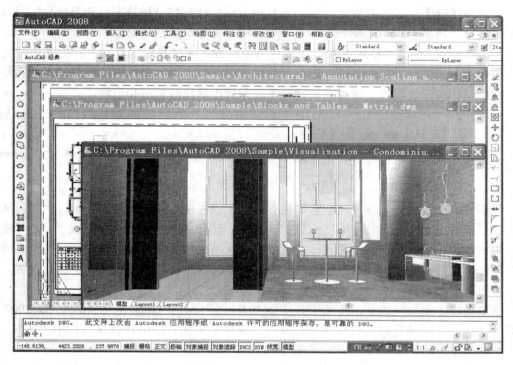

图 1-9　打开多个图形

1.3.5　命令窗口

命令窗口一般位于绘图区域下方。在命令窗口，用户可以输入 AutoCAD 命令并可看到 AutoCAD 对用户输入的响应及提示信息。命令窗口的最下面一行是命令行。当命令行显示"命令："时，表示 AutoCAD 正在等待输入命令。命令行以上各行显示以前的命令及提示，可以用滚动条向前翻阅。用户可以像处理其他窗口一样，对命令窗口进行移动或改变其大小。默认状态时，命令窗口处于固定状态，不显示标题栏。拖动命令窗口到屏幕的其他位置，将显示图 1-10 所示的浮动命令窗口。

图 1-10　浮动命令窗口

1.3.6　状态栏

状态栏位于 AutoCAD 用户界面的最底部(图 1-2)，包括光标的坐标位置显示、图形工具按钮、注释文字的设置工具、工具栏/窗口位置锁定按钮、状态栏菜单和全屏显示按钮(图 1-11)。

状态栏左端显示当前绘图光标的坐标。它有 3 种方式，即"绝对"(动态直角坐标(默认方式))、"相对"（动态相对极坐标，即"距离<角度"）、"关"（静态直角坐标）。在该区域单击左键或【F6】键或者右键，可在动态直角坐标（"绝对"）和静态直角坐标（"关"）方式之间切换。直角坐标以"x，y，z"格式显示。相对极坐标是指当前点相对于前一点的距离和倾角，以"距离<角度"格式显示。动态直角坐标方式随时显示出移动光标的当前位置；静态直角坐标方式不随光标的移动而变化，只有当输入一点时才显示该点的坐标；动态相对极坐标方式是在绘图区域内出现橡皮筋线时才显示橡皮筋线的长度和角度。

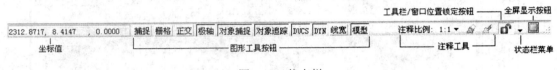

图 1-11　状态栏

　　状态栏中部是图形工具按钮。它们是"捕捉"、"栅格"、"正交"、"极轴"、"对象捕捉"、"对象追踪"、"DUCS"、"DYN"、"线宽"按钮以及 AutoCAD 的"模型"或"布局"空间模式。用户若想改变某种状态或模式，只需单击该状态或模式的名称按钮即可。当状态或模式为打开时，其按钮为按下状态；否则，其按钮为弹起状态。若想改变某一工具的设置，只需在该按钮上单击右键，在弹出菜单中选择"设置(S)..."选项。

　　这里需要特别说明的是，绘图工具按钮"DUCS"（动态 UCS）是从 AutoCAD 2007 开始新增的功能。这种功能的默认状态是打开的。如果要关闭它，请选择状态栏中"DUCS"按钮。这种功能主要用于三维建模，将在第 12 章中介绍。

　　状态栏右端是注释工具、"工具栏/窗口位置锁定"图标、"状态栏菜单"箭头和"全屏显示"按钮。注释工具是对图纸空间中注释性文字的显示比例及可见性进行操作。"工具栏/窗口位置锁定"图标控制工具栏和"设计中心"、各选项板窗口的大小和位置是否锁定。"状态栏菜单"用于对状态栏中各项目和状态托盘进行设置。"全屏显示"按钮可以扩展图形显示区域，不显示工具栏。

　　当用户将箭头光标置于一个工具栏命令按钮或下拉菜单选项上时，状态栏上将会显示该对象的简单说明。

1.3.7　文本窗口

　　AutoCAD 的文本窗口记录了本次绘图操作的全部过程，就像是扩大了的命令窗口，如图 1-12 所示。用户也可以在文本窗口输入命令，并获得 AutoCAD 的信息和提示。一般情况下，文本窗口总是处于关闭状态，用户可按【F2】键打开或关闭文本窗口。

1.3.8　快捷菜单

　　当用户单击鼠标右键时将显示快捷菜单。使用快捷菜单可快速选择一些与当前操作相关的选项。快捷菜单的内容取决于光标所处位置和其他一些情况，如目标是否被选中或是否正在执行某个命令。快捷菜单可在 AutoCAD 窗口的所有区域中使用。

　　在 AutoCAD 绘图区常用的快捷菜单有"默认"、"编辑"和"命令"（图 1-13）。若在绘图区空白处单击鼠标右键且此时又没有执行命令，则将显示"默认"快捷菜单，如图 1-13(a)所示。若选择某些目标且此时又没有执行命令，单击鼠标右键，则将显示"编辑"快捷菜单，如图 1-13(b)所示。"编辑"快捷菜单的内容与所选目标的种类有关。若在执行某一命令(如 CIRCLE(圆)命令)时单击鼠标右键,则将显示画圆"命令"快捷菜单,如图 1-13(c)所示。"命令"快捷菜单的内容为所执行 AutoCAD 命令的所有选项。

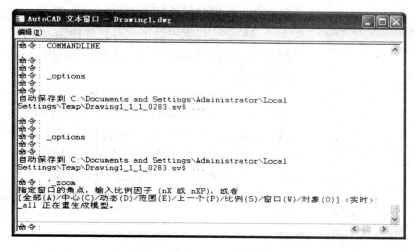

图 1-12　AutoCAD 文本窗口

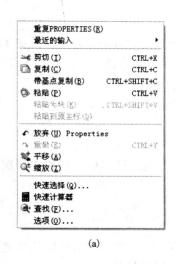

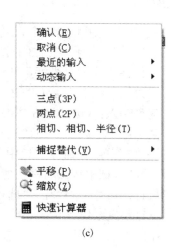

(a)　　　　　　　　　　　　(b)　　　　　　　　　　　　(c)

图 1-13　快捷菜单

(a)"默认"快捷菜单; (b)"编辑"快捷菜单; (c) 画圆"命令"快捷菜单

其他快捷菜单有:在工具栏的非按钮区域单击鼠标右键将显示"工具栏"快捷菜单,可快速隐藏、显示或自定义工具栏;在命令提示区或文本窗口中单击鼠标右键,可获得 6 个最近使用过的命令以及在命令行工作时要用到的复制、粘贴等选项;在大部分对话框的选项(如列表框、编辑框)上单击鼠标右键,一般会提供重命名、删除、复制、粘贴、与上下文相关等选项的快捷菜单;等等。

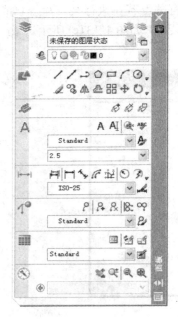

图 1-14　面板

1.3.9　面板

面板(图 1-14)是集成了与当前工作空间相关的一系列操作的工具、按钮和控件的单个窗口。应用程序窗口内无需显示多个工具栏，使得应用程序窗口更加整洁，可进行操作的绘图区域更大，绘图操作更简便，效率更高。面板能够显示、自动隐藏或透明。

面板由一系列的控制面板(由分隔符分开的区域)组成。每个控制面板均包含相关的工具和控件，它们类似于工具栏中的工具和对话框中的控件。显示在面板左侧的大图标称为控制面板图标，标明了该控制面板的作用。在控制面板上单击右键，可以使用快捷菜单来显示或隐藏控制面板，添加或删除工具、按钮和控件。在标题栏上单击右键，可以使用快捷菜单来设置面板自动隐藏、固定、关闭、移动、大小、增减控制面板、透明等。

打开或关闭面板，可单击"工具(T)"菜单→"选项板"→"面板(B)"。

1.3.10　用户界面设置

为了便于使用并照顾个人爱好，用户可对 AutoCAD 的用户界面进行修改。这些修改如工具栏的增减和移动已在 1.3.3 节作了说明，其他主要是对绘图光标、窗口背景色、自动保存、保存文件格式等项目进行重新设置。本节将对上述项目的设置作介绍。

修改设置的命令是 OPTIONS(选项)。执行 OPTIONS(选项)命令的方式如下。

键盘输入：OPTIONS 或 OP

菜单："工具(T)"→"选项(N)..."

快捷菜单：在命令窗口中单击右键，或者(在不运行任何命令也不选择任何对象的情况下)在绘图区域中单击右键，然后选择"选项(O)..."。

执行该命令后将弹出"选项"对话框，如图 1-15 所示。

(1) 设置绘图光标大小

在图 1-15 所示"显示"选项卡中，改变"十字光标大小(Z)"区中的数值来控制绘图光标十字线的大小。此数值是相对于屏幕大小的百分比。默认的绘图光标是屏幕大小的 5%。如果将它改为 100%，绘图光标会充满绘图区域，这对作图十分有利。

(2) 设置屏幕显示内容

在图 1-15 所示的"显示"选项卡中还可对屏幕显示进行设置。"窗口元素"区中的"图形窗口中显示滚动条(S)"选项，用于控制在绘图区域是否显示滚动条；"显示屏幕菜单(U)"选项用于控制是否显示屏幕菜单。"颜色(C)..."按钮用于在"颜色选项"对话框中指定用户界面上各元素的颜色。

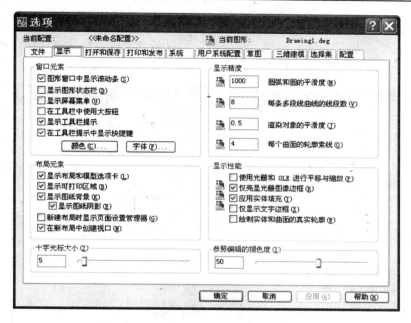

图 1-15　"选项"对话框的"显示"选项卡

　　单击"颜色(C)..."按钮，弹出图 1-16 所示的"图形窗口颜色"对话框。在"背景(X)"列表框中选择某一项，如"二维模型空间"；在"界面元素(E)"列表框中选择某一项，如"统一背景"；再从"颜色(C)"控件中选择喜爱的颜色，一般选白色或黑色。单击"应用并关闭(A)"按钮，返回"选项"对话框。这种操作将改变绘图区域的背景颜色。

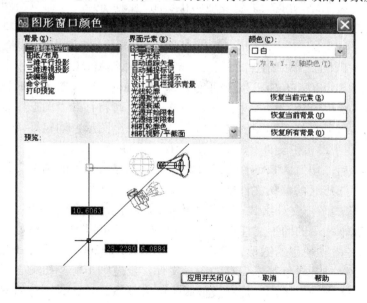

图 1-16　"图形窗口颜色"对话框

(3)设置自动保存的间隔时间

用户可通过"打开和保存"选项卡(图 1-17)中"文件安全措施"区"自动保存(U)"选

项，确定是否让系统自动将图形保存到自动保存文件中。如果确定为自动保存，应在"保存间隔分钟数(M)"编辑框中输入数值，用来确定经过多少分钟后系统自动保存图形。自动保存的时间间隔一般设置为 20～30 min 为好。

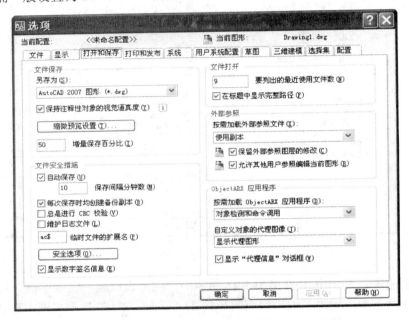

图 1-17   "选项"对话框的"打开和保存"选项卡

AutoCAD 的自动保存功能最大限度地防止了用户图形的丢失，而且不妨碍用户的操作过程。万一系统发生故障或突然断电，用户未能保存图形时，还可以恢复最近一次自动保存的结果。自动保存的文件名是 filename_a_b_nnnn.sv\$(filename 为当前图形名，a 是在同一 AutoCAD 任务中打开同一图形文件的次数，b 是在不同 AutoCAD 任务中打开同一图形文件的次数，nnnn 是 AutoCAD 随机生成的数字)。当 AutoCAD 正常关闭时，会删除自动保存的文件。程序或系统出现故障后，再次启动 AutoCAD 时将打开"图形修复管理器"。"图形修复管理器"将显示所有打开的图形文件列表。对于每个图形，均包括以下图形文件类型：图形文件(*.dwg)、图形备份文件(*.bak)、自动保存文件(*.sv\$)。这些文件都可以单击打开。打开自动保存文件后，用 SAVEAS(另存为)命令重新保存为有效的图形文件。

(4)设置保存图形时的默认文件格式

AutoCAD 默认的图形文件格式是随版本不同而不同。AutoCAD 2004、AutoCAD 2005 和 AutoCAD 2006 版本使用的图形文件格式是"AutoCAD 2004 图形(*.dwg)"。AutoCAD 2007 和 AutoCAD 2008 版本使用的图形文件格式是"AutoCAD 2007 图形(*.dwg)"。使用较高版本的 AutoCAD 能够打开较低版本保存的图形文件，反之则不能。如果必须如此，则应在较高版本的 AutoCAD 中保存图形时选择较低版本的文件格式。这对已有的图形文件要改变文件格式，就可用打开图形再重新保存的方法。若事先知道要在低版本上打开图形，要创建的图形又比较多，那么在开始作图之前最好修改保存图形的默认文件格式。设置保存图形时的默认文件格式的操作是在图 1-17 所示的"选项"对话框中进行的。只要在"文件保存"区的"另存为(S)"控件中选择一种格式即可。

1.4　命令和数据的输入

1.4.1　输入命令

用户可通过键盘、菜单、工具栏、快捷菜单或选项板等方式输入 AutoCAD 命令。除从键盘输入命令需要待命令行出现"命令："提示外，其他方式任何时候都可以输入命令。

1.键盘输入

AutoCAD 命令都可以从键盘输入来执行。用键盘输入命令时，一般可在光标附近的工具栏提示中显示，也可在命令行显示，而且字符的大小写没有区别，输入结束时要按【Enter】键。例如键入"LINE"（画直线命令），在工具栏提示中显示"LINE"或在命令行显示"命令：LINE"。按【Enter】键就将画直线命令输入计算机并执行它。此时会出现询问直线端点坐标的相应提示"指定第一点："。一般情况下，空格键与【Enter】键等效，本书用"∠"表示。

2.菜单输入

用户要选用下拉菜单输入某一 AutoCAD 命令（如 LINE（直线））时，首先单击菜单栏中包含此命令的菜单名（如"绘图(D)"），然后在弹出的下拉菜单中将光标移至启动此命令的选项"直线(L)"上并单击之，系统就将执行 LINE（直线）命令，如图 1-18 所示。

3.工具栏输入

在工具栏中输入 AutoCAD 命令与菜单输入 AutoCAD 命令类似。一般情况下，用户只需单击所要执行命令的命令按钮，就可启动相应的命令。图 1-19 显示出在工具栏中输入 LINE（直线）命令的情况。

4.命令的重复输入

如果要将某个 AutoCAD 命令重复执行，可通过按【Enter】键或单击右键从快捷菜单中点取第一个选项实现。

AutoCAD 命令重复输入的另外一种方法是执行 MULTIPLE 命令，例如作如下操作。

　　　命令：MULTIPLE∠

　　　输入要重复的命令名：LINE∠

就可使计算机重复执行直线命令，直至用【Esc】键取消此命令为止。

5. 命令别名

AutoCAD 允许从键盘输入某些命令的第一个或某几个字符来启动相关命令，这样的字符称为命令别名。例如，LINE（直线）命令的别名是 L。当在"命令："提示符下输入 L，AutoCAD 就会向命令输入缓冲区提供完整的 LINE 输入，从而 LINE（直线）命令就可以正常执行了。AutoCAD 的命令别名使键盘输入更为简单快捷。凡是具有命令别名的，本书将在介绍每个命令时给出，同时在书后附录中列出常用命令及其别名。

用户也可以通过编辑 Acad.pgp 文件来生成自己的命令别名。Acad.pgp 文件通常位于 AutoCAD 支持文件搜索路径中的 Support 子文件夹中。

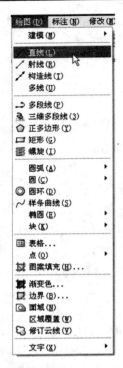

　图 1-18　在菜单中输入 LINE (直线) 命令　　　　　图 1-19　在工具栏中输入 LINE (直线) 命令

6.快捷键

　　AutoCAD 允许使用某些特殊的键及其组合快速启动一些命令和功能，这些键就是快捷键。下面列出了常用的快捷键及其功能。

快 捷 键	功 能
【F1】	打开或关闭帮助窗口
【F2】	打开或关闭文本窗口
【F3】或【Ctrl】+【F】	打开或关闭"对象捕捉"功能
【F5】或【Ctrl】+【E】	转换正等轴测平面
【F6】或【Ctrl】+【D】	打开或关闭"动态 UCS"方式
【F7】或【Ctrl】+【G】	打开或关闭"栅格"方式
【F8】或【Ctrl】+【L】	打开或关闭"正交"模式
【F9】或【Ctrl】+【B】	打开或关闭"捕捉"方式
【F10】	打开或关闭"极轴追踪"方式
【F11】	打开或关闭"对象捕捉追踪"功能
【F12】	打开或关闭"动态输入"功能
【Ctrl】+【0】(零)	打开或关闭"全屏显示"方式
【Ctrl】+【1】	打开或关闭"特性"选项板
【Ctrl】+【A】	选择除冻结图层以外的所有对象
【Ctrl】+【C】	复制对象到 Windows 剪贴板
【Ctrl】+【Shift】+【C】	复制带基点的对象到 Windows 剪贴板

【Ctrl】+【N】	执行 NEW（新建）命令
【Ctrl】+【O】	执行 OPEN（打开文件）命令
【Ctrl】+【P】	执行 PLOT（图形打印）命令
【Ctrl】+【Q】	退出 AutoCAD（QUIT 命令）
【Ctrl】+【S】	快速保存图形文件（QSAVE 命令）
【Ctrl】+【V】	从 Windows 剪贴板插入对象
【Ctrl】+【Shift】+【V】	从 Windows 剪贴板插入对象并且为图块
【Ctrl】+【X】	复制对象到 Windows 剪贴板，并从图形中删去此对象
【Ctrl】+【F6】或【Ctrl】+【Tab】	在打开的多个图形之间来回切换
【Del】	删除对象
【Esc】或【Ctrl】+【\】	取消当前命令

1.4.2 输入数据

当启动一个 AutoCAD 命令后，往往还需用户提供执行此命令所需要的信息。这些信息包括点坐标、数值、角度、位移量等。

1.点的输入方法

点是 AutoCAD 中最基本的图素之一。它既可从键盘输入，又可借助鼠标等定点设备在绘图区域内拾取点输入。无论采用何种方式输入点，本质都是输入点的坐标值。

（1）键盘输入

用键盘输入坐标值有绝对坐标和相对坐标两种形式。由于 AutoCAD 2008 新增加了"动态输入"功能，所以这两种坐标在命令行输入与在工具栏提示输入有所不同。下面的叙述都是在命令行进行的。关于在工具栏提示输入请见 5.1 节的说明。

1）绝对坐标形式　绝对坐标是指相对于坐标系原点的坐标。点的绝对直角坐标输入形式为"x，y，z"，其中，x 和 y、y 和 z 坐标值之间用逗号隔开，x 前、z 后无括号。x、y、z 分别代表点的 X、Y、Z 坐标轴上的坐标。例如，图 1-20 中点 A 应输入"20，10，0"。对于二维图形，其上的点可仅输入 x、y 坐标值，而无须考虑 z 坐标值。二维点的绝对极坐标形式为"距离<角度"。极坐标形式中的角度以 X 轴的正向为 0°，逆时针方向为正值，顺时针方向为负值。

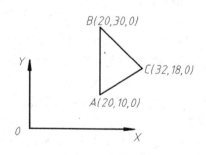

图 1-20　点的输入

2）相对坐标形式　相对坐标形式是指当前点相对上一次所选点的坐标增量或距离和角度。相对于前一点的坐标增量为相对直角坐标。相对于前一点的距离和角度为相对极坐标。在 AutoCAD 中，为了区别绝对坐标和相对坐标，在所有相对坐标前都添加一个"@"符号。相对坐标点的输入形式为"@x，y，z"或"@距离<角度"。例如，图 1-20 中点 C 相对于点 B 的坐标应为"@12，－12"。点 B 相对于点 A 的极坐标是"@20<90"。

例　使用绝对坐标和相对坐标确定点，画出图 1-20 所示三角形 ABC。

命令：<u>LINE</u>↙　　　　　　　　　　　　　　　　　　（启动画直线命令）

指定第一点：<u>20，10</u>↙　　　　　　　　　　　　　　（输入 A 点绝对坐标值）

　　指定下一点或[放弃(U)]: @20<90↙　　　　　　　　　　　　　(输入 B 点相对极坐标值)

　　指定下一点或[放弃(U)]: @12, -12↙　　　　　　　　　　　　(输入 C 点相对坐标值)

　　指定下一点或[闭合(C)/放弃(U)]: C↙　　　　(使用"闭合(C)"选项，封闭三角形以完成绘图)

　　3) 直接输入距离形式　当执行某一命令需要指定两个或多个点时，除了用绝对坐标或相对坐标指定点外，还可用输入距离的形式来确定下一点。在指定了一点后，可以移动光标来给定下一点的方向，然后输入与前一点的距离便可确定下一点。这实际上是相对极坐标的另一种输入方式。它只需要输入距离，而角度由光标的位置确定。另一种方法是先输入角度(角度数前加小于号)以锁定光标移动方向，再输入距离。

　　(2) 光标输入

　　绘图时，用户可通过移动绘图光标来输入点即光标定点。当移动鼠标时，AutoCAD 图形窗口上的绘图光标也随之移动，其坐标显示在状态栏中。如果状态栏中的按钮"DYN"(动态输入)是打开的，那么在光标附近的工具栏提示中也有坐标显示。当光标移到所需位置后，单击鼠标左键，则此点即被输入。

　　除上述方式外，点的输入还可借助 AutoCAD 的对象捕捉方式来进行(见 5.5 节)。

　　2.数值的输入方法

　　在使用 AutoCAD 绘图时，许多提示要求输入数值，如高度、半径、距离等。这些数值可由键盘直接输入，如"高度: 10↙"。

　　某些数值也可通过输入两点来确定。此时，应先输入一点作为基点，然后在提示"指定第二点:"时，再输入第二点。AutoCAD 自动将这两点间的距离作为输入数值。例如画圆时，在给出圆心后会询问半径，这时可输入半径值，也可输入一点。如输入一点，就通过该点画圆，半径就是该点与圆心间的距离。

　　3.角度的输入方法

　　AutoCAD 中的角度通常以度为单位，以从左向右的水平方向(正东)为 0°，逆时针方向为正值，顺时针方向为负值。根据具体需求，角度也可设置为弧度或度、分、秒等。

　　角度既可像数值一样用键盘输入，又可通过输入两点来确定，即由第一点和第二点连线方向与 0° 方向所夹角度为输入的角度。

　　4.位移量的输入方法

　　位移量是指某图形或图元从一个位置平行移动到另外一个位置的距离，其提示为"指定基点或[位移(D)]<位移>:"。位移量的输入方式有以下两种。

　　①输入两个位置点的坐标，即由两点间的距离确定位移量，它的输入过程为:

　　指定基点或[位移(D)]<位移>: (输入第一点)

　　指定第二个点或<使用第一个点作为位移>: (输入第二点)

　　②输入两个位置点的坐标增量即位移量，操作如下:

　　指定基点或[位移(D)]<位移>: (输入坐标增量 x, y, z)

　　指定第二个点或<使用第一个点作为位移>: (按【Enter】键)

1.4.3　输入错误的修正

　　用户在使用 AutoCAD 绘图时，可能会键入或输入不正确的命令和数据。纠正这类错误可采用以下方法。

1) 修正　用户在按【Enter】键前，如果键入了一个错误字符，则可用【Backspace←】键删除不正确的部分，然后再键入正确字符。如果错误字符不是最后一个，则可用光标指定位置，再用【Delete】键或【Backspace←】键删除错误字符，然后输入正确字符。

2) 终止　当选错命令时，可按【Esc】键来终止或取消命令，使命令行恢复"命令："提示符。如果采用工具栏或下拉菜单操作，可以直接点取一个命令，前一个命令即被取消，从而执行新点取的命令。

1.5　开始绘图和保存图形

1.5.1　创建新图

绘制一个新图，一般要使用 NEW（新建）或 QNEW（快速新建）命令加载样板。关于样板的概念请见第 2 章。开始绘图前最好能准备好用户样板，然后在此样板中绘图。这样能简化重复操作，提高效率。NEW（新建）或 QNEW（快速新建）命令的输入方式如下。

键盘输入：NEW 或 QNEW

命令按钮："标准"工具栏→

菜单："文件(F)"→"新建(N)…"

执行 NEW（新建）或 QNEW（快速新建）命令后，在默认状态下将弹出"选择样板"对话框（图 1-21）。

图 1-21　"选择样板"对话框

在对话框中，"搜索(I)"控件用于查找样板文件所在的驱动器盘符和文件夹。文件列表框中显示指定文件夹内的样板文件名和下层文件夹名。"文件名(N)"编辑框由用户键入要打开的文件名，或显示从文件列表框中选择的文件名。"文件类型(T)"控件用于选择要打开文件的类型。默认的类型是"图形样板 (*.dwt)"。

对话框中第二行的右端还有 7 个按钮，依次是："返回(Alt+1)"（　）按钮用于返回上一个文件的位置；"上一级(Alt+2)"(⬆️)按钮用于返回上一级文件夹；"搜索 Web(Alt+3)"(🔍)按钮用于显示"浏览 Web-打开"窗口，在此可以访问存储在 Internet 上的 AutoCAD 文件，并把 AutoCAD 文件保存到 Internet；"删除(Del)"(❌)按钮用于删除选定的文件或文件夹；"创建新文件夹(Alt+5)"(📁)按钮用于在当前文件夹下创建新的文件夹；"查看(V)"按钮用于控制文件列表框中的列表格式，其中"列表(L)"选项用于以多列的列表格式列出文件夹名和文件名，"详细资料(D)"选项用于详细列出文件的大小、类型、修改时间等内容，"略图(T)"选项用于在文件列表框中显示文件名及其位图；"工具(L)"按钮提供选择文件的方法，如查找、定位等。

　　对话框的左侧是文件位置列表，提供对预定义文件位置的快速访问。单击一个图标即在文件列表框中显示该位置下的所有文件。默认的文件位置有"历史记录"、"我的文档"、"收藏夹"、"FTP"、"桌面"等。

　　加载用户样板时，首先在"搜索(I)"控件中查找用户文件夹，点取用户样板文件名，再单击"打开(O)"按钮。

1.5.2　加载旧图

　　要加载或打开一幅已存在的图形，应使用 OPEN(打开)命令。OPEN(打开)命令的执行方法如下。

　　键盘输入：OPEN

　　命令按钮："标准"工具栏→📂

　　菜单："文件(F)"→"打开(O)…"

　　OPEN(打开)命令执行后，弹出如图 1-22 所示的"选择文件"对话框。该对话框中多数选项与图 1-21 所示的"选择样板"对话框相同。要打开一个文件，首先在"文件类型(T)"控件中选定要打开文件的类型，再从"搜索(I)"控件中寻找相应文件夹，直至找到要加载的图形文件。单击要加载的图形文件名，就会在"预览"区显示对应的图形。此时如果要加载图形文件，可通过单击"打开(O)"按钮进行。

图 1-22　"选择文件"对话框

1.5.3　保存图形

AutoCAD 提供了以下几种命令来保存图形。

1.SAVEAS（另存为）命令

SAVEAS（另存为）命令将当前图形存储在另一图形文件中。SAVEAS（另存为）命令的输入方式如下。

键盘输入：SAVEAS

菜单："文件(F)" → "另存为(A)…"

执行 SAVEAS（另存为）命令后，显示"图形另存为"对话框，如图 1-23 所示。

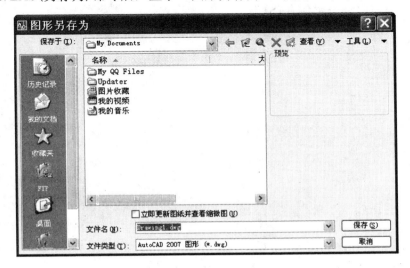

图 1-23　"图形另存为"对话框

在对话框的"保存于(I)"控件中，有用户查找保存文件的驱动器盘符和文件夹。文件列表框中显示指定文件夹内的文件夹名和文件名。"文件名(N)"编辑框由用户键入要保存文件的文件名，或者从文件名列表框中选择一个文件名。"文件类型(T)"控件中有下列各项：

AutoCAD 2007 图形（*.dwg）

AutoCAD 2004/LT2004 图形（*.dwg）

AutoCAD 2000/LT2000 图形（*.dwg）

AutoCAD R14/LT98/LT97 图形（*.dwg）

AutoCAD 图形标准（*.dws）

AutoCAD 图形样板（*.dwt）

AutoCAD 2007 DXF（*.dxf）

AutoCAD 2004/LT2004 DXF（*.dxf）

AutoCAD 2000/LT2000 DXF（*.dxf）

AutoCAD R12/LT2 DXF（*.dxf）

用户可由此选择一种要保存文件的类型。"保存(S)"按钮执行保存图形操作。"取消"按钮不进行存图而关闭对话框。其他按钮与图 1-21 所示对话框中的按钮作用相同。

操作该对话框时，首先要确定保存文件的类型，再查找盘符、文件夹，输入文件名，然后单击保存按钮。

2.QSAVE(保存)命令

QSAVE(保存)命令可用于将当前图形快速存盘。图形文件名为当前图名，当前图名显示在标题栏中。文件类型为默认文件类型(.dwg)。如果图形没有命名(为默认图名 Drawing*，* 为新建图形的次数如 1，2 或 3 等)，则显示"图形另存为"对话框(请参见 SAVEAS(另存为)命令)。 QSAVE(保存)命令的执行方法如下。

键盘输入：QSAVE

命令按钮："标准"工具栏→▢

菜单："文件(F)"→"保存(S)"

第 2 章 初始绘图环境设置

    利用 AutoCAD 在屏幕上绘图就如同用工具在图纸上作图一样，要根据所画图形大小选择图纸的幅面，并设置图层以确定线型及其颜色、线宽以及设置文字样式、尺寸样式、各种符号等。这些内容构成了一个初始的绘图环境，称为样板或模板（Template）。AutoCAD 提供了两个标准样板，即英制样板 acad.dwt 和公制样板 acadiso.dwt。它们设置的绘图区域分别为 12×9 绘图单位和 420×297 绘图单位。设置的图层只有一个 0 层，线型为实线（Continuous），颜色为白色，线宽为默认值。设置的文字样式为 Standard，尺寸样式为 Standard 和 ISO-25。另外还有各个系统变量的初始值。这两个样板对于用户很不适用，必须重新设置自己的样板。本章将介绍有关样板设置的图层、线型、颜色、线宽、图形单位及图形界限等内容。

2.1 图层

2.1.1 图层的概念与特征

1. 图层的概念

    一幅工程图样由粗实线、细实线、细点画线等不同线型组成。假若把同一种线型画在一张透明的纸上，再把这些画着不同线型的透明纸重叠在一起。如每一张纸上的图形都严格按照同一坐标系的坐标绘制，当它们重叠时，就构成一幅完整的图形。这些假想的透明纸叫做图层，如图 2-1 所示。

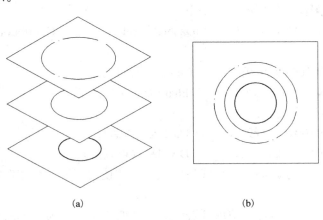

(a)   (b)

图 2-1 图层的概念

(a)假想图层；(b)实际图形

2. 图层的特征

用户应根据需要设置几个图层。为了记忆，要给每一个图层起一个有意义的名称。一个图层上设置一种线型，并赋予这种线型一种颜色和一种线宽。用户可以显示一层、几层或所有层上的图形。一幅图的层数不受限制，每一层上的对象数也不限。图层的特征、状态作为图形的一部分与图形一起存储。图层有以下特征。

(1) 名称

每个图层都有一个名称。名称由字母、数字、汉字及"$"、"—"、空格、下画线等组成，最多可用 255 个字符。名称中不能含有逗号等字符，字母不分大、小写。

(2) 颜色

颜色是指所绘对象的颜色。每一图层设置一种颜色，用于区分不同的图层和线型。颜色也可用作颜色相关打印样式中为对象指定打印线宽。用户可以使用"索引颜色"、"真彩色"或"配色系统"来设置颜色。对于二维绘图来说，使用"索引颜色"就足够了。

AutoCAD 颜色索引(ACI)用颜色名或颜色号表示，颜色号用 0 到 255 之间的整数表示。0 号颜色是 black(黑)，已用于绘图区域内的背景色。1 到 7 号颜色为标准颜色，每个颜色有一个名字，它们是：

1——red(红)	2——yellow(黄)	3——green(绿)	4——cyan(青)
5——blue(蓝)	6——magenta(洋红)	7——white(白)	

其余颜色只有颜色号。另外还有两种逻辑色 ByLayer(随层)和 ByBlock(随块)。ByLayer(随层)是指对象的颜色为其创建时所在图层的颜色。ByBlock(随块)是指对象的颜色为 7 号颜色(白色或黑色，取决于背景色)。如果将具有 ByBlock(随块) 颜色的对象组成图块并插入图形中，那么这些对象将继承当前颜色设置。下面将要说明的线型和线宽也有 ByLayer(随层)和 ByBlock(随块)的种类，其含义与颜色的 ByLayer(随层)和 ByBlock(随块)类似。

(3) 线型

每一个层上设置一种线型。每种线型都有自己的名称。除 Continuous(实线)以外，AutoCAD 提供的线型都存放在线型文件 acad.lin 和 acadiso.lin 中。acad.lin 中除 ISO 线型以外的线型用于英制测量单位，acadiso.lin 中全部线型和 acad.lin 中的 ISO 线型则用于公制测量单位。可在机械工程图样上使用的线型如下。

ACAD_ISO02W100(虚线)   Dashed(虚线)   Continuous(实线)

用于旧标准的线型：

ACAD_ISO08W100(点画线)   Center(点画线)

ACAD_ISO09W100(双点画线)   Phantom(双点画线)

用于新标准的线型：

ACAD_ISO04W100(点画线)   Dashdot(点画线)

ACAD_ISO05W100(双点画线)   Divide(双点画线)

各种线型无粗细之分。如要区分线型的粗细，请使用下述"线宽"特性设置。

(4) 线宽

图线的宽度一般设置为标准值或任意值。线宽的单位可以为毫米或英寸。每个图层上线宽的默认值是"默认"，默认值为 0.25 毫米或 0.01 英寸。设置的线宽在屏幕上显示是不准确的，小于或等于默认值的线宽仍以最细(一个像素单位)的线显示。可以调整显示线宽的比例，也可以不显示线宽。线宽可以被打印出来。线宽的这些特性可以通过 LWEIGHT(线宽)命令下的"线宽设置"对话框进行设置。是否显示线宽还可以通过选择状态栏中的"线宽"按钮来实现。线宽的显示在模型空间和图纸空间布局中是不同的。在模型空间中，按像素显示线宽；而在图纸空间布局中，线宽以实际打印宽度显示。

(5)状态

图层有下列状态。

1)打开(💡)　打开图层上的对象可见。

2)关闭(💡)　关闭图层上的对象不可见，且不能打印。关闭的图层须经打开才能操作。

3)冻结(❄)　被冻结图层上的对象不可见，也不能打印，且不随 ZOOM(缩放)等命令的操作而变化。

4)解冻(☀)　使冻结的图层解冻，且对冻结期间所执行的 ZOOM(缩放)等命令操作进行重新生成计算，使解冻的对象与未被冻结的对象一致。

5)锁定(🔒)　锁定图层的对象不能修改，但可添加对象。

6)解锁(🔓)　给锁定图层解锁。

(6)当前层

在"图层"工具栏中显示的图层名称是当前层。由各种绘图命令所建立的对象均被绘制在当前层上，即以该层的线型和颜色显示。

(7)初始层

由 AutoCAD 定义的 0 层称为初始层。在绘图区域的初始状态中，0 层为当前层。0 层上的线型是 Continuous，颜色为白色，线宽是"默认"。0 层的初始状态为"打开"、"解冻"、"解锁"。一般不改变 0 层的名称、线型和颜色。

2.1.2　LAYER(图层)命令

LAYER(图层)命令使用"图层特性管理器"对话框(图 2-2)列表显示图层，创建新层，删除图层，设置当前层，改变图层的名称、颜色、线型、线宽和状态等特性，保存和恢复图层的状态及特性，控制在列表中显示哪些图层，还可同时对多个图层进行修改等。

1.命令输入方式

键盘输入：LAYER 或 LA

工具栏："图层"工具栏→▨

菜单："格式(O)"→"图层(L)..."

2.对话框说明

(1)"新特性过滤器(Alt+P)"(▨)和"新组过滤器(Alt+G)"(▨)按钮

使用这两个按钮可创建"特性过滤器"和"组过滤器"。新特性过滤器是根据某些图层的相同特性来创建过滤器；而创建新组过滤器则是指定某些图层放在该过滤器中。

(2)"图层状态管理器(Alt+S)"(▨)按钮

使用该按钮可在"图层状态管理器"对话框中对图层状态作命名、保存、恢复或删除操作。

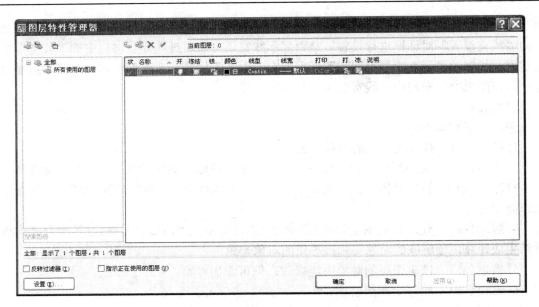

图 2-2　"图层特性管理器"对话框

（3）"新建图层（Alt+N）"（🕭）按钮

该按钮用于创建新层。单击一次，在图层列表视图中增加一个名为"图层 1"的新层，同时可以立即对它重新命名。新层上的状态、颜色、线型和线宽继承选定层上的状态、颜色、线型和线宽。如未选定层，则新层上的这些特性继承 0 层上的特性。

（4）"在当前视口中新建冻结的图层"（🖿）按钮

该按钮用于在当前视口中创建冻结的新层。

（5）"删除图层（Alt+D）"（✖）按钮

该按钮用于标示图层列表视图中所选定的层，以便进行删除。单击"应用"或"确定"按钮后，才可删除这些图层。没有任何对象的非当前图层才能被删除。图层 0 和 DEFPOINTS、包含对象（包括块定义中的对象）的图层、当前图层和依赖外部参照的图层，都不能被删除。

（6）"置为当前（Alt+C）"（✔）按钮

选用该按钮使图层列表视图中所选定的层为当前层。当前层名称显示在图层列表视图上面的"当前图层："栏中。

（7）树状图

树状图是位于对话框左边的窗格。在该窗格显示图层和过滤器的层次结构列表。

（8）图层列表视图

该窗格位于对话框的中间。图层列表视图中显示图层的"状"（状态，指明图层的状态是当前层、所用的图层、空图层等）、"名称"、"开"（打开或关闭）、"冻结"（在所有视口冻结或解冻）、"锁定"（锁定或解锁）、"颜色"、"线型"、"线宽"、"打印..."（打印样式）、"打."（打印或不可打印）、"冻."（在当前视口冻结或解冻）、"说明"。要改变某图层的某一特性，移光标到该层的某特性上，单击左键即可。如果单击右键将显示快捷菜单，可以快速设置当前层、创建新层、选择全部图层或清除全部选择、是否显示过滤器树、是否显示图层列表中的过滤器等。用户在未创建新层之前，只显示一个初始图层——0 层。

(9)状态行

该行用于显示当前过滤器的名称、列表视图中所显示图层的数量和图形中图层的数量。

(10)"反转过滤器(I)"复选框

"反转过滤器(I)"复选框确定是否根据命名图层过滤器中的相反规则显示图层。"指示正在使用的图层(U)"复选框确定在列表视图的"状"(状态)中显示图标,以指示图层是否处于使用状态。

(11)"设置…"按钮

该按钮使用"图层设置"对话框设置新图层通知各选项、是否将图层过滤器应用到"图层"工具栏等。

2.1.3　创建新层

1.建新层和修改名称

在"图层特性管理器"对话框中,单击"新建图层(Alt+N)"(🐾)按钮,在图层列表视图中增加一个名为"图层 1"的新层(图 2-3)。名称是加亮显示的,且有文字光标在其上闪烁,外围有矩形框,表明该名称可即时修改。名称"图层 1"也可先不改,再单击"新建图层(Alt+N)"(🐾)按钮,又增加一个名为"图层 2"的新层。如此连续操作,可增加多个新层。然后再对每一层修改名称、颜色、线型和线宽。要修改图层列表视图中的某一个名称,双击其名称即可修改。

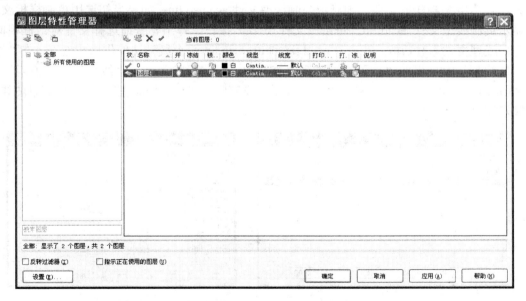

图 2-3　创建新层的"图层特性管理器"对话框

2.修改图层的颜色、线型和线宽

(1)修改图层的颜色

在图层列表视图中修改某图层颜色时,单击要改图层的颜色块和名,显示图 2-4 所示"选择颜色"对话框。点取对话框中的某一种颜色,再单击"确定"按钮,对话框关闭,颜色修改成功,仍显示前一个对话框。

图 2-4   "选择颜色"对话框

在"选择颜色"对话框中，有"索引颜色"、"真彩色"、"配色系统" 3 个选项卡。这里仅说明"索引颜色"选项卡。在"索引颜色"选项卡里有 255 种颜色可供选择。第一部分显示 10 到 249 号颜色；第二部分显示 1 到 9 号颜色，前 7 种为标准颜色；第三部分显示逻辑色 ByLayer(随层)和 ByBlock(随块)；第四部分显示不同深浅的灰度，颜色号从 250 到 255。对话框下部"颜色(C)"输入框中可显示或键入颜色号或颜色名。

(2)修改图层的线型

要修改线型时，在图层列表视图中单击要改图层的线型名，显示图 2-5 所示"选择线型"对话框。对话框中的"已加载的线型"列表框中显示了默认的和已装入线型的"线型"、"外观"和"说明"。其中 Continuous(实线)是默认线型。点取线型列表框中的一种线型，再单击"确定"按钮，线型便设置完成。如线型列表框中未列出这种线型，就要用"加载(L)…"按钮从线型文件中装入该线型到线型列表框中。加载线型的方法如下。

在"选择线型"对话框中单击"加载(L)…"按钮，将弹出"加载或重载线型"对话框(图 2-6)。该对话框中的"文件(F)…"按钮用于选择线型文件，文本框中显示当前线型文件名。如果当初选用公制样板文件，则显示公制线型文件 acadiso.lin；如果当初选用英制样板文件，则显示英制线型文件 acad.lin。单击"文件(F)…"按钮，弹出与普通选择文件对话框相似的"选择线型文件"对话框，其中有 acad.lin 和 acadiso.lin 两个线型文件供用户选择。在"加载或重载线型"对话框的"可用线型"列表视图中，按字母顺序列出"线型"及"说明"。前 14 种是 ISO 线型。点取所要装入的一种或几种线型后，再单击"确定"按钮，线型即被装入，并显示在"选择线型"对话框中。

图 2-5   "选择线型"对话框

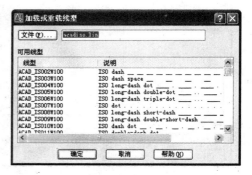

图 2-6   "加载或重载线型"对话框

(3)修改图层的线宽

要修改线宽时，在图层列表视图中单击要改图层的线宽，显示"线宽"对话框(图 2-7)。对话框中显示了默认和标准线宽。从中选择一种，再单击"确定"按钮，线宽设置完成。

3.设置当前层

绘制对象应该按图层进行。要在哪一层上作图，应先将该层设置为当前层。设置当前层可以在"图层特性管理器"对话框中进行。先点名称，再单击"置为当前(Alt+C)"(✔)按钮即可。

另一种设置当前层的操作更方便，即在"图层"工具栏的图层控件(图 2-8)中进行。单击控件中右侧箭头，在控件中点取某一名称即可。

图 2-7　"线宽"对话框

图 2-8　图层控件

4.设置线型比例因子

线型文件 acad.lin 中的 ISO 线型和 acadiso.lin 中的全部线型都是以公制图形单位来设置线型中长、短画及间隔的大小，而 acad.lin 中除 ISO 线型以外的线型则是以英制图形单位设置的。但所有线型中长、短画及间隔的大小与我国标准要求都不同，需要对它们进行放大或缩小处理，才能与我国标准接近。如使用英制图形单位的线型，线型比例因子应为 8～10 之间的某一整数。如使用公制图形单位的线型时，线型比例因子应为 0.25～0.5。修改线型比例的操作在显示详细信息的"线型管理器"对话框(图 2-9)右下部的"全局比例因子(G)"编辑框中进行(见 2.1.4 节)。

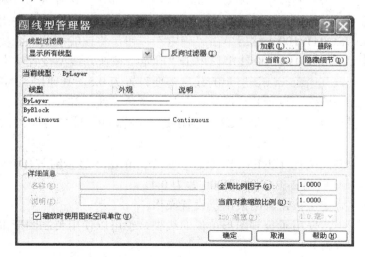

图 2-9　显示详细信息的"线型管理器"对话框

5.图层设置举例

本书中举例使用的图层如图 2-10 所示。设置这些图层的操作如下。

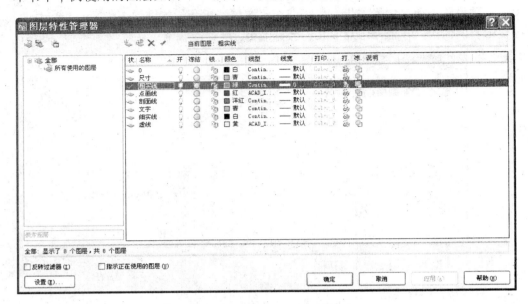

图 2-10　本书中举例使用的图层

①执行 LAYER（图层）命令，显示"图层特性管理器"对话框。

②创建新层并改名称：单击"新建图层（Alt+N）"（🖱）按钮，建立一个新层，从键盘键入点画线后按【Enter】键，名称改为点画线。

③设置颜色：单击点画线层上的颜色块，显示"选择颜色"对话框，然后点取红色，再单击"确定"按钮，颜色设置结束。

④设置线型：单击点画线层上的 Continuous 线型，显示"选择线型"对话框。如对话框中没有需要的线型，则单击"加载（L）..."按钮，显示"加载或重载线型"对话框。在该对话框中单击 ACAD_ISO04W100，然后单击"确定"按钮，将该线型装入到"选择线型"对话框中。再单击 ACAD_ISO04W100 线型，单击"确定"按钮，线型设置结束。

⑤设置线宽：只有"粗实线"层上的线宽需要设置为 0.5，其他层上的线宽均用默认值。

⑥重复②到④的操作，设置其他图层的名称、颜色、线型和线宽。

⑦设置当前层：点取"粗实线"或"点画线"名称，再单击"置为当前（Alt+C）"（✔）按钮。

⑧设置线型比例：执行 LINETYPE（线型）命令，单击"显示细节（D）"按钮，在"全局比例因子（G）"编辑框（图 2-9）中将 1.0000 改为 0.4。

⑨最后单击"确定"按钮，结束图层设置操作。

上述设置过程中，使用了公制图形单位的线型，也可以使用英制图形单位的线型，不过要将线型比例因子改为 8。

上述图层的用途如下：

①"点画线"层用于绘制中心线即细点画线；

②"虚线"层用于绘制虚线；

③ "尺寸"层用于标注尺寸;

④ "剖面线"层用于绘制剖面线;

⑤ "粗实线"层用于绘制轮廓线即粗实线;

⑥ "细实线"层用于绘制细实线;

⑦ "文字"层用于书写文字。

2.1.4 LINETYPE(线型)命令

LINETYPE(线型)命令使用"线型管理器"对话框(图 2-11)列出已加载的线型、设置当前线型、加载其他线型和修改线型比例等。

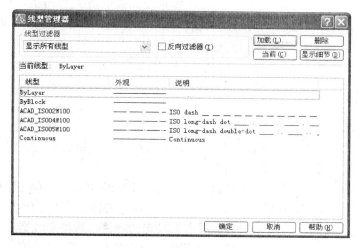

图 2-11 "线型管理器"对话框

1.命令输入方式

键盘输入:LINETYPE 或 LT 或 LTYPE

菜单:"格式(O)"→"线型(N)…"

2.对话框说明

(1)"线型过滤器"区

该区可确定在线型列表中显示的线型。控件中的"显示所有线型"项为显示当前图中所有默认的和已装入的线型。"反向过滤器(I)"复选框确定是否根据与选定的过滤规则相反的规则显示线型。

(2)线型列表框

列表框中显示了默认的和已装入线型的"线型"、"外观"和"说明"。其中 ByLayer(随层)、ByBlock(随块)和 Continuous(实线)三种线型是默认的,其他线型是由用户从线型文件中装入的。

(3)"当前(C)"按钮

选择该按钮使线型列表框中选定的线型为当前线型。默认的当前线型是 ByLayer(随层),表示随图层上所设置的线型来显示该图层上的对象。若当前线型是其他线型时,那么在当前层上建立的对象按当前线型显示,而与当前层的线型就不一致了。

(4)"加载(L)..."按钮

选择该按钮可使用户从线型文件中装入需要的线型。该按钮与 2.1.3 节中修改线型时所用到的"加载(L)..."按钮(图 2-5)完全相同，不再重述。

(5)"删除"按钮

该按钮用于删除指定的线型。没有对象使用的线型才能被删除。

(6)"显示细节(D)"按钮

单击该按钮将弹出图 2-9 所示的显示详细信息的"线型管理器"对话框，"显示细节(D)"按钮变成"隐藏细节(D)"按钮。再单击该按钮，则取消其详细信息部分。详细信息部分左边显示指定线型的"名称(N)"和"说明(E)"。右边的"全局比例因子(G)"文本框显示所有线型的全局比例因子，用于对线型的长、短画及间隔的放大与缩小。"当前对象缩放比例(O)"文本框显示当前对象线型的比例因子。最终的比例是全局比例因子与该对象比例因子的乘积。打开"缩放时使用图纸空间单位(U)"复选框时，按相同的比例在图纸空间和模型空间中显示线型。

2.1.5 设置对象的特性

熟练的绘图员一般按图层来作图，这样便于管理复杂图形上的对象。例如，要修改某一种线型，只需打开这种线型所在图层，而其他图层都处于关闭状态。这样，绘图区域内的图形就简单多了，使操作变得简单迅速。

AutoCAD 也具有单独设置对象的颜色、线型和线宽的功能，它不同于对象所在层上的颜色、线型和线宽。在"对象特性"工具栏中显示的当前层的颜色、线型和线宽都是 ByLayer(随层)，说明在当前层上绘制的对象按当前层上所设定的颜色、线型和线宽显示。利用"对象特性"工具栏中的颜色、线型和线宽控件，可设置待画对象或已指定对象的颜色、线型和线宽。

2.2 设置绘图环境

在绘制一幅图形之前，首先要确定绘图时使用的单位制、角度单位、测量精度、测量角度的方向以及要用多大的绘图区域。这些参数都有 AutoCAD 设好的默认值。默认的单位制是十进制，精度为保留 4 位小数；角度单位为十进制度，精度为整数。绘图区域有两种，一种是公制 420×297，另一种是英制 12×9，它们都保存在标准样板 Acadiso.dwt 和 Acad.dwt 文件中。除绘图区域需要随所绘图形大小实时改变外，其他参数一般不变。改变这些参数可以用本节介绍的命令。此外，本节中还要介绍如何在绘图区域内显示图形。

2.2.1 UNITS(单位)命令

UNITS(单位)命令使用"图形单位"对话框(图 2-12)设置单位类型、角度单位、测量精度和测量角度方向。

1.命令输入方式

键盘输入：UNITS 或 UN

菜单："格式(O)" → "单位(U)..."

2:对话框说明

(1)"长度"区

在该区指定测量的当前单位及当前单位的精度。

图 2-12　　"图形单位"对话框

1)"类型(T)"控件　在控件中选定测量单位的当前格式。控件中包括下列单位格式：

分数　分数制，以 0 1/16 方式显示；

工程　工程单位，以 0′–0.0000″ 方式显示；

建筑　建筑单位，以 0′–0 1/16″ 方式显示；

科学　科学记数法，以 0.0000E+01 方式显示；

小数　十进制小数，以 0.0000 方式显示，这是默认单位类型。

2)"精度(P)"控件　设置当前单位格式的小数位数。用其控件来选择测量精度。在上面选择某一种单位类型，这里就显示这种单位类型的默认测量精度。

(2)"角度"区

指定当前角度的格式和精度。

1)"类型(Y)"控件　在控件中选定测量角度的当前格式。控件中包括下列格式：

百分度　以 0.00g 方式显示；

度/分/秒　以 0d00′ 00″ 方式显示；

弧度　以 0.00r 方式显示；

勘测单位　以 N0d00′ 00″ E 方式显示；

十进制度数　以 0.00 方式显示，这是默认角度单位。

2)"精度(N)"控件　指定当前角度单位精度，用其控件选择测量角度的精度。在前面选择某一角度单位，就在这里显示这一单位下的默认精度。

3)"顺时针(C)"复选框　复选框关闭(默认)时按逆时针方向测量角度为正角度，复选框打开时按顺时针方向测量角度为正角度。

(3)"插入比例"区

在该区使用"用于缩放插入内容的单位"控件设置插入到当前图形中的图块或图形时使用的测量单位。插入比例是源块或图形使用的单位与目标图形使用的单位之比。如果块或图形创建时使用的单位与该选项指定的单位不同，则在插入这些块或图形时，将对其按比例缩放。

(4)"输出样例"区

显示当前单位和角度设置下的样例。

(5)"光源"区

在该区设置当前图形中控制光源强度的测量单位。在"用于指定光源强度的单位"控件中选择一种单位：国际、美国或常规。

(6)"方向(D)..."按钮

单击该按钮将弹出"方向控制"对话框。在对话框中设置角度测量的起始位置。默认状态是水平向右为角度测量的起始位置，即 0°。

2.2.2　LIMITS(图形界限)命令

LIMITS(图形界限)命令用于确定绘图区域大小，即所用图纸大小。绘图窗口内显示范围不等于绘图区域，可能比绘图区域大，也可能比绘图区域小。图形界限是用左下角点和右上角点来限定的矩形区域。一般左下角点总设在世界坐标系(WCS)的原点(0，0)处，右上角点则用图纸的长和宽作点坐标。图形界限也控制栅格点的显示范围。LIMITS(图形界限)命令还控制边界检查功能。此功能打开时，超出界限的点坐标将被拒绝接受。默认状态下，该功能是关闭的。

使用 LIMITS(图形界限)命令改变了绘图区域的大小，但绘图窗口内显示的范围并不改变，仍保持原来的显示状态。若要使改变后的绘图区域充满绘图窗口，必须使用 ZOOM(缩放)命令来操作。

1.命令输入方式

键盘输入：LIMITS

菜单："格式(O)" → "图形界限(A)"

2.命令使用举例

例　设置图形界限为 A2 图幅(594×420)。

命令：<u>LIMITS</u>↙

重新设置模型空间界限：

指定左下角点或[开(ON)/关(OFF)] <0.0000，0.0000>：↙　　　　　　　(左下角点用默认值)

指定右上角点<420.0000，297.0000>：<u>594，420</u>↙　　　　　　(输入右上角点坐标)

2.2.3　ZOOM(缩放)命令

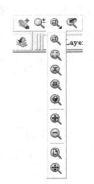

ZOOM(缩放)命令用于在绘图区域内显示所绘制图形的全部或局部。使用滚轮鼠标也可在不执行 ZOOM(缩放)命令的情况下，随时转动滚轮作缩放图形的操作。

1.命令输入方式

键盘输入：ZOOM 或 Z

工具栏："标准"工具栏→图 2-13 所示的命令按钮

菜单："视图(V)" → "缩放(Z)" →子菜单各选项

快捷菜单：没有选定对象时，在绘图区单击右键选择"缩放(Z)"选项进行实时缩放。图形以光标点为中心向周围缩放。

2.命令提示及选择项说明

指定窗口的角点，输入比例因子(nX 或 nXP)，或[全部(A)/中心(C)/动态(D)/范围(E)/上一个(P)/比例(S)/窗口(W)/对象(O)]<

图 2-13　ZOOM(缩放)
命令按钮

实时>：　输入一点或一个数或选择项，或者按【Enter】键使用默认项。如指定一点则为窗口的一个角点，然后提示"指定对角点："，再指定另一点则确定窗口大小，将窗口内的图形缩放为充满绘图区域。如输入一个数则为图形界限的缩放倍数；如数后加 X 则是相对于当前显示图形的缩放倍数；如数后加 XP 则相对于图纸空间的缩放倍数。

全部(A)　全部缩放，命令按钮为🔍。将绘制的全部图形显示在绘图区域内。一般按设定的图形界限显示。若图形已超过图形界限，则按超出的范围显示。例如，图 2-14 所示是打开的 AutoCAD 例图 attrib.dwg。它位于 AutoCAD 2008 的 \Sample\ActiveX\ExtAttr\文件夹下。图 2-15 所示是经过全部缩放操作的图形。由于图形范围小于图形界限，所以按设定的图形界限显示。

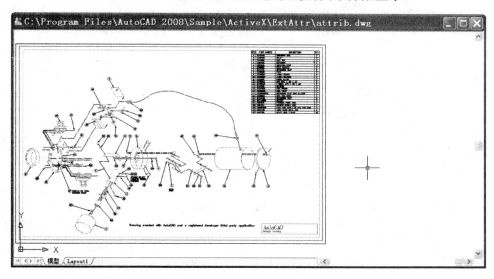

图 2-14　AutoCAD 例图

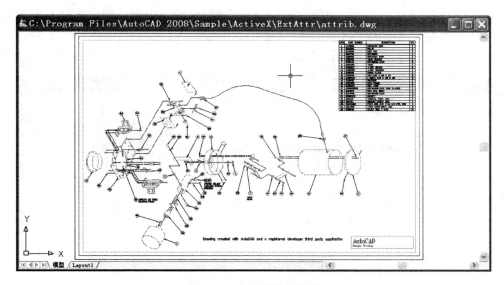

图 2-15　全部缩放的图形

中心(C)　中心缩放，命令按钮为🔍。按指定点为绘图区域中心，输入一个数加 X 为缩放倍数或指定高度来缩放图形。指定高度比窗口内显示高度大时缩小图形；指定高度比窗口内显示高度小时放大图形。图 2-16 所示是以左下方一点为中心、高度为 5 作中心缩放后的图形。

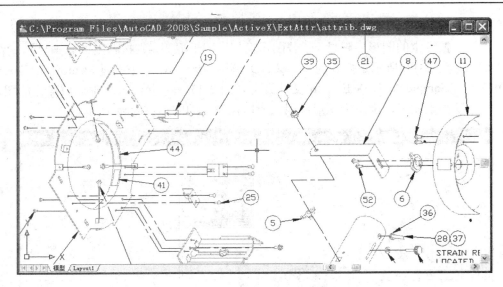

图 2-16   中心点缩放的图形

动态(D)   动态缩放，命令按钮为 。进入这种方式后，显示动态缩放的选择状态（图 2-17）。图中大虚线框（屏幕显示为蓝色）表示图形界限大小，小点线框（屏幕显示为绿色）是上一次缩放的区域。另一个可随鼠标移动的小实线框（屏幕显示为白色）是一个窗口，内有叉号（图 2-17 左上方）。可以改变窗口的大小和位置，确定要缩放的区域。单击左键，窗口内的叉号改为指向右边框的箭头（图 2-18），移动鼠标即可改变窗口大小；再单击左键，固定窗口大小，窗口内的箭头又改为叉号；移动窗口到要缩放的位置，例如图 2-18 中图形右下方。单击右键或按【Enter】键，窗口内的图形充满绘图区域，如图 2-19 所示。

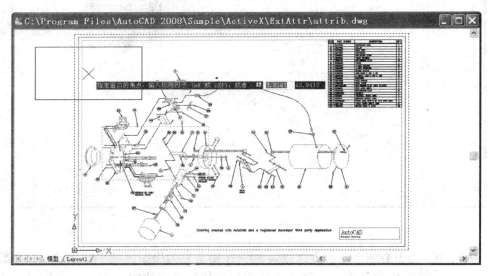

图 2-17   动态缩放状态

范围(E)   最大缩放，命令按钮为 。将图形所占有的区域充满绘图区域，不考虑图形界限，如图 2-20 所示。

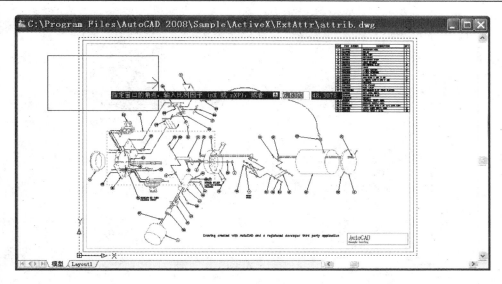

图 2-18　改变窗口大小

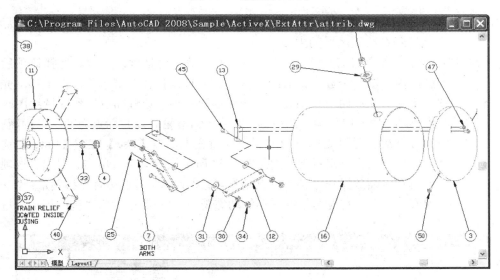

图 2-19　动态缩放后的图形

上一个 (P)　命令按钮为 ![icon]。恢复前一幅显示的图形。例如，使用该选择项可使图 2-20 回到图 2-19。连续使用该选项，最多可恢复显示前 10 幅图形。

比例 (S)　比例缩放，命令按钮为 ![icon]。按输入的缩放倍数显示图形。若输入一个数，则相对于当前图形界限进行缩放；若输入一个数加 X，则相对于当前显示图形进行缩放；若输入一个数加 XP，则相对于图纸空间进行缩放。该项也是默认选项，可以在执行 ZOOM (缩放) 命令后立即输入缩放倍数，也可选择该项后再输入。

窗口 (W)　窗口缩放，命令按钮为 ![icon]。用输入一矩形窗口的两个对角点确定要显示的范围。窗口内的图形被缩放，并充满绘图区域。该选择项也是默认项，可以直接点取一点，移动光标即显示一矩形窗口，再点取另一点确定窗口大小。

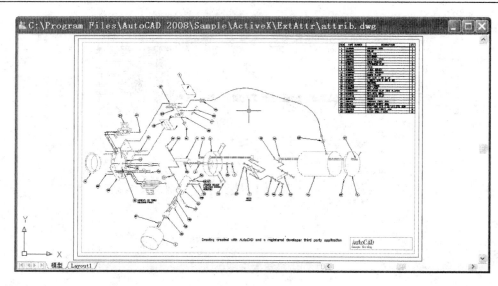

图 2-20　最大显示图形

对象(O)　缩放指定对象，命令按钮为 。可以指定一个或多个对象，将其尽可能大地显示在绘图区域的中心。

<实时>　实时缩放或连续缩放，命令按钮为 。这是默认选项。选择该项后，绘图区域内显示一个放大镜似的光标(图 2-21)。按住左键不放，向上移动光标，图形逐渐变大；向下移动光标，图形逐渐变小。这种缩放操作保持绘图区域中心点不动。如使用带滚轮的鼠标，向前转动滚轮时以光标点为准图形逐渐变大，向后转动滚轮时以光标点为准图形逐渐变小。按【Esc】键或【Enter】键结束缩放操作。或者单击右键，弹出图 2-22 所示快捷菜单，单击"退出"选项，也可退出实时缩放操作。菜单中其他选项："平移"用于实时平移图形；"三维动态观察器"用于实现对三维图形的动态观察；"窗口缩放"、"范围缩放"与前述

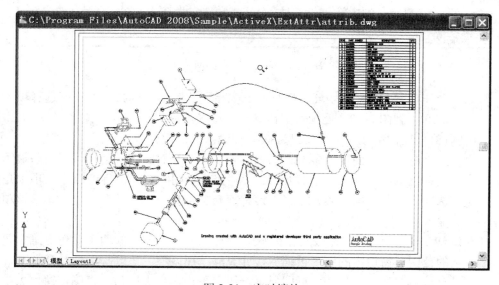

图 2-21　实时缩放

选项的功能和操作相同；"缩放为原窗口"用于恢复实时缩放操作开始时的图形显示。

3.其他选项

在"缩放(Z)"菜单的子菜单(图 2-23)中，还有"放大(I)"与"缩小(O)"两个选项，它们也有相应的命令按钮。现说明如下。

放大(I)　命令按钮为。选择该项使图形放大一倍，与在"比例(S)"选择项下输入 2X 的效果相同。

图 2-22　实时缩放快捷菜单

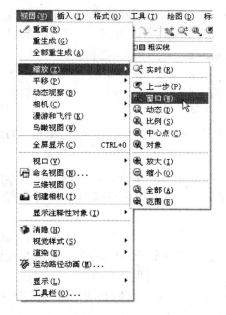

图 2-23　缩放子菜单

缩小(O)　命令按钮为🔍。选择该项使图形缩小一半，与在"比例(S)"选择项下输入 0.5X 的效果相同。

2.2.4　PAN(平移)命令

PAN(平移)命令用于在绘图区域内随意平移所绘制的图形，就像用手在桌面上移动图纸一样。执行 PAN(平移)命令后，在绘图区域内显示一个手形光标。按住左键拖动光标，图形随着光标向同一方向移动，释放左键平移停止。移动光标到另一位置，再按住左键拖动光标，可继续平移图形。使用滚轮鼠标也可在不执行 PAN(平移)命令的情况下，随时按住滚轮来拖动图形。命令输入方式如下。

键盘输入：PAN 或 P

工具栏："标准"工具栏→

菜单："视图(V)" → "平移(P)" → "实时"

快捷菜单：没有选定对象时，在绘图区域单击右键选择"平移(A)"选项，进行实时平移。

2.3　创建用户样板

创建一个适当的初始绘图环境，可为今后完成频繁的绘图工作奠定基础，并带来方便。每当开始绘制一幅新图时，只要装入自己的样板，即创建了绘图环境，不再需要作重复的设置操作，这样可节省时间，加快绘图速度。通常存储在样板图形文件中的惯例和设置包括：单位类型和精度一般使用默认值；图形界限、图层、线型、颜色、线宽、文字样式、标注样式等均由用户根据需要设置；标题栏、图框、边框和徽标可以在绘图完成后添加。关于文字样式、标注样式、标题栏、边框和徽标等将在以后逐步介绍。这里先介绍初始绘图环境的设置。

2.3.1　创建用户样板的步骤

创建用户样板的步骤如下。

① 如要创建 A3 图幅的样板，只需用 ZOOM（缩放）命令中的"全部（A）"（🔍）选项将图纸缩放到绘图窗口内。如设置其他图幅，需要使用 LIMITS（图形界限）命令设置绘图界限（默认值为 A3 图幅）。改变绘图界限后，需用 ZOOM（缩放）命令中的"全部（A）"（🔍）选项将图纸缩放到绘图窗口内。

② 使用 LAYER（图层）命令设置图层、线型、颜色、线宽及线型比例。这些可按自己的专业要求来设置。本书按 2.1.3 节中的"图层设置举例"进行设置。

2.3.2　保存用户样板

用 SAVEAS（另存为）命令将样板保存在自己的文件夹下，图名由用户命名。本书所用样板图名为 A3.dwt。样板必须始终保留着，其他图形文件不能与其同名，否则会丢失。".dwt"是样板文件类型。样板文件也可用".dwg"为文件类型，但应注意与图形文件区分。

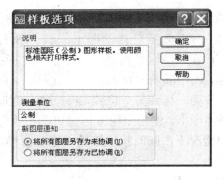

图 2-24　"样板选项"对话框

保存样板的操作步骤如下：

①执行 SAVEAS（另存为）命令，显示"图形另存为"对话框；

②在"文件类型（T）"控件中，选取"AutoCAD 图形样板（*.dwt）"文件类型；

③在"文件名（N）"输入框中键入 A3；

④在"保存于（I）"控件中，查找自己的文件夹名，并双击之；

⑤单击"保存（S）"按钮；

⑥显示"样板选项"对话框（图 2-24），可输入对样板的说明，也可用已有的说明，单击"确定"按钮。

用户可以将自己常用的图幅设置为几个样板，用不同的图名存储，以后要使用哪种图幅，就装入哪个样板。用户样板也可以用图形文件（*.dwg）来存储。

2.3.3　装入用户样板

装入样板用 NEW（新建）或 QNEW（快速新建）命令，在"选择样板"对话框中查找所在的文件夹和样板文件，再单击"打开（O）"按钮。

练 习 题

2.1　新建用户文件夹。

2.2　按 2.3 节中的说明创建用户样板，并保存。

2.3　在各图层上画直线或圆，校核线型、颜色等设置是否正确。

2.4　练习如何装入样板。

2.5　打开 AutoCAD 的例图\AutoCAD 2008\Sample\Tablet.dwg、\AutoCAD2008\ Sample\ActiveX\ExtAttr\Attrib.dwg 等。用 ZOOM（缩放）命令作各种缩放操作，观看图的细节。

2.6　将 1～2 个例图保存在用户文件夹下。

第 3 章　基本绘图方法

本章将系统地介绍基本绘图命令和基本图形编辑命令，并举例说明使用坐标点准确作图的方法。这种方法是学习 AutoCAD 的基础。本章所有例子中坐标点的输入都是按传统方式从命令行键入的。AutoCAD 从 2006 版开始增加了"动态输入"新功能。在"动态输入"功能打开时输入点坐标与按传统方式输入点坐标有所不同。如果读者希望按举例操作，就要选择状态栏中"DYN"，关闭"动态输入"功能。关于"动态输入"功能将在 5.1 节介绍。

3.1　基本绘图命令

3.1.1　LINE(直线)命令

LINE(直线)命令用于绘制一段或几段直线，或绘制任意多边形。在绘制直线过程中，还可以随时取消前一段或几段直线。

1.命令输入方式

键盘输入：LINE 或 L

工具栏："绘图"工具栏→

菜单："绘图(D)" → "直线(L)"

2.命令使用举例

例 1　绘制图 3-1 所示的四边形。

命令：LINE↙

指定第一点：10, 30↙

指定下一点或[放弃(U)]：30, 30↙

指定下一点或[放弃(U)]：30, 20↙

指定下一点或[闭合(C)/放弃(U)]：@10<135↙

指定下一点或[闭合(C)/放弃(U)]：U↙

指定下一点或[闭合(C)/放弃(U)]：@10<225↙

指定下一点或[闭合(C)/放弃(U)]：C↙

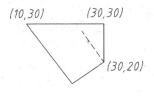

图 3-1　画四边形

(输入相对极坐标)
(删除虚线段)

例 2　绘制一段或几段直线。

命令：LINE↙

指定第一点：(输入第一点)

指定下一点或[放弃(U)]：(输入第二点)

指定下一点或[放弃(U)]：(输入第三点，或按【Enter】键结束命令，只画一段线)

指定下一点或[闭合(C)/放弃(U)]：(输入第四点，或按【Enter】键结束命令，只画二段线)

⋮

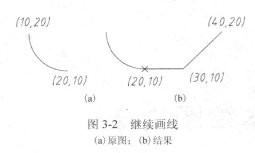

图 3-2　继续画线
(a)原图；(b)结果

例 3　画直线与刚绘制的圆弧相切于弧的终点，如图 3-2 所示。

命令：<u>LINE</u>↙
指定第一点：<u>　</u>↙
直线长度：<u>10</u>↙
指定下一点或[放弃(U)]：<u>@10,10</u>↙
指定下一点或[闭合(C)/放弃(U)]：<u>　</u>↙

3.说明

①上述例子都是从键盘输入点的坐标，也可以从屏幕上定点输入。方法是，用光标在屏幕上拾取一点后，再移动光标时，会显示一条光标牵引着与前一点相连的"橡皮筋线"，指示着直线的长短和走向。此时可从键盘上输入长度，就能画出直线。这就是直接距离输入。

②在提示"指定第一点："时，按下【Enter】键或右键，将把最近画的直线或圆弧的终点作为要画直线的第一点。指定下一点后，如前段是直线，则到指定点画一直线；如前段是圆弧，则画一直线与圆弧相切，直线长度为两点间的距离。如例 3 所示。

3.1.2　CIRCLE(圆)命令

CIRCLE(圆)命令使用各种方法来绘制圆。这些方法是过三点或两点画圆，已知圆心、半径或直径画圆，画与两个或三个对象相切的公切圆等。

1.命令输入方式

键盘输入：CIRCLE 或 C
工具栏："绘图"工具栏→⊙
菜单："绘图(D)"→"圆(C)"→子菜单各选项

2.命令使用举例

例 1　已知圆心、半径画圆。

命令：<u>CIRCLE</u>↙
指定圆的圆心或[三点(3P)/两点(2P)/相切、相切、半径(T)]：<u>50,60</u>↙　　　　　　(圆心坐标)
指定圆的半径或[直径(D)]：<u>20</u>↙　　　　　　　　　　　　　　　　　　　　(半径)

例 2　已知圆心、直径画圆。

命令：<u>CIRCLE</u>↙
指定圆的圆心或[三点(3P)/两点(2P)/相切、相切、半径(T)]：<u>50,60</u>↙
指定圆的半径或[直径(D)]<20.0000>：<u>D</u>↙
指定圆的直径 <40.0000>：<u>25</u>↙

例 3　已知三点画圆，如图 3-3 所示。

命令：<u>CIRCLE</u>↙
指定圆的圆心或[三点(3P)/两点(2P)/相切、相切、半径(T)]：<u>3P</u>↙
指定圆上的第一点：<u>50,20</u>↙
指定圆上的第二点：<u>60,30</u>↙
指定圆上的第三点：<u>50,40</u>↙

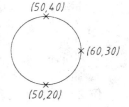

图 3-3　三点画圆

例 4　作半径为 10 的圆，使其与已知圆和直线都相切，如图 3-4 所示。

命令：<u>CIRCLE</u>↙
指定圆的圆心或[三点(3P)/两点(2P)/相切、相切、半径(T)]：<u>T</u>↙
在对象上指定一点与圆的第一个切点：<u>(拾取 P1 点)</u>　　　　　　　　(指定第一个目标)

在对象上指定一点与圆的第二个切点：(拾取 P2 点)　　　(指定第二个目标)
指定圆的半径<10.0000>：10 ∠

例 5　已知两点画圆。

命令：CIRCLE ∠
指定圆的圆心或[三点(3P)/两点(2P)/相切、相切、半径(T)]：2P ∠
指定圆直径的第一个端点：(输入第一点)
指定圆直径的第二个端点：(输入第二点)

3.说明

①图 3-5 示出了 CIRCLE(圆)命令下拉子菜单的各选项。下
拉子菜单上每一个选项就是一种画圆的方法，所以直接从下拉

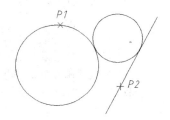

图 3-4　画公切圆

子菜单上点取选项，就可以用所选的方法开始画圆。

②菜单上"相切、相切、相切(A)"选项用于
画一个圆与指定的三个目标相切。目标可为直线、
圆或圆弧。这种画圆的方法实际上是过三点画圆，
只是这三点为圆与三个目标相切的切点。

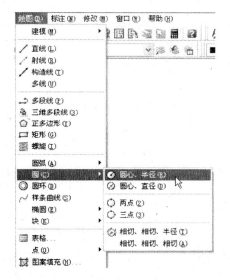

图 3-5　CIRCLE(圆)命令下拉子菜单

3.1.3　ARC(圆弧)命令

ARC(圆弧)命令用于绘制圆弧。根据画弧的已
知条件不同，AutoCAD 提供了 11 种方法。可不必
拘泥于何种方法，只要按 ARC(圆弧)命令的提示输
入已知条件，就能画出圆弧。这里不一一列举各种
画弧的方法，只说明画弧的各种条件及画弧的规律，
并举例说明几种常用的画弧方法。

1.命令输入方式

键盘输入：ARC 或 A
工具栏："绘图"工具栏→

菜单："绘图(D)"→"圆弧(A)"→子菜单各选项

2.选择项说明

1)角度(A)　角度即"包含角"，为圆弧所对应的圆心角。角度为正时，按逆时针方向画
弧；角度为负时，按顺时针方向画弧。

2)圆心(C)　圆心指圆心坐标。

3)方向(D)　方向即"圆弧的起点切向"，为圆弧起始的切线方向。可以输入角度或指定
一点来确定切线的方向。

4)端点　端点指圆弧的终点。

5)弦长(L)　弦长为正时，画小于180°的弧(劣弧)；弦长为负时，画大于180°的弧(优
弧)。

6)半径(R)　半径为正时，画小于180°的弧(劣弧)；半径为负时，画大于180°的弧(优
弧)。

7)起点　起点指圆弧的起始点。

8)第二点　第二点指圆弧上的第二点。

3.命令使用举例

例1　已知三点画弧，如图 3-6 所示。

命令：ARC↙

指定圆弧的起点或[圆心(C)]：70,40↙

指定圆弧的第二点或[圆心(C)/ 端点(E)]：60,50↙

指定圆弧的端点：60,30↙

例2　已知起点、圆心、终点画弧，如图 3-7 所示。

命令：ARC↙

指定圆弧的起点或[圆心(C)]：20,10↙

指定圆弧的第二点或[圆心(C)/端点(E)]：C↙

指定圆弧的圆心：10,10↙

指定圆弧的端点或[角度(A)/弦长(L)]：10,22↙　（终点可以不在圆弧上）

例3　已知起点、终点、半径画弧，如图 3-8 所示。

命令：ARC↙

指定圆弧的起点或[圆心(C)]：20,10↙

指定圆弧的第二点或[圆心(C)/端点(E)]：E↙

指定圆弧的端点：10,20↙

指定圆弧的圆心或[角度(A)/方向(D)/半径(R)]：R↙

指定圆弧半径：10↙

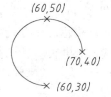

图 3-6　三点画弧

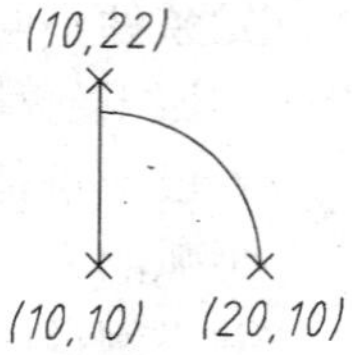

图 3-7　起点、圆心、终点画弧

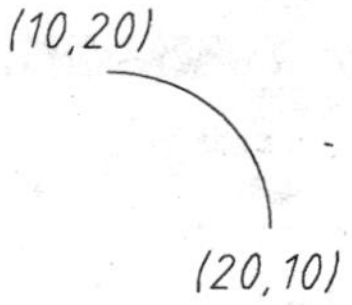

图 3-8　起点、终点、半径画弧

例4　已知圆心、半径、始角、终角画弧，如图 3-9 所示。

命令：ARC↙

指定圆弧的起点或[圆心(C)]：C↙

指定圆弧的圆心：10,10↙

指定圆弧的起点：@10<30↙

指定圆弧的端点或[角度(A)/弦长(L)]：@10<150↙

例5　以前一段直线的终点为圆弧的起点，画圆弧与其相切，如图 3-10 所示。ARC（圆弧）命令必须紧跟着 LINE（命令）执行。

命令：ARC↙

指定圆弧的起点或[圆心(C)]：↙

指定圆弧的端点：30,20↙

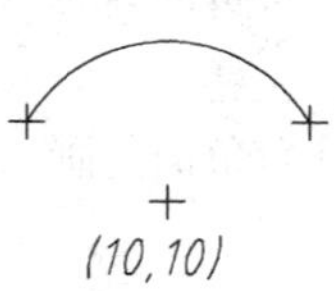

图 3-9　圆心、半径、始角、终角画弧

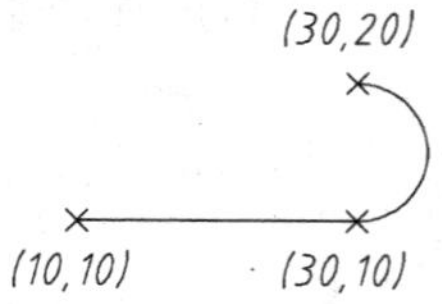

图 3-10　继续画弧

4.说明

①在上述各种画弧的方法中，除了已规定按逆时针方向或顺时针方向画弧外，一般都按逆时针方向画弧。

②下拉子菜单中有一个选项为"继续(O)"。如选此项，则以前一段直线或圆弧的终点为起点，继续画下一段圆弧与之相切，如例 5 所示。

3.2　基本编辑命令

3.2.1　U(放弃)命令

U(放弃)命令为撤消最近一次执行过的命令，它同时取消执行命令的结果。由于 U(放弃)命令操作非常简便，所以绘图过程中常用它取消错误的操作结果。U(放弃)命令还可以连续执行，按相反的命令执行顺序取消一个个已执行过的命令，直至一幅图的开始。用放弃控件(　　)右侧箭头可以选择多个要取消的命令。

1.命令输入方式

键盘输入：U

工具栏："标准"工具栏→

菜单："编辑(E)"→"放弃(U)"

快捷菜单：在无命令运行和无对象选定的情况下，在绘图区域单击右键，然后选择"放弃(U)"。

2.命令使用举例

例　在 3.1.1 节用 LINE(直线)命令画了直线，现在用 U(放弃)命令取消它。

命令：U↙

直线 GROUP　　　　　　　　　　　　　　　　　　　　　　　　　　　　　(被取消的命令名)

3.2.2　REDO(重做)命令

REDO(重做)命令恢复被最近一次 U(放弃)命令撤消的命令，同时显示出被取消的图形，就像重画一样。REDO(重做)命令必须紧跟 U(放弃)命令来执行，否则无效。用"重做"控件(　　)右侧箭头可以选择多个要重做的命令。

1.命令输入方式

键盘输入：REDO

工具栏："标准"工具栏→

菜单："编辑(E)"→"重做(R)"

快捷菜单：没有命令正在执行和未选定对象时，用右键单击绘图区域，然后选择"重做(R)"。

2.命令使用举例

例　接上例，用 REDO(重做)命令恢复 LINE(直线)命令。

命令：REDO↙

GROUP 直线　　　　　　　　　　　　　　　　　　　　　　　　　　　　(被恢复的命令名)

3.2.3 对象选择

图形由各种对象构成，对图形作编辑操作是针对某一个或一组对象进行处理。这些对象就是被选择的目标。这些目标的集合称为选择集。用户可以通过交互方式将对象加入到选择集或从选择集中删除。交互方式就是对象选择方式，也称目标选择方式。为区别图中已加入选择集的对象，这些对象被"加亮"（或称"醒目"）显示。当执行某个命令需要选择集时，便显示选择对象提示符"选择对象:"。同时屏幕上的光标显示为一小方格，此小方格称为拾取框，亦称对象选择框。拾取框的大小由系统变量 PICKBOX 确定。移动拾取框到对象上，对象变粗，即刻按左键，该对象即被选中并亮显。通常一个命令下的选择对象提示符"选择对象:"是重复出现的，也就是可以多次连续选择对象。当要结束对象选择时，在最后一个"选择对象:"提示符下输入空格或按【Enter】键，退出对象选择状态。在一个命令下选中的所有目标构成一个选择集。如何选择对象，请看下列各种常用的方式。

1.对象选择方式

（1）直接点取方式

移动拾取框到待选的对象上，有对象变粗，按下左键该对象即被选中，如图 3-11 中的虚线所示。这种方式每次只能选中一个变粗的目标。最好不要使拾取框与多个对象相交，因为难以预料哪个对象会被选中。这种方式是默认方式。

（2）"窗口（W）"方式

用两点作为矩形的两对角点所确定的范围称窗口。窗口范围内的背景颜色改变，围在窗口范围内的所有对象均被选中（图 3-12），但与窗口交叉的对象不包括在内。这种方式的提示如下：

      选择对象：**W**↙
      指定第一个角点：(拾取一点)
      指定对角点：(拾取另一点)

拾取第一点后，移动鼠标时，AutoCAD 将动态显示一个实线矩形框。该框随鼠标的移动可改变大小，帮助用户确定窗口的范围。定好范围后，按下左键，窗口方式操作结束，选中的对象"醒目"显示。

（3）"窗交（C）"方式

这是一种窗口交叉方式，与窗口方式相似。它们的提示、操作相同，只是窗口用虚线表示，选中的对象不仅包括窗口内的全部对象，而且还包括与窗口边界交叉的对象，如图 3-13所示。

   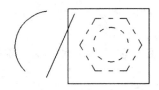   

图 3-11   点取对象   图 3-12   窗口方式选对象   图 3-13   窗交方式选对象

（4）"自动（AU）"方式

自动方式是默认方式，它把直接点取方式、窗口方式和窗交方式集成一体。操作方法是移动拾取框到图形的某一点处，单击左键。如有对象与拾取框相交，则对象被选中；如此点处无对象，则该点就成为窗口的第一角点，同时显示"指定对角点："，要求输入窗口对角的另一点。若另一点在第一点的右侧，则为窗口方式，窗口为实线；若另一点在第一点的左侧，则为窗交方式，窗口为虚线。

（5）"圈围（WP）"方式

这种方式是多边形窗口，与窗口方式类似。包括在多边形窗口内的对象均被选中。执行此方式的提示如下：

　　　　选择对象：<u>WP</u>↙

　　　　第一圈围点：<u>（输入第一点）</u>

　　　　指定直线的端点或[放弃(U)]：<u>（输入下一点）</u>

　　　　　　　　⋮

　　　　指定直线的端点或[放弃(U)]：↙

在最后一行提示下给出空格或按【Enter】键，自动将最后一点与第一点连接，形成封闭多边形。多边形按输入点的顺序产生。多边形可以为任意形状，但不能与自身相交。"放弃(U)"选择项可取消最近一次输入的点。例如图 3-14 中选取正六边形和圆就是通过一个五边形来实现的。多边形窗口的边界用实线显示。

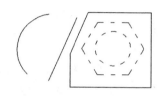

图 3-14　圈围方式选取对象

（6）"圈交（CP）"方式

这是一种多边形窗口交叉方式，它类似于窗交和圈围方式。圈交方式的提示、操作与圈围方式相同。应用这种方式不仅包含在多边形窗口范围内的对象被选中，而且与多边形窗口边界相交的对象也被选中。多边形窗口的边界用虚线显示。

（7）"栏选（F）"方式

这是一种栏线方式。它与圈交方式类似，不同的是栏选方式不构成封闭多边形。应用这种方式时，凡是与栏线相交的对象均被选中。它的提示顺序如下：

　　　　选择对象：<u>F</u>↙

　　　　指定第一个栏选点：<u>（输入第一点）</u>

　　　　指定下一个栏选点或[放弃(U)]：<u>（输入下一点）</u>

　　　　　　　　⋮

　　　　指定下一个栏选点或[放弃(U)]：↙

最后用空格或按【Enter】键来结束栏线。"放弃(U)"取消最近一次输入的点。栏线是一条任意的折线，可以互相跨越。

圈围、圈交和栏选方式一般在图形较复杂的情况下使用。

（8）"全部（ALL）"方式

全部方式用于选取已绘制的除冻结层以外的所有对象，包括绘图窗口以外的、锁定层和关闭层中的对象。

（9）"最后一个（L）"方式

这种方式选取的对象是在当前屏幕上最后生成的一个，而且是可见的。

（10）"上一个（P）"方式

这是上一个选择集方式。若要对同一个选择集进行多次编辑操作，就可用上一个选择集方式再次选取前一个选择集。

(11)"删除(R)"方式

选用删除方式时，"选择对象:"提示符将改变为"删除对象:"，可以将选择集中的某些对象删除。删除对象的选择同样可以使用前面介绍的各种对象选择方式。选中的对象将恢复正常显示。在"选择对象:"提示符下，按着【Shift】键再点取已选对象，同样能从选择集中删除它们。

(12)"添加(A)"方式

这是对象选择的默认方式。如已进入删除方式，若删除选择集中的对象，必须通过添加方式回到添加状态，才能选择其他目标加入选择集，同时提示符由"删除对象:"变为"选择对象:"。

(13)"放弃(U)"方式

这种方式可取消最后一次加入选择集中的对象，使其恢复正常显示。若重复使用放弃方式，可一步步取消被选中的对象。

(14)循环选择

选择相邻或重叠的对象通常很困难。当图形比较密集时，同时有几个对象穿过对象选择框，很难预料哪个对象被选中。利用【Shift】+空格键可以实现循环选择对象。这时可以先将光标移到待选对象上，然后按下【Shift】+空格键，有一个对象待选变粗。再按下【Shift】+空格键，换另一对象待选变粗。如此操作，几个对象轮换待选。若某一待选的对象是要选的目标，则按左键结束循环选择，该对象被选中。

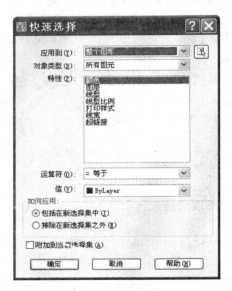

图 3-15　"快速选择"对话框

2.QSELECT(快速选择)命令

QSELECT(快速选择)命令是基于某些对象的类型和公共特性快速创建选择集的一种对象选择方法。它通过在"快速选择"对话框(图 3-15)中指定对象的类型或特性来选择对象。选择集中可以包括符合指定对象类型和对象特性条件的所有对象，或者包括除符合指定对象类型和对象特性条件以外的所有对象。用户需要确定的是将 QSELECT(快速选择)命令应用于整个图形还是应用于现有选择集，可以指定创建的选择集是替换当前选择集还是将其添加到当前选择集。上述符合某些指定的条件称为过滤条件。

(1)命令输入方式

键盘输入：QSELECT

菜单："工具(T)"→"快速选择(K)..."

快捷菜单：终止任何活动命令，右键单击绘图区域，选择"快速选择(Q)..."。

(2)对话框说明

1)"应用到(Y)"控件　该控件要求用户指定是将过滤条件应用到整个图形还是当前选择集。如果存在当前选择集，"当前选择"为默认设置。如果不存在当前选择集，"整个图形"

为默认设置。

2)"选择对象"按钮(图)　该按钮位于"应用到(Y)"控件右侧。使用该按钮将临时关闭"快速选择"对话框，以便在绘图区域内选择符合过滤条件的对象。按【Enter】键又将返回"快速选择"对话框。AutoCAD 将"应用到(Y)"设置为"当前选择"。只有选择了"包括在新选择集中(I)"选项时，"选择对象"按钮才可用。

3)"对象类型(B)"控件　在该控件中指定过滤的对象类型。默认值为"所有图元"。如果不存在选择集，控件中将包括 AutoCAD 中的所有可用对象类型。如果存在选择集，此列表中只显示选定对象的类型。

4)"特性(P)"列表框　在该列表框中指定要过滤对象的特性。此列表包括选定对象类型的所有可搜索特性。选定的特性将确定"运算符(O)"和"值(V)"中的可用选项。需要注意的是，对象的某个特性原设置为 ByLayer(随层)时不能作为过滤条件，而要按"图层"进行快速选择。

5)"运算符(O)"控件　在该控件中指定过滤条件的范围。它依赖于选定的特性，控件中可能包括"= 等于"、"<> 不等于"、"> 大于"、 "< 小于"和"全部选择"。对于某些特性大于和小于选项不可用。

6)"值(V)"控件　在该控件中指定过滤条件的特性值。如果选定对象有特性值，则"值(V)"将成为一个列表，可以从中选择一个值。否则，需要输入一个值。

7)"如何应用"区　在该区指定是将符合给定过滤条件的所有对象包括在新选择集中还是排除在新选择集之外。若选择了"包括在新选择集中(I)"将创建一个新的选择集，其中只有符合过滤条件的对象。若选择了"排除在新选择集之外(E)"也将创建一个新的选择集，但其中只包括除符合过滤条件以外的对象。

8)"附加到当前选择集(A)"复选框　复选框关闭时，用 QSELECT(快速选择)命令创建的选择集替换当前选择集。复选框打开时，用 QSELECT(快速选择)命令创建的选择集附加到当前选择集。

(3)命令使用举例

例　快速选择"粗实线"层上的所有对象。

快速选择"粗实线"层上的所有对象的步骤如下：

①执行 QSELECT(快速选择)命令；

②在"快速选择"对话框的"应用到(Y)"控件中选择"整个图形"；

③在"对象类型(B)"控件中选择"所有图元"；

④在"特性(P)"列表框中选择"图层"；

⑤在"运算符(O)"控件中选择"= 等于"；

⑥在"值(V)"控件中选择"粗实线"；

⑦在"如何应用"区选择"包括在新选择集中(I)"；

⑧单击"确定"按钮。

关闭对话框后，当前图形中"粗实线"层上的所有对象被选中。

3.2.4　ERASE(删除)命令

ERASE(删除)命令用于擦除绘图区域内指定的对象。

1.命令输入方式

键盘输入：ERASE 或 E

工具栏："修改"工具栏→

菜单："修改(M)"→"删除(E)"

快捷菜单：选择要删除的对象，然后在绘图区域单击右键并选择"删除(E)"。

2.命令使用举例

例 1　擦除图 3-16(a)中最后画的圆，结果如图 3-16(b)所示。

　　命令：ERASE↙

　　选择对象：L↙找到 1 个

　　选择对象：↙

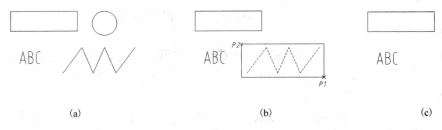

(a)　　　　　　　　　　　　　　(b)　　　　　　　　　　　　(c)

图 3-16　删除对象

(a) 原图；(b)擦除圆；(c)擦除折线

例 2　擦除图 3-16(b)中的折线，结果如图 3-16(c)所示。

　　命令：↙

　　ERASE

　　选择对象：W↙

　　指定第一个角点：(拾取 P1 点)

　　指定对角点：(拾取 P2 点)　找到 5 个

　　选择对象：↙

3.2.5　COPY(复制)命令

COPY(复制)命令用来对原图作一次或多次复制，并复制到指定位置。默认模式是多次复制，可以用该命令中的"模式(O)"选项来设置。

1.命令输入方式

键盘输入：COPY 或 CO 或 CP

工具栏："修改"工具栏→

菜单："修改(M)"→"复制(Y)"

快捷菜单：选定要复制的对象，在绘图区域单击右键，选择"复制选择(Y)"。

2.命令使用举例

例 1　将原图从 P3 点复制到 P4 点，如图 3-17 所示。

　　命令：COPY↙

　　选择对象：W↙

　　指定第一个角点：(拾取 P1 点)

　　指定对角点：(拾取 P2 点)　找到 3 个

选择对象：✓

当前设置：　复制模式 ＝ 多个

指定基点或[位移(D)/模式(O)]<位移>：(拾取 P3 点为基准点)

指定第二个点或<使用第一个点作为位移>：(拾取 P4 点)

指定第二个点或[退出(E)/放弃(U)]<退出>：✓

例 2　在例 1 中，如 *P4* 与 *P3* 间的坐标差为(10，15)，则选择对象后的操作如下。

指定基点或[位移(D)/模式(O)]<位移>：10,15✓ (位移量)

指定第二个点或<使用第一个点作为位移>：✓

或者作如下操作。

指定基点或[位移(D)/模式(O)]<位移>：✓

指定位移<10.0000，15.0000，0.0000>：10,15✓ (位移量)

例 3　在例 1 中，如要作二次复制，结果如图 3-18 所示。选择对象后的操作如下。

指定基点或[位移(D)/模式(O)]<位移>：(拾取 P3 点)

指定第二个点或<使用第一个点作为位移>：(拾取 P4 点)

指定第二个点或[退出(E)/放弃(U)]<退出>：(拾取 P5 点)

指定第二个点或[退出(E)/放弃(U)]<退出>：✓

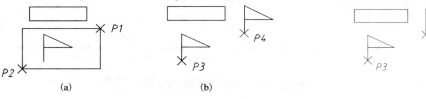

　　　　　(a)　　　　　　　　　　　　(b)

图 3-17　复制图形　　　　　　　　　　　　图 3-18　多次复制

(a) 原图；(b) 结果

3.2.6　ARRAY(阵列)命令

　　ARRAY(阵列)命令用于对指定图形按矩形或环形排列方式作多次拷贝，复制的每个图形都可以单独处理。矩形阵列按指定的行数和列数复制选定图形来创建阵列。环形阵列通过围绕某一中心点复制选定图形来创建阵列。环形阵列复制的每个图形绕阵列中心旋转，同时可以绕自身的基点旋转，也可不绕自身的基点旋转。不绕自身的基点旋转时，将以自身的基点位于环形阵列的圆周上来排列图形。但是用户可以对指定图形重新指定一个基点。执行 ARRAY(阵列)命令后，将显示图 3-19(a)所示的"阵列"对话框。

1.命令输入方式

键盘输入：**ARRAY 或 AR**

工具栏："修改"工具栏→▦

菜单："修改(M)"→"阵列(A)"

2.对话框说明

图 3-19(a)为矩形阵列方式选项的"阵列"对话框。

(1)"矩形阵列(R)"和"环形阵列(P)"按钮

"矩形阵列(R)"和"环形阵列(P)"按钮用于选择一种阵列方式。

(2)"选择对象(S)"按钮

"选择对象(S)"按钮(▣)用于指定构造阵列的对象，可以在"阵列"对话框显示之前或之后选择对象。要在"阵列"对话框显示之后选择对象，请选择该按钮，"阵列"对话框将暂时关闭。完成对象选择后按【Enter】键，"阵列"对话框将重新显示，并且选定对象数量将显示在该按钮下面。

（3）"预览"区

在该区域内显示选中的某一种阵列方式的图像。这种图像不显示选定对象，而显示阵列方式的效果。

(a)

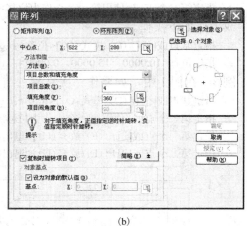

(b)

(c)

图 3-19 "阵列"对话框

(a)"矩形阵列(R)"方式选项；(b)"环形阵列(P)"方式选项；(c)"环形阵列(P)"方式详细选项

（4）"矩形阵列(R)"方式选项（图 3-19(a)）

1）"行(W)"文本框　在文本框内指定阵列中的行数。

2）"列(O)"文本框　在文本框内指定阵列中的列数。

3）"偏移距离和方向"区　该区用于指定阵列的偏移距离和偏移方向。用户可以在文本框中键入数值，或使用拾取按钮临时关闭"阵列"对话框，在屏幕上用光标拾取点来确定这些参数。

"行偏移(F)"文本框用于指定行间距。正值向上添加行，负值向下添加行。要使用光标指定行间距，请用"拾取两者偏移"按钮（ ⟪⟫ ）或"拾取行偏移"按钮（ ⟪⟫ ）。"拾取两者偏移"按钮要求指定两对角点确定矩形框，矩形框称"单位单元"。矩形的高为行间距，矩形的宽为列间距。"拾取行偏移"按钮则用两点指定行间距。

　　"列偏移（M）"文本框用于指定列间距。正值向右边添加列，负值向左边添加列。要使用光标指定列间距，请用"拾取两者偏移"按钮或"拾取列偏移"按钮（🔲）。"拾取列偏移"按钮则用两点指定列间距。

　　"阵列角度（A）"文本框用于指定矩形阵列的旋转角度。通常角度为 0°，因此行和列与当前 UCS 的 X 和 Y 轴平行。要使用光标指定两个点从而指定旋转角度，请用"拾取阵列的角度"按钮（🔲）。

　　（5）"环形阵列（P）"方式选项（图 3-19（b））

　　1）"中心点"选项　"中心点"选项指定环形阵列的中心点。在文本框内键入 X 和 Y 坐标值，或选择"拾取中心点"按钮（🔲），使用光标指定位置。拾取中心点时，将临时关闭"阵列"对话框，使用光标在 AutoCAD 绘图区域中指定一点。

　　2）"方法和值"区　该区用于指定环形阵列中对象的定位方法及其数值。

　　"方法（M）"控件用于设置复制对象时所用的定位方法。这些方法是："项目总数和填充角度"、"项目总数和项目间的角度"及"填充角度和项目间的角度"。

　　"项目总数（I）"文本框用于指定环形阵列中显示的所有对象数目。

　　"填充角度（F）"文本框用于指定阵列中第一个和最后一个元素的基点之间的圆心角。正值按逆时针方向旋转，负值按顺时针方向旋转。默认值为 360°，不允许值为 0°。如要使用光标指定圆心角，请用"拾取要填充的角度"按钮（🔲）。

　　"项目间角度（B）"文本框用于指定相邻两阵列对象基点之间的圆心角。输入正值或负值指示阵列的方向。如要使用光标指定圆心角，请用"拾取项目间角度"按钮（🔲）。

　　"复制时旋转项目（T）"复选框用于确定阵列对象是否绕自身的基点旋转。复选框打开时，阵列对象绕自身的基点旋转。复选框关闭时则不旋转。

　　"详细（O）"按钮用于打开当前对话框中的附加选项（"对象基点"区）的显示（图3-19（c））。此按钮名称变为"简略（E）"。选择"简略（E）"按钮时，则关闭附加选项的显示。

　　3）"对象基点"区　在该区为选定对象指定新的基准点。阵列对象的基点将与阵列中心保持不变的距离。默认阵列对象的基点取决于对象类型。例如直线、多段线及样条曲线等以起点为基点，圆弧、圆和椭圆等以圆心为基点，矩形和正多边形等以第一个角点为基点等。

　　"设为对象的默认值（D）"复选框用于确定是否使用对象的默认基点定位阵列对象。复选框打开时，使用对象的默认基点定位阵列对象。要重新设置基点，请清除此选项。

　　"基点"文本框用于键入新基点的 X 和 Y 坐标。选择"拾取基点"按钮（🔲）将临时关闭对话框，在指定了一个点后，"阵列"对话框将重新显示。

　　（6）"预览（V）"按钮

　　选择该按钮时关闭"阵列"对话框，显示当前图形中的阵列和三个按钮。选择"修改"按钮返回"阵列"对话框进行修改。选择"接受"按钮完成阵列复制。选择"取消"按钮撤消 ARRAY（阵列）命令。

　　3.命令使用举例

　　例 1　对一三角形作矩形阵列，如图 3-20 所示。图中虚线三角形表示构成阵列的原图。创建矩形阵列的步骤如下。

　　①执行 ARRAY（阵列）命令，显示"阵列"对话框。

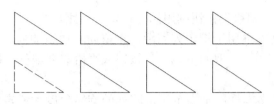

图 3-20 矩形阵列

②单击"选择对象(S)"按钮(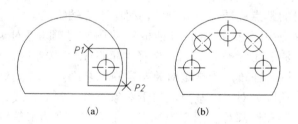略)，选中三角形后按【Enter】键。

③在"行(W)"文本框内键入 2，在"列(O)"文本框内键入 4。

④在"行偏移(F)"文本框内键入 20，在"列偏移(M)"文本框内键入 30。

⑤可以单击"预览(V)"按钮，预览矩形阵列效果，然后单击"接受"按钮。或者直接单击"确定"按钮，完成阵列操作。

例 2 对图 3-21(a)中的小圆作 180° 环形阵列，结果如图 3-21(b)所示。

创建环形阵列的步骤如下。

①执行 ARRAY(阵列)命令，显示"阵列"对话框。

②单击"环形阵列(P)"按钮。

③单击"选择对象(S)"按钮(略)，用窗口方式选中小圆与十字中心线后按【Enter】键。

④单击"中心点"右端的"拾取中心点"按钮(略)，捕捉大圆弧圆心。

⑤在"项目总数(I)"文本框内键入 5，在"填充角度(F)"文本框内键入 180。

⑥可以单击"预览(V)"按钮，预览环形阵列效果，然后单击"接受"按钮。或者直接单击"确定"按钮，完成阵列操作。

图 3-21 环形阵列

(a) 原图；(b) 结果

在上述操作中使用了输入项目总数和填充角度的方法。当然也可以使用输入项目总数和项目间的角度或者输入填充角度和项目间的角度的方法，其结果都一样。

3.2.7 OFFSET(偏移)命令

OFFSET(偏移)命令用于构造一个新对象与原对象保持等距离。作偏移复制时，可以输入偏移距离，或者指定通过点。原对象可以是直线、圆弧、圆、椭圆、椭圆弧、样条曲线和二维多段线等。对一个对象作偏移后，还可对新对象再作另一偏移。在一个命令下，可以连续作多次偏移复制，最后按【Enter】键结束。

1.命令输入方式

键盘输入：OFFSET 或 O

工具栏："修改"工具栏→🗗

菜单："修改(M)"→"偏移(S)"

2.命令使用举例

例 1　用通过点方式画已知直线的平行线，如图 3-22 所示。

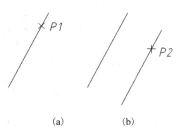

　　命令：<u>OFFSET</u>✓

　　当前设置：　删除源=否　图层=源　OFFSETGAPTYPE=0

　　指定偏移距离或[通过(T)/删除(E)/图层(L)]<通过>：<u>T</u>✓

　　选择要偏移的对象，或[退出(E)/放弃(U)]<退出>：<u>(拾取</u>
<u>P1 点)</u>

　　　指定通过点或[退出(E)/多个(M)/放弃(U)]<退出>：<u>(拾取</u>
<u>P2 点)</u>

　　选择要偏移的对象，或[退出(E)/放弃(U)]<退出>：✓

图 3-22　画等距线
(a)原图；(b)结果

例 2　用设置偏移距离方式画同心圆，如图 3-23 所示。

　　命令：<u>OFFSET</u>✓

　　当前设置：　删除源=否　图层=源　OFFSETGAPTYPE=0

　　指定偏移距离或[通过(T)/删除(E)/图层(L)]<通过>：<u>10</u>✓

　　选择要偏移的对象，或[退出(E)/放弃(U)]<退出>：<u>(拾取 P1</u>
<u>点)</u>

　　指定要偏移的那一侧上的点，或[退出(E)/多个(M)/放弃
(U)]<退出>：<u>(拾取 P2 点)</u>

　　选择要偏移的对象，或[退出(E)/放弃(U)]<退出>：✓

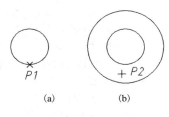

图 3-23　画同心圆
(a)原图；(b)结果

3.说明

　　"删除(E)"选项确定是否删除要偏移的对象(删除源)。"图层(L)"选项确定将新对象放置在原来的图层(源)上还是当前层上。"多个(M)"选项可以对同一个指定对象连续复制多个新对象，按【Enter】键结束该选项的操作。在偏移距离方式的"多个(M)"选项下复制的多个新对象之间距离相等。

3.2.8　TRIM(修剪)命令

　　TRIM(修剪)命令可以修剪掉剪切边以外的部分对象，也可以将对象延伸到剪切边。该命令要求先选择作为剪切边的对象，再指定要剪去的部分，或者按住【Shift】键选择要延伸的对象。AutoCAD 的绝大多数对象都可作为剪切边，能够被修剪的对象是直线、圆弧、圆、椭圆、多段线、辅助线以及样条曲线等。如果要剪去的部分与剪切边不相交，就需要将剪切边设置为"延伸"模式才能做修剪操作。剪切边默认的模式为"不延伸"模式。选择作为剪切边的对象时，可以选择一个或多个对象或按【Enter】键选择全部对象。

1.命令输入方式

键盘输入：TRIM 或 TR

工具栏："修改"工具栏→✂

菜单："修改(M)"→"修剪(T)"

2.命令使用举例

例1　修剪键槽剖面轮廓，如图 3-24 所示。

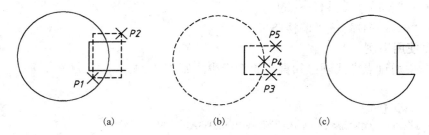

图 3-24　修剪对象

(a)原图及选剪切边；(b)选要修剪的部分；(c)结果

命令：TRIM↙

当前设置：投影=UCS　边=无

选择剪切边...

选择对象或 <全部选择>：C↙

指定第一个角点：(拾取 P1 点)

指定对角点：(拾取 P2 点) 找到 3 个

选择对象：↙

选择要修剪的对象，或按住【Shift】键选择要延伸的对象，或[栏选(F)/窗交(C)/投影(P)/边(E)/删除(R)/放弃(U)]：(拾取 P3 点)

选择要修剪的对象，或按住【Shift】键选择要延伸的对象，或[栏选(F)/窗交(C)/投影(P)/边(E)/删除(R)/放弃(U)]：(拾取 P4 点)

选择要修剪的对象，或按住【Shift】键选择要延伸的对象，或[栏选(F)/窗交(C)/投影(P)/边(E)/删除(R)/放弃(U)]：(拾取 P5 点)

选择要修剪的对象，或按住【Shift】键选择要延伸的对象，或[栏选(F)/窗交(C)/投影(P)/边(E)/删除(R)/放弃(U)]：↙

例2　如果需要修剪的对象与剪切边不相交，操作如下。

命令：TRIM↙

当前设置：投影=UCS　边=无

选择剪切边...

选择对象或 <全部选择>：(选择剪切边)

选择对象：↙

选择要修剪的对象，或按住【Shift】键选择要延伸的对象，或[栏选(F)/窗交(C)/投影(P)/边(E)/删除(R)/放弃(U)]：E↙

输入隐含边延伸模式[延伸(E)/不延伸(N)] <不延伸>：E↙

选择要修剪的对象，或按住【Shift】键选择要延伸的对象，或[栏选(F)/窗交(C)/投影(P)/边(E)/删除(R)/放弃(U)]：(指定要修剪的对象)

选择要修剪的对象，或按住【Shift】键选择要延伸的对象，或[栏选(F)/窗交(C)/投影(P)/边(E)/删除(R)/放弃(U)]：↙

3.说明

①如果要修剪的对象比较多时，可以使用"栏选(F)"或"窗交(C)"选项指定要修剪的对象。

②剪切边也可被修剪。修剪后不再"醒目"显示，但仍是剪切边，如图 3-24 中被修剪后

的圆弧或直线。

③如选中的要修剪的对象与剪切边不相交，当剪切边为不延伸模式时，则显示提示："对象未与边相交"。

④ "删除(R)"选项用于在 TRIM(修剪)命令中删除指定对象。

⑤ "投影(P)"选项用于在三维空间中修剪图形时设置投影模式。其中"无(N)"选项不用投影方式，对象与剪切边在空间相交时才能被修剪；"Ucs(U)"选项用于对象与剪切边在当前 UCS 的 *XY* 平面内相交时可被修剪；"视图(V)"选项用于多视口操作时，对象与剪切边在当前视口内相交就可被修剪。

3.2.9 PROPERTIES(特性)命令

PROPERTIES(特性)命令用"特性"选项板显示指定对象的所有特性。这些特性包括颜色、所在图层、线型和各种数据等。选项板根据不同的指定对象用表格形式显示出相应特性。如图 3-25 示出一直线的特性，图 3-26 示出一圆的特性，图 3-27 示出多个对象的公共特性。用户可以修改这些特性。要修改某一特性，首先选择它。修改特性值的方法如下：若是数值可直接修改；若有向下的箭头按钮(∨)，可从列表中选择值；若有"快速计算"(▦)按钮，可用来计算新值；若有"拾取点"按钮(⊠)，可在屏幕上拾取点来修改坐标值；若有向左或向右的箭头按钮(◄►)，可增大或减小该值；若有"浏览"按钮(▦)，可在弹出的对话框中修改特性值。

图 3-25 显示直线的"特性"选项板

图 3-26 显示圆的"特性"选项板

图 3-27 显示全部的"特性"选项板

"特性"选项板可以关闭或打开，也可以移动或固定，还可以设置为自动隐藏。这些操作通过右击选项板标题栏而显示的菜单来进行。要关闭选项板，单击关闭按钮即可。用鼠标可以将"特性"选项板拖动到任意位置。当将选项板拖动到绘图区域左右边缘时，选项板就固定下来。

1.命令输入方式

键盘输入：PROPERTIES 或 PR 或 PROPS 或 CH 或 MO

工具栏："标准"工具栏→ 🖾

菜单："修改(M)" → "特性(P)" ·

　　　　"工具(T)" → "选项板" → "特性(P)"

快捷方式：选择对象后右击图形区域，单击"特性(S)"，或者双击对象。

2. 选项板说明

选项板中第一项是对象类型控件。控件中列出已选对象的名称或"全部"，名称后的括号里是此对象的数量。在控件中点取一项为当前对象，窗口中将列出该对象的所有特性。如还未选对象，则显示"无选择"，窗口中将列出当前图形的特性。

控件的右端还有三个按钮，第一个是"切换 PICKADD 系统变量的值"按钮(🖾)。该按钮控制后续选定对象是替换还是添加到当前选择集。最初(值为 1)每次选定的对象都将添加到当前选择集。如果单击了该按钮(值为 0)，则最新选定的对象将替换前一次选定的对象。第二个是"选择对象"按钮(🖾)，是用来选择要编辑的对象。也可以不用选择按钮而直接用光标在图上选取对象。选中对象的名称显示在上述列表框中。第三个是"快速选择"按钮(🖾)。该按钮使用"快速选择"对话框(图 3-15)根据过滤条件来选择要编辑的对象。

选项板中的列表是按特性分类，用表格形式列出当前对象的所有特性。选定对象不同，列出的特性也不尽相同。下面分别说明在选了单个对象、多个对象或未选对象时所列出的特性。

(1)单个对象的特性

单个对象的"特性"选项板如图 3-25、图 3-26 所示。

① "基本"特性类下面列出对象的公共特性。

"颜色"项　显示或改变所选对象的颜色。若按图层作图时，所选对象的颜色是 ByLayer(随层)。一般不单独改变对象的颜色。若要改变颜色，则单击该特性栏，在右端显示一向下的箭头。再单击箭头，在控件中选取某一颜色。

"图层"项　显示或改变所选对象所在图层。改变对象所在图层的方法与改变颜色一样。修改对象的颜色、线型和线宽一般用改变图层的方法实现。

"线型"项　显示或改变所选对象的线型。在按图层作图时，所选对象的线型是 ByLayer(随层)。一般不单独改变对象的线型。改变线型的方法与改变颜色的方法相同。

"线型比例"项　显示所选对象的线型比例。它不是总的线型比例，而是当前对象的线型比例，所以一般不修改。

"线宽"项　显示所选对象的线宽。若按图层作图时，所选对象的线宽是 ByLayer(随层)。一般不单独改变对象的线宽。

"厚度"项　显示或修改所选对象的延伸厚度。这是三维图形中的一个参数。

此外，公共特性还有"打印样式"、"超链接"等项。

② "几何图形"特性类下面列出当前对象所具有的特性和相应参数。例如，直线列出起点 $X(Y, Z)$坐标、端点 $X(Y, Z)$坐标、增量 $X(Y, Z)$坐标、长度、角度；圆列出圆心 $X(Y, Z)$坐标、半径、直径、周长和面积等。正常显示的参数可以修改，暗显的参数不能修改。对

象的某些特征点，如直线的起点和终点，圆的圆心等的 X、Y、Z 坐标，也可以单击该特性栏，再单击右端"拾取点"按钮，在原图上用光标定点来修改。

(2) 多个对象的特性

多个对象的"特性"选项板如图 3-27 所示。对象类型控件中"全部"表示全部选中的对象，即多个对象。对于多个对象只能列出它们的公共特性，如同单个对象的"特性"选项板中"基本"特性类下面列出对象的公共特性一样。

(3) 未选对象的特性

未选对象的"特性"选项板如图 3-28 所示。在对象类型控件中，当前对象为"无选择"。窗口中列出当前图形的一些特性。

① "基本"特性类下面列出图形中所有对象的公共特性。这些特性与单个对象的基本特性相同。

② "打印样式"特性类下面列出有关图形打印的一些特性。

③ "视图"特性类下面列出当前视口的一些数据，如当前视口中心点的 $X(Y、Z)$ 坐标、当前视口的高度和宽度。

④ "其他"特性类下面列出坐标系图标的一些特性，如是否显示 UCS 图标、UCS 图标是否在原点处显示、是否在每个视口都显示 UCS 图标等。

3.命令使用举例

例 1　修改图 3-29(a) 中的直线、圆和文字，结果如图 3-29(d) 所示。

① 执行 PROPERTIES(特性) 命令，显示未选对象的"特性"选项板。

② 修改圆的半径：点取圆(如图 3-29(a) 中 $P1$ 点)，在"特性"选项板内显示圆的特性。在"特性"选项板内单击"半径"值并输入新值。移动光标到绘图区域，单击【Esc】键，结果如图 3-29(b) 所示。

③ 修改端点：点取直线(图 3-29(b) 中 $P3$ 点)，在"特性"选项板内显示直线的特性。在"特性"选项板内单击"端点 X 坐标"值，再单击右端"拾取点"按钮。移

图 3-28　未选对象的"特性"选项板

动光标到绘图区域，在圆上拾取 $P4$ 点(图 3-29(b))，单击【Esc】键，结果如图 3-29(c) 所示。

④ 修改文字特性：点取文字(图 3-29(c) 中 $P5$ 点)，在"特性"选项板内显示文字的特性。在"特性"选项板内单击"文字对齐 X 坐标"值，再单击右端"拾取点"按钮。移动光标到绘图区域，在圆上拾取 $P6$ 点(图 3-29(c))。在"特性"选项板内单击"高度"值并输入新值。在"特性"选项板内单击"文字样式"，再单击右端箭头按钮，在控件中点取 ROMANS 样式。移光标到绘图区域，单击【Esc】键，结果如图 3-29(d) 所示。如控件中没有 ROMANS 文字样式，则应先设置好该样式。关于设置文字样式将在 7.1 节中介绍。

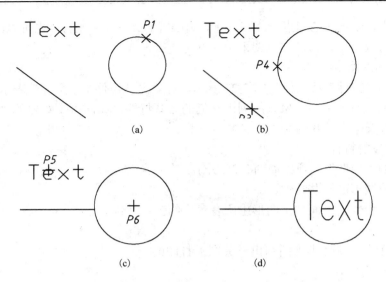

图 3-29　修改对象特性
(a)原图及修改；(b)修改直线；(c)改变文字；(d)结果

最后关闭"特性"选项板。

例 2　利用"特性"选项板修改对象的图层、线型和颜色等特性。

在"特性"选项板中修改对象的图层、线型和颜色等特性时，一般只修改对象所在的图层。把对象从一个图层移到另一图层，其线型和颜色随图层改变，而不是单独修改某一对象的线型或颜色。建议用户养成按图层作图的习惯。

3.3　绘图举例

前面已经介绍了创建用户样板的方法、基本绘图命令和基本编辑命令，现在利用这些知识来绘图。一般的绘图步骤如下。

①首先装入用户样板，再开始绘图。

②给图形确定一个起画点。起画点一般在图形的左下角。例如起画点的坐标为(100，100)。这样做，为的是计算图形上各点坐标方便。

③将要绘制线型所在图层设为当前层。

④绘制当前层所设定线型的图形。

画完一种线型的图形，再设另一种线型所在图层为当前层，并画出这种线型的图形。一个视图画完，再画另一个。

下面以图 3-30 所示法兰盘为例，说明绘图的步骤和方法。

1.装入用户样板

使用 QNEW（快速新建）或 NEW（新建）命令装入用户样板。操作方法详见 2.3.3 节。

2.画主视图

选定好主视图位置，其左下角为(100，100)。画图前要考虑画什么线型，在哪一层上画，也就是要先设置好当前层。下面的操作顺序是：先画可见轮廓线，再画虚线，最后画点画线。

其操作过程中相对坐标都是输入坐标值，如作直接距离输入则更方便。

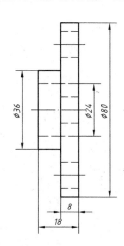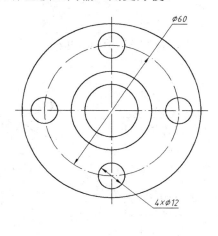

图 3-30　法兰盘两视图

单击"图层"工具栏中图层控件，再单击图层名称"粗实线"。

　　命令：LINE↙　　　　　　　　　　　　　　　　　　　　　（画右侧矩形）

　　指定第一点：100,100↙

　　指定下一点或[放弃(U)]：@8,0↙

　　指定下一点或[放弃(U)]：@0,80↙

　　指定下一点或[闭合(C)/放弃(U)]：@-8,0↙

　　指定下一点或[闭合(C)/放弃(U)]：C↙

　　命令：↙　　　　　　　　　　　　　　　　　　　　　　（画左侧开口矩形）

　　LINE

　　指定第一点：100,122↙

　　指定下一点或[放弃(U)]：@-10,0↙

　　指定下一点或[放弃(U)]：@0,36↙

　　指定下一点或[闭合(C)/放弃(U)]：@10,0↙

　　指定下一点或[闭合(C)/放弃(U)]：↙

单击"图层"工具栏中图层控件，再单击图层名称"虚线"。

　　命令：LINE↙　　　　　　　　　　　　　　　　　　　　（画下边小孔虚线）

　　指定第一点：100,104↙

　　指定下一点或[放弃(U)]：@8,0↙

　　指定下一点或[放弃(U)]：↙

　　命令：↙

　　LINE

　　指定第一点：@0,12↙

　　指定下一点或[放弃(U)]：@-8,0↙

　　指定下一点或[放弃(U)]：↙

　　命令：↙

　　LINE

　　指定第一点：90,128↙　　　　　　　　　　　　　　　　　（画大孔虚线）

　　指定下一点或[放弃(U)]：@18,0↙

　　指定下一点或[放弃(U)]：↙

命令：↙

LINE

指定第一点：@0, 24↙

指定下一点或[放弃(U)]：@−18, 0↙

指定下一点或[放弃(U)]：↙

命令：↙

LINE

指定第一点：@10, −6↙   （画中间小孔虚线）

指定下一点或[放弃(U)]：@8, 0↙

指定下一点或[放弃(U)]：↙

命令：↙

LINE

指定第一点：@0, −12↙

指定下一点或[放弃(U)]：@−8, 0↙

指定下一点或[放弃(U)]：↙

命令：↙

LINE

指定第一点：100, 164↙   （画上边小孔虚线）

指定下一点或[放弃(U)]：@8, 0↙

指定下一点或[放弃(U)]：↙

命令：↙

LINE

指定第一点：@0, 12↙

指定下一点或[放弃(U)]：@−8, 0↙

指定下一点或[放弃(U)]：↙

单击"图层"工具栏中图层控件，再单击图层名称"点画线"。

命令：LINE↙

指定第一点：@−3, −6↙   （画上边小孔轴线）

指定下一点或[放弃(U)]：@14, 0↙

指定下一点或[放弃(U)]：↙

命令：↙

LINE

指定第一点：@0, −30↙   （画大孔轴线）

指定下一点或[放弃(U)]：@−24, 0↙

指定下一点或[放弃(U)]：↙

命令：↙

LINE

指定第一点：@10, −30↙   （画下边小孔轴线）

指定下一点或[放弃(U)]：@14, 0↙

指定下一点或[放弃(U)]：↙

3.画左视图

左视图的圆心在(200, 140)处。因为前面画的是点画线，所以接下来仍先画点画线，再画轮廓线。

命令：↙

LINE

指定第一点：157, 140↙   （画水平中心线）

指定下一点或[放弃(U)]：243,140↙

指定下一点或[放弃(U)]：↙

命令：↙

LINE

指定第一点：200,183↙　　　　　　　　　　　　　　　　　　　（画垂直中心线）

指定下一点或[放弃(U)]：200,97↙

指定下一点或[放弃(U)]：↙

命令：CIRCLE↙　　　　　　　　　　　　　　　　　　　　　　（画点画线圆）

指定圆的圆心或[三点(3P)/两点(2P)/相切、相切、半径(T)]：200,140↙

指定圆的半径或[直径(D)]：30↙

单击"图层"工具栏中图层控件，再单击图层名称粗实线。

命令：CIRCLE↙　　　　　　　　　　　　　　　　　　　（以下画 3 个同心圆）

指定圆的圆心或[三点(3P)/两点(2P)/相切、相切、半径(T)]：@↙

指定圆的半径或[直径(D)]<30.0000>：12↙

命令：↙

CIRCLE

指定圆的圆心或[三点(3P)/两点(2P)/相切、相切、半径(T)]：@↙

指定圆的半径或[直径(D)]<12.0000>：18↙

命令：↙

CIRCLE

指定圆的圆心或[三点(3P)/两点(2P)/相切、相切、半径(T)]：@↙

指定圆的半径或[直径(D)]<18.0000>：40↙

命令：↙

CIRCLE　　　　　　　　　　　　　　　　　　　　　　　　（以下画 4 个小圆）

指定圆的圆心或[三点(3P)/两点(2P)/相切、相切、半径(T)]：@–30,0↙

指定圆的半径或[直径(D)]<40.0000>：6↙

命令：↙

CIRCLE

指定圆的圆心或[三点(3P)/两点(2P)/相切、相切、半径(T)]：@60,0↙

指定圆的半径或[直径(D)]<6.0000>：↙

命令：↙

CIRCLE

指定圆的圆心或[三点(3P)/两点(2P)/相切、相切、半径(T)]：@–30,30↙

指定圆的半径或[直径(D)]<6.000>：↙

命令：↙

CIRCLE

指定圆的圆心或[三点(3P)/两点(2P)/相切、相切、半径(T)]：@0,–60↙

指定圆的半径或[直径(D)]<6.0000>：↙

用 SAVEAS（另存为）命令保存图形，绘图结束。

主视图上表示小孔的虚线长短一致、间距相等，故可以用 COPY（复制）和 OFFSET（偏移）命令画出。操作过程如下：

命令：LINE↙　　　　　　　　　　　　　　　　　　　（画最下边一条虚线）

指定第一点：100,104↙

指定下一点或[放弃(U)]：@8,0↙

指定下一点或[放弃(U)]：↙

命令：OFFSET↙　　　　　　　　　　　　　　　　　　（复制第二条虚线）

当前设置：　删除源=否　图层=源　OFFSETGAPTYPE=0

指定偏移距离或[通过(T)/删除(E)/图层(L)]<通过>：12✓

选择要偏移的对象，或[退出(E)/放弃(U)]<退出>：(点取刚画的虚线)

指定要偏移的那一侧上的点，或[退出(E)/多个(M)/放弃(U)]<退出>：(在虚线上方任给一点)

选择要偏移的对象，或[退出(E)/放弃(U)]<退出>：✓

命令：COPY✓　　　　　　　　　　　　　　　　　　(复制另两小孔的虚线)

选择对象：(点取刚画的两条虚线)　　找到2个

选择对象：✓

当前设置：　　复制模式 = 多个

指定基点或[位移(D)/模式(O)]<位移>：100,104✓

指定第二个点或<使用第一个点作为位移>：@0,30✓　　　(复制中间小孔的虚线)

指定第二个点或[退出(E)/放弃(U)]<退出>：@0,60✓　　　(复制上边小孔的虚线)

指定第二个点或[退出(E)/放弃(U)]<退出>：✓

以上操作过程都是用输入点坐标完成的。如果状态栏中"极轴"按钮打开，也可以用直接距离输入来操作，这比输入点坐标要方便得多。

3.4　其他绘图命令

本节介绍其他绘图命令。这些命令能够绘制特定图形。

3.4.1　RECTANG(矩形)命令

RECTANG(矩形)命令通过两对角点或指定长和宽画出矩形。这样的矩形是闭合的多段线，并且是一个对象。矩形可以有倒角或圆角，边还可以有粗细之分，等等。

1.命令输入方式

键盘输入：RECTANG 或 REC

工具栏："绘图"工具栏→▭

菜单："绘图(D)" → "矩形(G)"

2.命令使用举例

例 1　过两点(100,100)、(180,160)画矩形，并有半径为10的圆角(图3-31)。

图3-31　矩形

命令：RECTANG✓

指定第一个角点或[倒角(C)/标高(E)/圆角(F)/厚度(T)/宽度(W)]：F✓

指定矩形的圆角半径<0.0000>：10✓

指定第一个角点或[倒角(C)/标高(E)/圆角(F)/厚度(T)/宽度(W)]：100,100✓

指定另一个角点或[面积(A)/尺寸(D)/旋转(R)]：180,160✓

例2　画一矩形，使其长为100，宽为60，线宽为1。

命令：RECTANG✓

指定第一个角点或[倒角(C)/标高(E)/圆角(F)/厚度(T)/宽度(W)]：W✓

指定矩形的线宽<0.0000>：1✓

指定第一个角点或[倒角(C)/标高(E)/圆角(F)/厚度(T)/宽度(W)]：(输入一点)

指定另一个角点或[面积(A)/尺寸(D)/旋转(R)]：D✓

指定矩形的长度 <0.0000>：100✓

指定矩形的宽度 <0.0000>：<u>60</u>↙

指定另一个角点或[面积(A)/尺寸(D)/旋转(R)]：<u>(移动光标指定一个点以确定矩形的方位)</u>

3.说明

①"标高(E)"和"厚度(T)"两个选项用于绘制三维图形，将在第 12 章中介绍。

②"面积(A)"选项可根据面积和一边长绘制矩形。"旋转(R)"选项可使矩形倾斜一指定角度。

3.4.2　POLYGON(正多边形)命令

POLYGON(正多边形)命令用来绘制边数 3～1 024 的正多边形。所画的正多边形实际上是一条封闭的多段线，其线宽总为零。若要改变宽度，可用 PEDIT(多段线编辑)命令(见 4.1.2 节)修改。正多边形的大小可由边长来确定，也可由内切圆或外接圆的半径来确定。

1.命令输入方式

键盘输入：POLYGON 或 POL

工具栏："绘图"工具栏→⬠

菜单："绘图(D)"→"正多边形(Y)"

2.命令使用举例

例 1　用给定边长画正六边形，如图 3-32 所示。

命令：<u>POLYGON</u>↙

输入边的数目<4>：<u>6</u>↙

指定多边形的中心点或[边(E)]：<u>E</u>↙

指定边的第一个端点：<u>50,20</u>↙

指定边的第二个端点：<u>100,20</u>↙

例 2　用外接圆方式画正六边形，如图 3-33 所示。

命令：<u>POLYGON</u>↙

输入边的数目<6>：<u>6</u>↙

指定多边形的中心点或[边(E)]：<u>100,100</u>↙

输入选项[内接于圆(I)/外切于圆(C)]<I>：<u>　</u>↙

指定圆的半径：<u>50</u>↙

图 3-32　给定边长画正六边形

图 3-33　用外接圆方式画正六边形

3.说明

用光标在屏幕上定点给出外接圆或内切圆半径，可使用拖动功能。正多边形中心为第一点，外接圆或内切圆过第二点。第二点确定正多边形一边的位置。当采用外接圆方式时，第二点为正多边形一边的端点，如图 3-34(a)所示；当采用内切圆方式时，第二

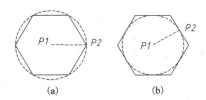

图 3-34　确定正多边形位置

(a) 外接圆方式；(b) 内切圆方式

点为正多边形一边的中点，如图 3-34(b)所示。当采用键盘输入半径时，正多边形最下面的一边为水平。

3.4.3　ELLIPSE(椭圆)命令

ELLIPSE(椭圆)命令用于绘制椭圆和椭圆弧。绘制椭圆的方法有三种：一是指定一轴线两端点和另一轴线的半轴长；二是指定椭圆中心和一根轴线的一个端点及另一轴线的半轴长；三是按倾斜某一角度的圆的投影画椭圆，倾斜角度从 0°到 89.4°。画椭圆弧的方法是先画椭圆，然后确定椭圆弧的起始角和终止角，或者确定起始角和夹角。

1.命令输入方式

键盘输入：ELLIPSE 或 EL

工具栏："绘图"工具栏→⬭

菜单："绘图(D)"→"椭圆(E)"

2.命令使用举例

例1　过一轴线两端点和另一轴线的半轴长画椭圆，如图 3-35 所示。

命令：<u>ELLIPSE↙</u>

指定椭圆的轴端点或[圆弧(A)/中心点(C)]：<u>(拾取 P1 点)</u>

指定轴的另一个端点：<u>(拾取 P2 点)</u>

指定另一条半轴长度或[旋转(R)]：<u>(拾取 P3 点)</u>

例2　绕主轴旋转 60°画椭圆，如图 3-36 所示。

命令：<u>ELLIPSE↙</u>

指定椭圆的轴端点或[圆弧(A)/中心点(C)]：<u>(拾取 P1 点)</u>

指定轴的另一个端点：<u>(拾取 P2 点)</u>

指定另一条半轴长度或[旋转(R)]：<u>R↙</u>

指定绕主轴旋转：<u>60↙</u>

例3　过中心和一根轴线的一个端点及另一轴线的半轴长画椭圆，如图 3-37 所示。

命令：<u>ELLIPSE↙</u>

指定椭圆的轴端点或[圆弧(A)/中心点(C)]：<u>C↙</u>

指定椭圆的中心点：<u>(拾取 P1 点)</u>

指定轴的端点：<u>(拾取 P2 点)</u>

指定另一条半轴长度或[旋转(R)]：<u>(拾取 P3 点)</u>

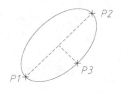

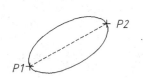
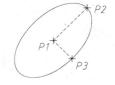

图 3-35　三点定椭圆　　　图 3-36　绕轴线旋转 60°定椭圆　　　图 3-37　根据两半轴长画椭圆

3.4.4　DONUT(圆环)命令

DONUT(圆环)命令用于绘制填充的圆环或实心圆。该对象是多段线。

1.命令输入方式

键盘输入：DONUT 或 DO

菜单："绘图(D)" → "圆环(D)"

2.命令使用举例

例 1　在点(100,100)处绘制内径为 30、外径为 40 的圆环(图 3-38)。

　　　命令：<u>DONUT</u>↙

　　　指定圆环的内径<0.5000>：<u>30</u>↙

　　　指定圆环的外径<1.0000>：<u>40</u>↙

　　　指定圆环的中心点或<退出>：<u>100,100</u>↙

　　　指定圆环的中心点或<退出>：↙

例 2　在点(200，100)处绘制外径为 50 的实心圆(图 3-39)。

　　　命令：<u>DONUT</u>↙

　　　指定圆环的内径<30.0000>：<u>0</u>↙

　　　指定圆环的外径<40.0000>：<u>50</u>↙

　　　指定圆环的中心点或<退出>：<u>200,100</u>↙

　　　指定圆环的中心点或<退出>：↙

　　　图 3-38　圆环　　　　　图 3-39　实心圆

3.4.5　POINT(点)命令

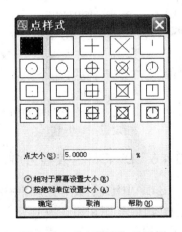

图 3-40　"点样式"对话框

　　POINT(点)命令用于在指定位置放置一个点的符号。点符号是对象。点符号有 20 个，故画点之前应先用 DDPTYPE(点样式)命令设置一种符号及符号的大小。

　　1.DDPTYPE(点样式)命令

　　输入 DDPTYPE(点样式)命令的方式如下。

　　键盘输入：DDPTYPE

　　菜单："格式(O)" → "点样式(P)…"

　　执行 DDPTYPE(点样式)命令后显示图 3-40 所示的"点样式"对话框。对话框上部排列 20 种点符号，点取一种即可。对话框下部有"点大小(S)"文本框，用于设置点符号的大小。"相对于屏幕设置大小(R)"单选按钮控制是否用相对于屏幕大小的百分比来设置点符号的大小。当执行显示缩放时，点的大小并不改变。"按绝对单位设置大小(A)"单选按钮控制是否用相对于绘图单位来设置点符号的大小。当执行显示缩放时，显示出的点的大小随之改变。默认值是用相对于屏幕大小的百分比。通常，使用点符号时希望它有固定的大小使之与图形一致，因此要打开"按绝对单位设置尺寸(A)"。

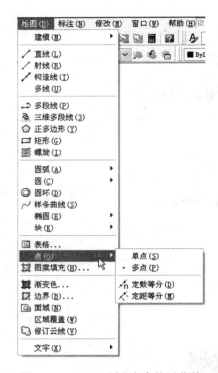

图 3-41　POINT(点)命令的子菜单

2.POINT(点)命令

输入 POINT(点)命令的方式如下。

键盘输入：POINT 或 PO

工具栏："绘图"工具栏→▣

菜单："绘图(D)"→"点(O)"

执行 POINT(点)命令后提示如下：

　　当前点模式：　PDMODE=0 PDSIZE= 0.0000

　　指定点：

图 3-41 示出 POINT(点)命令的下拉子菜单。下拉子菜单的选项说明如下。

1) 单点(S)　　画一个点就结束命令。

2) 多点(P)　　连续画多个点，按【Esc】键结束命令。

3) 定数等分(D)　　画等分点，与 DIVIDE(定数等分)命令相同。DIVIDE(定数等分)命令在 3.4.6 节说明。

4) 定距等分(M)　　画等距点，与 MEASURE(定距等分)命令相同。MEASURE(定距等分)命令在 3.4.7 节说明。

从键盘输入 POINT(点)命令时只画一个点，而用点命令按钮执行 POINT(点)命令就能连续画若干个点，最后按【Esc】键结束命令。

3.命令使用举例

例　在点(100，100)处画一个"×"符号(图 3-42)。

　　命令：<u>DDPTYPE</u>↙

在"点样式"对话框中点取"×"符号，打开"按绝对单位设置尺寸(A)"项，在"点大小(S)"文本框中键入 20，单击"确定"按钮，结束 DDPTYPE(点样式)命令。

　　命令：<u>POINT</u>↙

　　当前点模式：　PDMODE=3 PDSIZE=20.0000

　　指定点：<u>100,100</u>↙

图 3-42　点符号

3.4.6　DIVIDE(定数等分)命令

　　DIVIDE(定数等分)命令用来将指定目标等分成给定的份数，并在等分点处放置点符号或图块。关于图块将在 9.1 节介绍。点符号或图块应事先设置好。实际上目标并没有被划分成断开的若干段，但可用"节点"来捕捉各等分点。关于对象捕捉将在 5.4 节介绍。指定的目标可以是直线、圆弧、圆、椭圆、椭圆弧、多段线和样条曲线。圆的等分从 0°开始。

1.命令输入方式

键盘输入：DIVIDE 或 DIV

菜单："绘图(D)"→"点(O)"→"定数等分(D)"

2.命令使用举例

例1　将一直线或圆弧等分为四等份，如图 3-43 所示。图中的"×"为点符号。点符号须用 DDPTYPE(点样式)命令设置种类和大小。

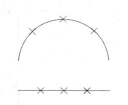

图 3-43　等分直线或圆弧

命令：<u>DIVIDE↙</u>

选择要定数等分的对象：<u>(点取直线或圆弧)</u>

输入线段数目或[块(B)]：<u>4↙</u>

例2　等分对象时，在各等分点处放置已定义好的图块。

命令：<u>DIVIDE↙</u>

选择要定数等分的对象：<u>(点取对象)</u>

输入线段数目或[块(B)]：<u>B↙</u>

输入要插入的块名：<u>(输入块名)</u>

是否对齐块和对象?[是(Y)/否(N)]<Y>：<u>(输入 Y 或 N)</u>

输入线段数目：<u>(输入段数)</u>

3.4.7　MEASURE(定距等分)命令

MEASURE(定距等分)命令与 DIVIDE(定数等分)命令类似。MEASURE(定距等分)命令用给定的长度，从最靠近对象选择点的端点开始对目标作逐段测量，并在每两段之间加上点符号或图块。点符号或图块应事先设置好。目标不是被切成若干段，各分点可以用"节点"来捕捉。指定的目标可以是直线、圆弧、圆、椭圆、椭圆弧、多段线和样条曲线。圆的测量从 0° 开始。

1.命令输入方式

键盘输入：MEASURE 或 ME

菜单："绘图(D)"→"点(O)"→"定距等分(M)"

2.命令使用举例

例　将一直线按定长分段，如图 3-44 所示。图中的"×"为点符号。点符号须用 DDPTYPE(点样式)命令设置其种类和大小。

图 3-44　定距等分线段

命令：<u>MEASURE↙</u>

选择要定距等分的对象：<u>(点取直线)</u>

指定线段长度或[块(B)]：<u>10↙</u>

练　习　题

3.1　绘制图 3-30 所示法兰盘的两视图。

3.2　绘制图 3-45 所示平面图形。

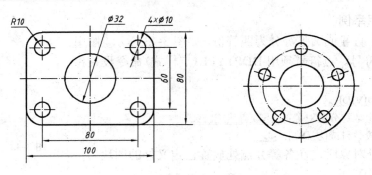

图 3-45　平面图形

3.3　绘制齿轮零件图（图 3-46）。

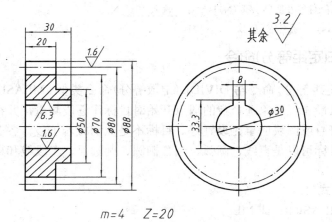

图 3-46　齿轮零件图

3.4　绘制图 3-47 所示支架三视图。

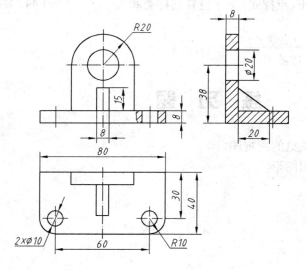

图 3-47　支架三视图

3.5　绘制轴零件图(图 3-48)。

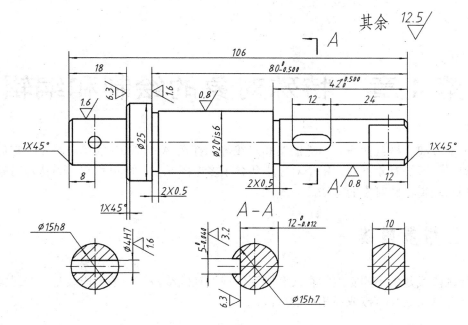

图 3-48　轴零件图

3.5　绘制模板图形(图 3-49)。

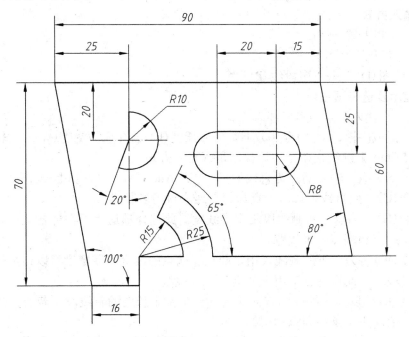

图 3-49　模板

第 4 章　特殊对象的绘制和编辑

　　二维多段线、样条曲线、填充图案和多线等，都是 AutoCAD 的单个对象。它们与点、直线、圆、圆弧等对象不同，每个对象中包含了多个图元素，所以称它们为特殊对象。本章介绍绘制和编辑特殊对象的方法。

4.1　二维多段线

　　二维多段线是由不同宽度的直线和圆弧组成的连续线段。一条多段线是一个对象。多段线的首尾可以相连(闭合)或不相连(打开)。

4.1.1　PLINE(多段线)命令

　　PLINE(多段线)命令用来绘制二维多段线。

1.命令输入方式

键盘输入：PLINE 或 PL

工具栏："绘图"工具栏→

菜单："绘图(D)"→"多段线(P)"

2.命令提示及选择项说明

指定起点：　输入一点为多段线起点。

指定下一点或[圆弧(A)/闭合(C)/半宽(H)/长度(L)/放弃(U)/宽度(W)]：　输入一点或选择项，或按【Enter】键结束命令。该提示是画直线方式。

　　　指定下一点　输入的点为直线的另一点。AutoCAD 将重复上一提示。

　　　闭合(C)　用直线把最后一点与起点连成封闭多段线。

　　　半宽(H)　为以下所画线段指定半线宽。此选择项适用于在屏幕上用光标定点给出起点和端点的半线宽。

　　　宽度(W)　为以下所画线段指定起点和端点的线宽。零宽度将以最细的线条显示多段线。此选择项适用于从键盘输入线宽。

　　　长度(L)　以前一线段的方向继续画一条指定长度的新线段。若前一段为圆弧，就会产生一条与圆弧相切的线段。

　　　放弃(U)　取消前一线段。可重复使用"放弃(U)"，直到起点为止。

　　　圆弧(A)　转入画圆弧方式。提示如下。

　　　　　指定圆弧的端点或[角度(A)/圆心(CE)/闭合(CL)/方向(D)/半宽(H)/直线(L)/

半径(R)/第二个点(S)/放弃(U)/宽度(W)]：　输入一点或选择项，或者按【Enter】键结束命令。

指定圆弧的端点　输入的点为圆弧的终点。

直线(L)　画直线方式。PLINE(多段线)命令开始时显示的选择项提示就是画直线方式。

角度(A)　所画圆弧的圆心角。正角度按逆时针方向画弧，负角度按顺时针方向画弧。指定圆心角后，还需指定圆弧的终点或圆心或半径。

圆心(CE)　为所画圆弧指定圆心。指定圆心后，还需指定圆弧的终点或圆心角或弦长。

方向(D)　为所画圆弧重新指定一个起始方向。指定圆弧的起点切向后，还需指定圆弧的终点。

半径(R)　为所画圆弧指定半径。指定半径后，还需指定圆弧的终点或角度。

第二个点(S)　为所画弧指定第二点，再提示指定圆弧的终点。

闭合(CL)　用圆弧把最后一点与起点连成封闭的多段线。

半宽(H)、宽度(W)、放弃(U)　与直线方式下的含义相同。

3.命令使用举例

例1　用多段线绘制图 4-1 所示图形。

命令：PLINE↙

指定起点：30,30↙

当前线宽为 0.0000

指定下一点或[圆弧(A)/半宽(H)/长度(L)/放弃(U)/宽度(W)]：@10<30↙

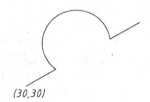

(30,30)

图 4-1　例 1 图

指定下一点或[圆弧(A)/闭合(C)/半宽(H)/长度(L)/放弃(U)/宽度(W)]：A↙

指定圆弧的端点或[角度(A)/圆心(CE)/方向(D)/半宽(H)/直线(L)/半径(R)/第二个点(S)/放弃(U)/宽度(W)]：R↙

指定圆弧的半径：10↙

指定圆弧的端点或[角度(A)]：A↙

指定包含角：−225↙

指定圆弧的弦方向<30>：↙

指定圆弧的端点或[角度(A)/圆心(CE)/闭合(CL)/方向(D)/半宽(H)/直线(L)/半径(R)/第二个点(S)/放弃(U)/宽度(W)]：L↙

指定下一点或[圆弧(A)/闭合(C)/半宽(H)/长度(L)/放弃(U)/宽度(W)]：@10<30↙

指定下一点或[圆弧(A)/闭合(C)/半宽(H)/长度(L)/放弃(U)/宽度(W)]：↙

例2　用多段线绘制图 4-2 所示圆环。

命令：PLINE↙

指定起点：40,30↙

当前线宽为 0.0000

指定下一点或[圆弧(A)/半宽(H)/长度(L)/放弃(U)/宽度(W)]：W↙

指定起点宽度<0.0000>：0.5↙

指定端点宽度<0.5000>：↙

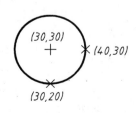

(30,30)　✕(40,30)

(30,20)

图 4-2　圆环

　　指定下一点[圆弧(A)/半宽(H)/长度(L)/放弃(U)/宽度(W)]：A∠

　　指定圆弧的端点或[角度(A)/圆心(CE)/方向(D)/半宽(H)/直线(L)/半径(R)/第二个点(S)/放弃(U)/宽度(W)]：CE∠

　　指定圆弧的圆心：30,30∠

　　指定圆弧的端点或[角度(A)/长度(L)]：30,20∠

　　指定圆弧的端点或[角度(A)/圆心(CE)/闭合(CL)/方向(D)/半宽(H)/直线(L)/半径(R)/第二个点(S)/放弃(U)/宽度(W)]：CL∠

例3　用多段线绘制图 4-3 所示图形。

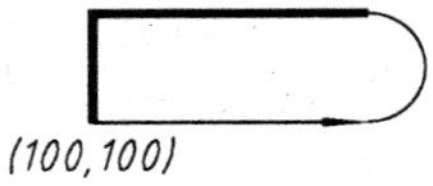

　　命令：PLINE∠

　　指定起点：100,100∠

　　当前线宽为 0.0000

　　指定下一点或[圆弧(A)/半宽(H)/长度(L)/放弃(U)/宽度(W)]：

@20<0∠

图 4-3　例 3 图

　　指定下一点或[圆弧(A)/闭合(C)/半宽(H)/长度(L)/放弃(U)/宽度(W)]：W∠

　　指定起点宽度<0.0000>：0.5∠

　　指定端点宽度<0.5000>：0∠

　　指定下一点或[圆弧(A)/闭合(C)/半宽(H)/长度(L)/放弃(U)/宽度(W)]：@4,0∠

　　指定下一点或[圆弧(A)/闭合(C)/半宽(H)/长度(L)/放弃(U)/宽度(W)]：A∠

　　指定圆弧的端点或[角度(A)/圆心(CE)/方向(D)/半宽(H)/直线(L)/半径(R)/第二个点(S)/放弃(U)/宽度(W)]：@0,10∠

　　指定圆弧的端点或[角度(A)/圆心(CE)/闭合(CL)/方向(D)/半宽(H)/直线(L)/半径(R)/第二个点(S)/放弃(U)/宽度(W)]：L∠

　　指定下一点或[圆弧(A)/闭合(C)/半宽(H)/长度(L)/放弃(U)/宽度(W)]：W∠

　　指定起点宽度<0.0000>：0.5∠

　　指定端点宽度<0.5000>：∠

　　指定下一点或[圆弧(A)/闭合(C)/半宽(H)/长度(L)/放弃(U)/宽度(W)]：@−24,0∠

　　指定下一点或[圆弧(A)/闭合(C)/半宽(H)/长度(L)/放弃(U)/宽度(W)]：C∠

4.1.2　PEDIT(多段线编辑)命令

　　PEDIT(多段线编辑)命令不仅可以编辑二维多段线，而且还可以编辑三维多段线和多边形网格曲面。这里先介绍二维多段线编辑功能，其他功能在以后相应的章节里介绍。

　　二维多段线的编辑功能如下。

　　①把整条多段线改为具有新的统一宽度的多段线，或者改变其中某一段的宽度。

　　②闭合一条非封闭的多段线，或者打开一条封闭的多段线。

　　③使任意两点之间的多段线拉成一直线(删除顶点)；移动多段线的顶点，或增加新顶点。

　　④把一条多段线切为两条，或把一条多段线与其他若干相邻的线连成一条多段线。

　　⑤使不连续线型在顶点处有交点。

　　⑥用圆弧曲线或 B 样条曲线拟合多段线。

1.命令输入方式

键盘输入：PEDIT 或 PE

工具栏："修改 II"工具栏→

菜单："修改(M)"→"对象(O)"→"多段线(P)"

快捷菜单：选择要编辑的多段线，在绘图区域单击右键，选择"编辑多段线(I)"。

2.命令提示及选择项说明

选择多段线或 [多条(M)]：　选择一条多段线或输入 M 去选择多个对象。如果选定对象是直线或圆弧，则显示：

　　选定的对象不是多段线

　　是否将其转换为多段线?<Y>　如果输入 Y 或按【Enter】键，则对象被转换为单段二维多段线。否则原对象不变。

输入选项[闭合(C)/合并(J)/宽度(W)/编辑顶点(E)/拟合(F)/样条曲线(S)/非曲线化(D)/线型生成(L)/放弃(U)]：　输入选择项或按【Enter】键结束命令。

　　闭合(C)　将打开的多段线的最后一点与起点相连，成为闭合多段线。如果所选多段线是闭合的，"闭合(C)"选项则为"打开(O)"。"打开(O)"选项使闭合多段线变为打开多段线，即删除多段线的闭合线段。

　　合并(J)　将一条多段线与其相邻的直线、圆弧或多段线连成一条新的多段线。所有线段必须首尾相连。如果开始时使用"多条(M)"选项选择了多个对象，则可以将不相接的多段线合并，但邻近两端点不能相距太远，需将模糊距离设置得足以包括两端点，而且 AutoCAD 将显示下列提示：

　　合并类型 = 延伸

　　输入模糊距离或[合并类型(J)] <0.0000>：　输入一个数或输入 J。如输入 J 则提示：

　　　　输入合并类型 [延伸(E)/添加(A)/两者都(B)] <延伸>：　输入一个选项。

　　　　延伸(E)　通过将线段延伸或剪切至最接近的端点来合并选定的多段线。

　　　　添加(A)　通过在最接近的端点之间添加直线段来合并选定的多段线。

　　　　两者都(B)　如有可能，通过延伸或剪切来合并选定的多段线。否则，通过在最接近的端点之间添加直线段来合并选定的多段线。

　　宽度(W)　为多段线指定一个新的统一宽度。

　　拟合(F)　圆弧曲线拟合。通过多段线的各顶点生成一条圆弧拟合曲线，每两圆弧之间都相切。

　　样条曲线(S)　B 样条曲线拟合。以多段线为控制多边形，生成一条 B 样条曲线来逼近多段线。多段线非闭合时，曲线通过起点和最后一点。B 样条曲线可以是三次或二次曲线，由系统变量 SPLINETYPE 控制。当 SPLINETYPE 的值为 5 时是二次 B 样条曲线，为 6 时是三次 B 样条曲线，6 是默认值。系统变量 SPLINESEGS 控制样条曲线的精度，默认值为 8。它表示每对顶点之间显示的逼近曲线是由 8 段直线组成。这个值越大，则样条曲线的精度越高，在图形文件中所占空间越大，生成样条曲线的时间越长。

　　非曲线化(D)　删去曲线，即取消圆弧曲线或B样条曲线，还原为多段线，但圆弧段不再保留，而变为直线。

　　线型生成(L)　用于非连续线型。该选项为一开关。它打开时多段线的顶点处以线段过渡，否则以点或空白隔开。该选项不能用于带变宽度的多段线。

放弃(U)　取消前一次所做的多段线编辑操作。可以重复使用"放弃(U)"，使图形
　　　一步步复原。

编辑顶点(E)　进入顶点编辑。AutoCAD 用"×"光标标出多段线的第一个顶点，
　　　并显示顶点编辑的各选择项提示。

输入顶点编辑选项[下一个(N)/上一个(P)/打断(B)/插入(I)/移动(M)/重生成
　　　(R)/拉直(S)/切向(T)/宽度(W)/退出(X)] <N>：　输入选择项或按【Enter】
　　　键使用默认项。

下一个(N)和上一个(P)　移动光标到下一个或上一个顶点处。顶点编辑提
　　　示的默认值是上次选择的 N 或 P，因此在选择一次 N 或 P 后，用空格
　　　或【Enter】键就能移动光标。

打断(B)　删除指定两顶点间的多段线，或从一个顶点处切断多段线。光
　　　标所在点为第一个打断点，并提示：

输入选项[下一个(N)/上一个(P)/转至(G)/退出(X)] <N>：　输入选择
　　　项或按【Enter】键。

下一个(N)和上一个(P)　移动光标到下一个顶点或前一个顶点。
转至(G)　执行打断操作。
退出(X)　退出打断操作，返回顶点编辑。

插入(I)　在"×"光标后面插入新顶点。

移动(M)　将光标所在的顶点移到一个新位置。

重生成(R)　重新生成多段线，常与"宽度(W)"选择项连用。

拉直(S)　将指定两顶点间的多段线拉成一直线。选择该项的提示及操作
　　　与"打断(B)"选择项类似。

切向(T)　为光标所在顶点指定一个切线方向，用于曲线拟合。

宽度(W)　改变光标后面一条线段的起始和结束宽度。但屏幕上的线宽并
　　　不改变，须执行"重生成(R)"选择项后才改变。

退出(X)　退出顶点编辑，回到多段线编辑的提示。

3.命令使用举例

例 1　画一条全由直线段组成的二维多段线，再编辑为 B 样条曲线，如图 4-4 所示。这
条曲线就像一条波浪线。

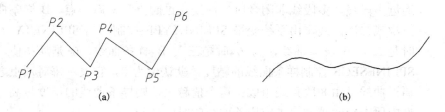

图 4-4　曲线拟合
(a)多段线；(b)B 样条曲线

命令：<u>PLINE</u>↙
指定起点：<u>(点取 P1 点)</u>
当前线宽为 0.0000

指定下一点或[圆弧(A)/半宽(H)/长度(L)/放弃(U)/宽度(W)]：(点取 P2 点)

指定下一点或[圆弧(A)/闭合(C)/半宽(H)/长度(L)/放弃(U)/宽度(W)]：(点取 P3 点)

指定下一点或[圆弧(A)/闭合(C)/半宽(H)/长度(L)/放弃(U)/宽度(W)]：(点取 P4 点)

指定下一点或[圆弧(A)/闭合(C)/半宽(H)/长度(L)/放弃(U)/宽度(W)]：(点取 P5 点)

指定下一点或[圆弧(A)/闭合(C)/半宽(H)/长度(L)/放弃(U)/宽度(W)]：(点取 P6 点)

指定下一点或[圆弧(A)/闭合(C)/半宽(H)/长度(L)/放弃(U)/宽度(W)]：↙

命令：PEDIT↙

选择多段线或 [多条(M)]：L↙　　　　　　　　　　　　　　　　(选刚画的多段线)

输入选项[闭合(C)/合并(J)/宽度(W)/编辑顶点(E)/拟合(F)/样条曲线(S)/非曲线化(D)/线型生成
(L)/放弃(U)]：S↙　　　　　　　　　　　　　　　　　　　　(拟合为样条曲线)

输入选项[闭合(C)/合并(J)/宽度(W)/编辑顶点(E)/拟合(F)/样条曲线(S)/非曲线化(D)/线型生成
(L)/放弃(U)]：↙

例 2　先用 LINE(直线)、ARC(圆弧)命令绘制图 4-5(a)所示图形，再用 PEDIT(多段线编辑)命令编辑，得到图 4-5(b)所示图形。

命令：LINE↙

指定第一点：(点取 P1 点)

指定下一点或[放弃(U)]：(点取 P2 点)

指定下一点或[放弃(U)]：↙

命令：ARC↙

指定圆弧的起点或[圆心(C)]：↙

指定圆弧的端点：(点取 P3 点)

命令：LINE↙

指定第一点：↙

直线长度：(点取 P4 点)

指定下一点或[放弃(U)]：↙

命令：ARC↙

指定圆弧的起点或[圆心(C)]：↙

指定圆弧的端点：(点取 P1 点)

命令：PEDIT↙

选择多段线或 [多条(M)]：(点取左端半圆)

选定的对象不是多段线

是否将其转换为多段线?<Y>↙

输入选项[闭合(C)/合并(J)/宽度(W)/编辑顶点(E)/拟合(F)/样条曲线(S)/非曲线化(D)/线型生成
(L)/放弃(U)]：J↙

选择对象：(点取上面直线)　找到 1 个

选择对象：(点取下面直线)　找到 1 个，总计 2 个

选择对象：(点取右端半圆)　找到 1 个，总计 3 个

选择对象：↙

3 条线段已添加到多段线

输入选项[闭合(C)/合并(J)/宽度(W)/编辑顶点(E)/拟合(F)/样条曲线(S)/非曲线化(D)/线型生成
(L)/放弃(U)]：W↙

指定所有线段的新宽度：0.5↙

输入选项[闭合(C)/合并(J)/宽度(W)/编辑顶点(E)/拟合(F)/样条曲线(S)/非曲线化(D)/线型生成
(L)/放弃(U)]：↙

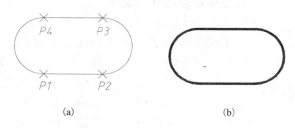

(a)　　　　　　　　　　(b)

图 4-5　例 2 图

(a)用 LINE(直线)、ARC(圆弧)命令绘制的图形；

(b)用 PEDIT(多段线编辑)命令编辑后的图形

4.2　样条曲线

4.2.1　SPLINE(样条曲线)命令

SPLINE(样条曲线)命令绘制真正的二次或三次样条曲线，即非均匀有理 B 样条(NURBS)曲线。样条曲线不像多段线的拟合样条曲线那样用逼近多段线的方法产生，而是通过或接近各数据点画出曲线。该命令还可以将多段线的拟合样条曲线转换为样条曲线。

1.命令输入方式

键盘输入：SPLINE 或 SPL

工具栏："绘图"工具栏→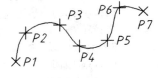

菜单："绘图(D)"→"样条曲线(S)"

2.命令提示及选择项说明

指定第一个点或[对象(O)]：　输入点或 O。

　　指定第一个点　样条曲线通过的第一点。

　　　　指定下一点：　输入样条曲线通过的第二点。

　　　　指定下一点或[闭合(C)/拟合公差(F)] <起点切向>：　输入点或 C 或 F 或【Enter】
　　　　　键。该项提示将重复显示。

　　　　指定下一点　输入样条曲线通过的下一点。

　　　　闭合(C)　将样条曲线的终点和第一点相连，构成光滑的闭合样条曲线。

　　　　拟合公差(F)　即控制样条曲线与数据点之间偏差大小。

　　　　　　指定拟合公差<当前值>：　输入偏差值或【Enter】键。如果偏差为 0，
　　　　　　　则样条曲线通过数据点；如果偏差大于 0，则样条曲线不一定通
　　　　　　　过数据点，数据点到曲线的距离在偏差范围内。

　　　　<起点切向>　按【Enter】键选择该项后将显示下列提示。

　　　　　　指定起点切向：　指定一点，用以确定样条曲线第一点的切线方向，
　　　　　　　或者按【Enter】键使用默认的切线方向。

　　　　　　指定端点切向：　指定一点，用以确定样条曲线终点的切线方向，或
　　　　　　　者按【Enter】键使用默认的切线方向。

　　对象(O)　将多段线的拟合样条曲线转换为样条曲线。

3.命令使用举例

例　绘制图 4-6 所示的样条曲线。

命令：SPLINE↙

指定第一个点或[对象(O)]：（点取 P1）

指定下一点：（点取 P2）

指定下一点或[闭合(C)/拟合公差(F)] <起点切向>：（点取 P3）

指定下一点或[闭合(C)/拟合公差(F)] <起点切向>：（点取 P4）

指定下一点或[闭合(C)/拟合公差(F)] <起点切向>：（点取 P5）

指定下一点或[闭合(C)/拟合公差(F)] <起点切向>：（点取 P6）

指定下一点或[闭合(C)/拟合公差(F)] <起点切向>：（点取 P7）

图 4-6　样条曲线

指定下一点或[闭合(C)/拟合公差(F)] <起点切向>：／
指定起点切向：／
指定端点切向：／

4.2.2　SPLINEDIT(样条曲线编辑)命令

SPLINEDIT(样条曲线编辑)命令编辑由 SPLINE(样条曲线)命令或由 PLINE(多段线)和 PEDIT(多段线编辑)命令建立的样条曲线。该命令可以对样条曲线做闭合或打开、移动顶点、修改精度等操作。编辑时在控制点上将显示蓝色小方格。

1.命令输入方式

键盘输入：SPLINEDIT 或 SPE

工具栏："修改 II"工具栏→

菜单："修改(M)"→"对象(O)"→"样条曲线(S)"

快捷菜单：选择要编辑的样条曲线，在绘图区域单击右键并选择"编辑样条曲线(S)"。

2.命令提示及选择项说明

选择样条曲线：　选择一条样条曲线。曲线被选中后，在控制点上显示蓝色小方格。

输入选项[拟合数据(F)/闭合(C)/移动顶点(M)/精度(R)/反转(E)/放弃(U)]：　输入选择项或按【Enter】键结束。

拟合数据(F)　修改样条曲线的拟合数据。如果选定的样条曲线无拟合数据，则不能使用该选项。

输入拟合数据选项[添加(A)/闭合(C)/删除(D)/移动(M)/清理(P)/相切(T)/公差(L)/退出(X)] <退出>：　输入选择项或按【Enter】键。

添加(A)　在两个数据点之间增加点。

指定控制点<退出>：　点取一个数据点,该点和下一点变为红色方块,或按【Enter】键结束"添加(A)"选择项。

指定新点<退出>：　输入新点,加入到两点之间。可连续加入多个新点，最后以【Enter】键结束，还可在其他点之间加入新点。

闭合(C)　使打开的样条曲线封闭，并使端点处光滑连接。如果选中了一封闭的样条曲线，这里的选择项便是"打开(O)"。"打开(O)"选择项打开封闭的样条曲线，恢复闭合前的状态。

删除(D)　删除样条曲线上指定的拟合数据点。

移动(M)　移动某一数据点到新位置。

清理(P)　从图形数据库中移去样条曲线的拟合数据，拟合数据没有了，"拟合数据(F)"选择项也就不见了。

相切(T)　改变样条曲线起点和终点的切线方向。

公差(L)　改变样条曲线的拟合公差。

退出(X)　退出拟合数据编辑。

闭合(C)　闭合打开的样条曲线。如果所选样条曲线是闭合的，则"闭合(C)"被"打开(O)"代替。"打开(O)"使闭合样条曲线成为打开的。

移动顶点(M)　移动样条曲线上的某一控制点到新位置。

指定新位置或[下一个(N)/上一个(P)/选择点(S)/退出(X)]＜下一个＞：　输入一点或输入选择项或按【Enter】键。此时样条曲线的第一个控制点为红色方块。红色方块表明该控制点是要改变位置的点。可以用"选择点(S)"选项选择另一个控制点。红色方块又像光标，可以用"下一个(N)"或"上一个(P)"在各控制点上移动它。

精度(R)　改进样条曲线。

输入精度选项[添加控制点(A)/提高阶数(E)/权值(W)/退出(X)]＜退出＞：　输入选择项或按【Enter】键。

添加控制点(A)　增加新的控制点。

提高阶数(E)　提高样条拟合多项式的阶数。阶数从 4 到 26，默认阶数为4。提高阶数能增加样条曲线的控制点，但不会改变样条曲线的形状。阶数提高后不能再降低。

权值(W)　改变某个控制点的权值，用以改变样条曲线的弯曲程度。

退出(X)　退出改进样条曲线操作。

反转(E)　将曲线的起点和终点对换，改变曲线方向。

放弃(U)　取消前一次的编辑操作。

4.3　多线

多线(Multiline)由多条平行线构成，最少 2 条，最多可有 16 条。每条线可分别设置颜色、线型。每条线到零线(也称中心线)的距离由偏移量控制。用户使用 MLSTYLE(多线样式)命令设置多线样式，用 MLINE(多线)命令绘制多线，用 MLEDIT(多线编辑)命令编辑多线。下面分别介绍这些命令。

4.3.1　MLSTYLE(多线样式)命令

MLSTYLE(多线样式)命令设置多线样式，为每一样式命名，确定多线由几条线组成，并为每条线指定偏移量、颜色、线型等特性。默认的多线样式是 STANDARD。它由两条实线组成，两条线间的距离是 1(偏移量为 0.5 和-0.5)。颜色和线型都是 ByLayer(随层)。多线样式用"多线样式"对话框(图 4-7)设置。

1.命令输入方式

键盘输入：MLSTYLE

菜单："格式(O)"→"多线样式(M)..."

2.对话框说明

(1)"多线样式"对话框

1)"当前多线样式"项　显示当前多线样式

图 4-7　"多线样式"对话框

名。要设置当前多线样式，从下面"样式(S)"列表框中点取一种样式，点取"置为当前(U)"按钮，该样式便成为当前样式显示在这里。

2)"样式(S)"列表框 显示当前图中已加载的多线样式名。

3)"说明"文本框 显示加亮样式的说明。

4)"预览"框 显示选定样式的名称和图像。

5)"置为当前(U)"按钮 该按钮使选定的多线样式成为当前样式。

6)"新建(N)..."按钮 使用该按钮将创建新的多线样式，弹出图 4-8 所示的"创建新的多线样式"对话框。在对话框的"新样式名(N)"输入框中输入新样式名。如有多个多线样式，可在"基础样式(S)"控件中选一个作为基础样式。单击"继续"按钮，将使用"新建多线样式"对话框设置新多线样式。

图 4-8 "创建新的多线样式"对话框

7)"修改(M)..."按钮 使用该按钮将修改选定的多线样式，弹出与图 4-9 相似的"修改多线样式"对话框。两对话框中的内容完全相同，只有标题不一样，所以下面仅介绍"新建多线样式"对话框中的选项。

8)"重命名(R)"按钮 该按钮为指定的多线样式改名。

9)"删除(D)"按钮 该按钮删除指定的多线样式。

10)"加载(L)..."按钮 该按钮让用户从多线样式库文件中装入一种多线样式。默认的多线样式库文件是 acad.mln。

11)"保存(A)..."按钮 该按钮将新建立的多线样式保存到指定的多线样式库文件中。默认的多线样式库文件是 acad.mln。

(2)"新建多线样式"对话框

"新建多线样式"对话框(图 4-9)设置多线的特性和样式中的图元，如：始端和终端是否用直线或圆弧封闭，是否用颜色填充，是否显示顶点记号，图元的个数、偏移量、颜色和线型等。"新建多线样式"对话框中各选项说明如下。

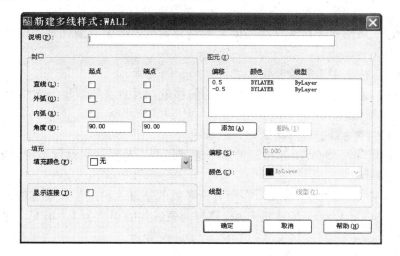

图 4-9 "新建多线样式"对话框

1）"说明"文本框　输入多线样式的说明。

2）"封口"区　控制多线的始、终端封闭形式。复选框关闭时多线两端敞开（图 4-10（a）），打开时多线两端封闭（图 4-10（b）、（c））。

"直线"选项用直线封闭（图 4-10（b））。

"外弧"选项在多线最外边两个元素之间用半圆封闭（图 4-10（c））。

"内弧"选项在多线内部的元素对之间用半圆封闭（图 4-10（c））。

"角度"选项指定封闭时的角度。默认值为 90°，封闭端直线与元素垂直，封闭端圆弧与元素相切。若为其他角度时封闭端倾斜，如图 4-10（b）和（c）所示。

3）"填充"区　控制是否在多线上填充颜色，填充何种颜色，使用"填充颜色"控件选择。默认情况下无颜色即不填充。

4）"显示连接"复选框　该复选框控制是否显示多线顶点处的记号。该复选框默认时是关闭的。打开后将在多线顶点处显示记号，如图 4-10（d）所示。

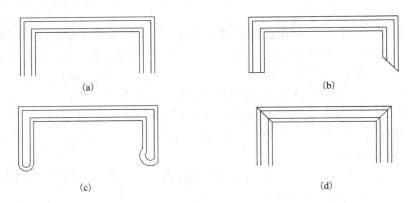

图 4-10　多线特性

(a)多线；(b)用直线封闭；(c)用圆弧封闭；(d)显示顶点记号

5）"图元（E）"区　在该区设置多线元素的特性。

元素列表框中列出所有元素的偏移量、颜色、线型。顶线与底线的偏移量之差为多线的线宽。

"添加（A）"按钮用于添加一个新的元素到元素列表框中。新元素的偏移量是 0，颜色和线型均为 ByLayer（随层）。

"删除（D）"按钮用于删除元素列表框中指定的元素。

"偏移（S）"文本框用于设置指定元素的偏移量。元素在零线上方时偏移量为正，在零线下方时偏移量为负。

"颜色（C）"控件用于选择指定元素的颜色。

"线型"使用"线型（Y）..."按钮弹出"选择线型"对话框来设置指定元素的线型。

3.命令使用举例

例　建立一种多线样式 WALL。在原有两条线的基础上再增加一条零线，颜色为红色，线型为 ACAD_ISO04W100，偏移量为 0。原有两条线间的距离为 1，不变。建立的多线样式放在样板中。

建立多线样式 WALL 的步骤如下。

①使用 NEW(新建)或 QNEW(快速新建)命令装入用户样板 A3.dwt。

②执行 MLSTYLE(多线样式)命令，显示"多线样式"对话框。

③单击"新建(N)..."按钮，显示"创建新的多线样式"对话框。

④在"新样式名"文本框中键入多线样式名 WALL，单击"继续"按钮，显示"新建多线样式"对话框。

⑤在"图元(E)"区单击"添加"按钮，增加一条零线，并且加亮显示。

⑥单击"颜色(C)"控件，点取红色。

⑦单击"线型(Y)..."按钮，显示"选择线型"对话框，点取线型名 ACAD_ISO04W100 或 Center。若无此种线型，则应单击"加载(L)..."按钮装入线型。在点取线型名后单击"确定"按钮，即返回"新建多线样式"对话框。

⑧单击"确定"按钮，返回"多线样式"对话框。

⑨单击"保存(A)..."按钮，保存 WALL 样式到多线样式库文件 acad.mln 中。

⑩单击"确定"按钮，结束设置多线样式操作。

⑪使用 SAVEAS(另存为)命令，保存样板 A3.dwt。

4.3.2　MLINE(多线)命令

MLINE(多线)命令按指定的多线样式绘制多线图形。在使用 MLINE(多线)命令时，必须确定用哪一种多线样式、多大的宽度比例以及用何种对齐方式画多线。多线的宽度是多线样式设置中定义的上线与下线偏移量之差。

1.命令输入方式

键盘输入：MLINE 或 ML

菜单："绘图(D)"→"多线(M)"

2.命令使用举例

例　绘制图 4-11 所示的图形。

绘制多线图形前应先定义好多线样式，并放在样板中。绘制多线图形时，只要装入样板就可以开始画图。多线图形画在"粗实线"层上，设置"粗实线"层为当前层。

```
命令：MLINE↙
当前设置：对正=上，比例=1.00，样式=STANDARD
指定起点或[对正(J)/比例(S)/样式(ST)]：J↙
输入对正类型[上(T)/无(Z)/下(B)]<Top>：Z↙                    (设置按零线端点画多线)
当前设置：对正=无，比例=1.00，样式=STANDARD
指定起点或[对正(J)/比例(S)/样式(ST)]：S↙
输入多线比例<1.00>：6↙                                     (设线宽倍数)
当前设置：对正=无，比例=6.00，样式=STANDARD
指定起点或[对正(J)/比例(S)/样式(ST)]：ST↙
输入多线样式名或[?]：WALL↙
当前设置：对正=无，比例=6.00，样式=WALL
指定起点或[对正(J)/比例(S)/样式(ST)]：30,30↙                (1 点)
指定下一点：@360,0↙                                        (2 点)
指定下一点或[放弃(U)]：@0,240↙                             (3 点)
指定下一点或[闭合(C)/放弃(U)]：@-360,0↙                     (4 点)
```

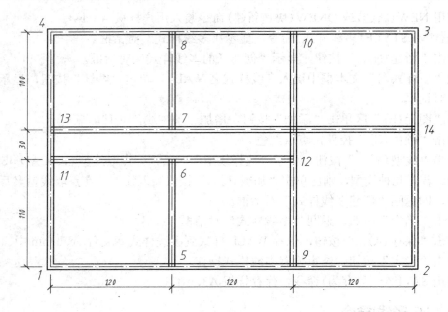

图 4-11　多线图形

指定下一点或[闭合(C)/放弃(U)]：C↙

命令：↙

MLINE

当前设置：对正=无，比例=6.00，样式=WALL

指定起点或[对正(J)/比例(S)/样式(ST)]：150, 30↙　　　　　　　　　　　　(5 点)

指定下一点：@0, 110↙　　　　　　　　　　　　(6 点)

指定下一点或[放弃(U)]：↙

命令：↙

MLINE

当前设置：对正=无，比例=6.00，样式=WALL

指定起点或[对正(J)/比例(S)/样式(ST)]：@0, 30↙　　　　　　　　　　　　(7 点)

指定下一点：@0, 100↙　　　　　　　　　　　　(8 点)

指定下一点或[放弃(U)]：↙

命令：↙

MLINE

当前设置：对正=无，比例=6.00，样式=WALL

指定起点或[对正(J)/比例(S)/样式(ST)]：270, 30↙　　　　　　　　　　　　(9 点)

指定下一点：@0, 240↙　　　　　　　　　　　　(10 点)

指定下一点或[放弃(U)]：↙

命令：↙

MLINE

当前设置：对正=无，比例=6.00，样式=WALL

指定起点或[对正(J)/比例(S)/样式(ST)]：30, 140↙　　　　　　　　　　　　(11 点)

指定下一点：@240, 0↙　　　　　　　　　　　　(12 点)

指定下一点或[放弃(U)]：↙

命令：↙

MLINE

当前设置：对正=无，比例=6.00，样式=WALL

指定起点或[对正(J)/比例(S)/样式(ST)]：30,170✓　　　　　　　　　　　（13 点）

指定下一点：@360,0✓　　　　　　　　　　　　　　　　　　　　　　（14 点）

指定下一点或[放弃(U)]：✓

3.说明

"比例"选择项用于设置多线宽度的倍数。实际多线的宽度是多线样式设置中定义的宽度乘以此倍数。例如，多线样式设置中定义的宽度是 1，那么要绘制多线的实际宽度就是这里设定的倍数。倍数可为负值。如果倍数设为负值，那么在多线样式设置中定义的每条线的偏移量将改变符号，即上线和下线颠倒。

4.3.3　MLEDIT(多线编辑)命令

MLEDIT(多线编辑)命令编辑多线图形，主要处理多线相交问题，还有打断、修复等功能。该命令先用图 4-12 所示的"多线编辑工具"对话框选择工具，再选择多线图形进行编辑。

1.命令输入方式

键盘输入：MLEDIT

菜单："修改(M)"→"对象(O)"→"多线(M)..."

2.对话框说明

执行多线编辑命令，显示图 4-12 所示的"多线编辑工具"对话框。对话框中列出的 12 个图标分别对应 12 种编辑工具。其中第一列是十字形工具，第二列是 T 形工具，第三列是角点和顶点工具，第四列是剪切和接合工具。要使用某一种工具，可点取相应的图标，再单击"确定"按钮。以下分别说明各种工具的使用方法。

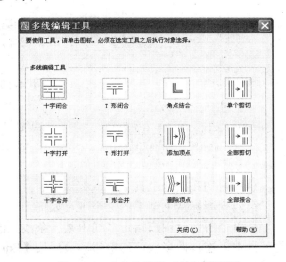

图 4-12　"多线编辑工具"对话框

（1）十字形工具

第一列从上至下的三个工具如下。

1）十字闭合　若选择图 4-13(a)所示两条多线，则选择的第一条多线被打断（图4-13(b)）。使用这种工具时，可连续对多对相交多线进行操作，最后按【Enter】键结束。

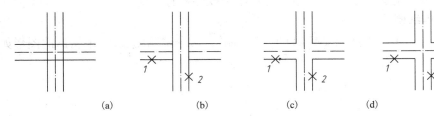

(a)　　　　　　(b)　　　　　　(c)　　　　　　(d)

图 4-13　十字形工具的效果

(a)原图；(b)闭合十字形；(c)打开十字形；(d)合并十字形

2)十字打开　若选择图 4-13(a)所示两条多线，选择的第一条多线被全部打断，第二条多线被部分打断(图 4-13(c))。使用这种工具时，显示的提示与闭合十字形工具相同。

3)十字合并　若选择图 4-13(a)所示两条多线，选择的两条多线按层(最外层、第二层……)互相打断(图 4-13(d))。如剩余单个元素则保持不动。

(2) T 形工具

第二列从上至下的三个工具为 T 形闭合、T 形打开、T 形合并。

这三种工具的提示和操作与十字形工具基本相同。T 形工具的效果如图 4-14 所示。

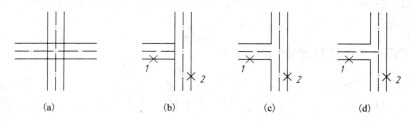

图 4-14　T 形工具的效果
(a)原图；(b)闭合 T 形；(c)打开 T 形；(d)合并 T 形

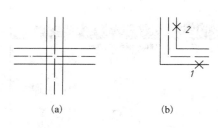

图 4-15　角点工具的效果
(a)原图；(b) 角点结合

(3) 角点工具

第三列从上至下的三个工具如下。

1)角点结合　该工具的提示与十字形工具相同。选取多线时须点取要保留的部分。这种工具的效果如图 4-15 所示。

2)添加顶点　在多线上增加顶点，只有当显示顶点记号或拉伸该顶点时，才能看出顶点位置，否则将不显示任何变化。

3)删除顶点　删除多线上显示的顶点记号。

(4) 剪切和接合工具

第四列图标从上至下的三个工具如下。

1)单个剪切　用户指定多线中某一条线上的两个点，切除该条线上两点之间的部分。在此工具中可连续做多次剪切操作，最后按【Enter】键结束。

2)全部剪切　用户指定多线上的两个点，全部切除该多线上两点之间的部分。也可连续做多次剪切操作，最后按【Enter】键结束。

3)全部接合　此为修复工具，用于重新连接被剪断的多线。

3.命令使用举例

例　将图 4-11 所示图形用 MLEDIT(多线编辑)命令做编辑操作。编辑后的图形如图 4-16 所示。

图 4-16　编辑后的多线图形

4.4　图案填充

在许多图形中，常常要对图中的某些区域或者剖面填入各种图案，以表示构成这类物体的材料，或者区分它的各个组成部分。这个过程称为图案填充。在绘制机械或土木建筑工程图中，称为绘制剖面符号。从 AutoCAD 2004 开始增加了渐变色填充。渐变色是一种由深到浅、由浅到深逐渐变化的颜色，或者是由一种颜色逐渐过渡到另一种颜色。渐变色填充可用于立体表面，使之更富立体感。渐变色填充也可用于背景色。

AutoCAD 有一个预定义图案库(库文件名：acad.pat，acadiso.pat)，供用户选择要使用的图案。通常使用的金属材料和非金属材料的剖面符号(俗称剖面线)是由 AutoCAD 定义的一组间隔相等的水平线，称"用户定义"。

图案绘制在由直线、圆、圆弧或多段线等对象构成的封闭区域内。封闭区域的边界必须真正相交，不应是看起来相交而实际上不相交。封闭区域的边界只能画一次，不能重复画。

填充图案的命令是 BHATCH(图案填充)、GRADIENT(渐变色填充)和 HATCH(图案填充)。BHATCH(图案填充)和 HATCH(图案填充)命令在 AutoCAD 2008 里已经完全相同。填充的图案还可以用 HATCHEDIT(图案编辑)命令进行编辑。

4.4.1　BHATCH(图案填充)和 GRADIENT(渐变色填充)命令

BHATCH(图案填充)和 GRADIENT(渐变色填充)命令使用对话框操作来定义边界、图案类型、图案特性和填充对象属性。该两命令能自动寻找封闭边界，只需在封闭区域内指定一点即可。当然也可由用户指定边界。该两命令具有试画功能，如填充的图案不理想，可调整参数，而无须退出。执行任一命令都将弹出"图案填充和渐变色"对话框(图 4-17)。

1.命令输入方式

键盘输入：BHATCH 或 BH 或 H 或 GRADIENT

工具栏："绘图"工具栏→☐或☐

菜单："绘图(D)"→"图案填充(H)..."或"渐变色..."

2.对话框说明

(1)"图案填充"选项卡

"图案填充"选项卡(图4-17)用于选择图案类型和参数，确定要填充图案的区域。

1)"类型和图案"区　在该区选择图案类型和图案名称。

①"类型(Y)"控件中有三个选项："预定义"选项使用预定义图案；"用户定义"选项使用一组间隔相等的水平线；"自定义"选项使用用户定制的图案。

②"图案(P)"控件，当图案类型为"预定义"时，该选项才可用。可在控件中选择一预定义图案名；或者单击列表框右面的"..."按钮，显示"填充图案选项板"对话框(图4-18)，从中点取一种图案，再单击"确定"按钮，便选中一种图案。选中的图案显示在前一对话框的"样例"框中，图案名显示在前一对话框的"图案(P)"控件中。"填充图案选项板"对话框中列出各种定义好的图案，分别位于ANSI、ISO、"其他预定义"和"自定义"选项卡中。

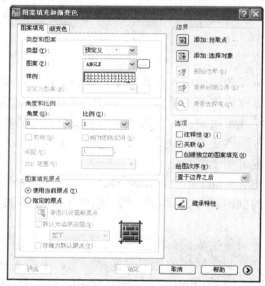

图4-17　"图案填充和渐变色"对话框

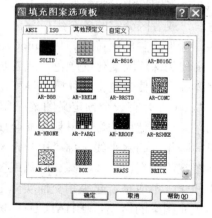

图4-18　"填充图案选项板"对话框

③"样例"文本框中显示所选图案的预览图像。单击该框也将显示"填充图案选项板"对话框(图4-18)。

④"自定义图案(T)"控件用于指定用户定制的图案名。该项仅适用于"自定义"图案。

2)"角度和比例"区　在该区设置图案的各项参数。

①"角度(G)"控件用于设置图案的倾斜角度。

②"比例(S)"控件用于设置图案的比例因子。比例因子可在列表中选择，也可从键盘输入。该项对"用户定义"图案不适用。

③"双向(D)"复选框用于确定"用户定义"图案是否画两组互相垂直的剖面线。复选

框关闭时不画，打开时画。

④"相对图纸空间(E)"复选框打开时将相对于图纸空间单位缩放填充图案。使用该选项，很容易做到以适合于布局的比例显示填充图案。该选项仅适用于布局。

⑤"间距(C)"文本框用于设置"用户定义"图案中平行线间的距离。

⑥"ISO 笔宽(O)"控件只有在选择了 ISO 图案后该项才可用。在选定笔宽后按比例缩放 ISO 预定义图案。

3)"图案填充原点"区　该区确定在多个填充区域作多次填充时图案对齐的点，即图案每次生成的起点。默认原点是当前 UCS 的原点。

"使用当前原点"按钮是指打开图形(包括样板图)时 UCS 的原点为图案填充的起点。"指定的原点"按钮用于设置图案填充的新原点。用"单击以设置新原点"按钮在图中指定一点为新原点，或者打开"默认为边界范围"复选框用填充边界的矩形范围的四个角点和中心点之一为新原点(从控件中点选，结果将显示在右侧预览图中)。"存储为默认原点"复选框确定是否将新设置的原点保存在当前图中。

(2)"渐变色"选项卡

"渐变色"选项卡(图 4-19)用于选择渐变填充所使用的渐变色。其中有 9 种渐变色图案作为按钮可选。渐变色有单色和双色。单色是某一种颜色由深到浅的平滑过渡。从下面颜色样本中单击浏览按钮"…"，在显示的"选择颜色"对话框内选择一种颜色作为渐变色。用其右方的滚动条调整深浅。双色是由一种颜色到另一种颜色的平滑过渡。从下面带有浏览按钮"…"的颜色样本中可以分别选择"颜色 1"和"颜色 2"所用的颜色。"居中(C)"　按钮用于确定渐变色的过渡方式。复选框选中时渐变色以对称方式过渡，否则渐变色将向左上方变化。"角度(L)"控件用于选择渐变色变化的倾斜角度。

图 4-19　"图案填充和渐变色"对话框的"渐变色"选项卡

(3)"边界"区

在"图案填充和渐变色"对话框的"边界"区确定图案填充的边界。

①"添加：拾取点"(⊞)按钮用于选择将要填充图案的封闭区域。单击该按钮，将临时关闭对话框并提示以下内容。

选择内部点或 [选择对象(S)/删除边界(B)]：　选择封闭边界内部的点。用户在封闭边界内部指定一点，AutoCAD 自动寻找该点周围的边界，并以虚线显示。如果显示的虚线边界不对，说明需要的边界不封闭。如果没有显示，则弹出"边界定义错误"对话框，根据错误提示再进行适当操作。用户可以连续指定多个封闭区域。输入 U 可取消前一个选择。最后按【Enter】或【Esc】键结束选择，返回对话框，或者单击右键将显示一个快捷菜单。可以利用此快捷菜单放弃最后一个或所有选定点、改变选择方式、重新设置图案填充的原点、修改孤岛检测样式、预览填充图案或返回对话框。

②"添加：选择对象"（[图]）按钮由用户指定封闭边界。单击该按钮，将临时关闭对话框并提示"选择对象或 [拾取内部点(K)/删除边界(B)]："。由用户使用各种对象选择方式指定封闭边界。用这种方法指定的边界必须是首尾相连，否则无效。最后按【Enter】键结束选择，并返回对话框。这里同样可以使用上述快捷菜单。

③"删除边界(D)"（[图]）按钮从已选的边界和以前添加的边界中删除一些对象。单击该按钮，将临时关闭对话框并提示："选择对象或 [添加边界(A)]"。如果用户作了一次选择对象的操作，则提示"选择对象或 [添加边界(A)/放弃(U)]："。

④"重新创建边界(R)"（[图]）按钮在填充图案时无效，而在编辑填充图案时可用。

⑤"查看选择集(V)"（[图]）按钮可以查看已选的边界。

(4)"选项"区

在该区确定图案填充的几个选项。

①"关联(A)"复选框控制图案与边界的关联特性。打开该项时，如改变了边界，图案也随着改变，否则图案不随着改变。

②"创建独立的图案填充(H)"复选框，当选择了几个独立的封闭边界时，控制填充图案成为几个对象还是一个对象。默认状态时复选框关闭，一次填充所有边界内的图案为一个对象。打开复选框时，一个封闭边界内的图案为一个对象。

③"绘图次序(W)"控件用于选择填充图案与其他对象的绘图次序：置于边界之后、置于边界之前、置后(置于所有对象之后)、置前(置于所有对象之前)、不指定。

(5)"继承特性"（[图]）按钮

"继承特性"按钮用于复制已有图案的类型和特性。单击该按钮，将关闭对话框并提示用户选择一个图案。按【Enter】键后返回对话框，所选图案的类型和特性便复制到对话框中。继续指定其他边界便可填充相同的图案。

(6)扩展的选项区

单击"图案填充和渐变色"对话框右下角的"更多选项(Alt+>)"（[图]）按钮，将显示扩展的选项区(图 4-20)。再单击该对话框右下角的"更少选项(Alt+<)"（[图]）按钮，将隐藏扩展的选项区。扩展的选项区用于设置图案绘制方法和控制边界类型等。这里主要说明"孤岛"区里三个"孤岛显示样式"："普通"、"外部"和"忽略(I)"。孤岛是最外层边界内的其他封闭边界。填充图案的过程是从每条填充线的最外两端开始向内填充。"普通"样式如对话框中样例所示。它是从最外层边界向内填充，当遇到内部边界与之相交时，将停止填充，直至遇到下一边界为止。这样，由奇数次交点到偶数次交点之间的区域被填充，而由偶数次交点到奇数次交点之间的区域不被填充。"外部"样式如对话框中样例所示。它也是从最外层边界向内填充，当遇到内部边界与之相交时，即终止填充。这样只有最外层区域被填充，而内部仍然为空白。"忽略(I)"样式如对话框中样例所示。它将在最外层边界内全部填充图案，而忽略所有内部边界。一般情况下都使用"普通"样式。当指定点或选择对象定义填充边界时，在绘图区域单击右键，也可以从快捷菜单中选择"普通孤岛检测(N)"、"外部孤岛检测(O)"和"忽略孤岛检测(G)"选项。

图 4-20　"图案填充和渐变色"对话框的扩展选项区

(7)"预览"按钮

"预览"按钮用于预览图案填充的效果。单击该按钮，暂时关闭对话框，在图上显示出将要绘制的图案，在命令行显示"拾取或按 Esc 键返回到对话框或 <单击右键接受图案填充>:"。看后按【Enter】键或单击右键完成图案的绘制。单击左键或按【Esc】键返回对话框，还可以修改图案的特性或边界。该按钮只有在选定了图案和边界后才能使用。

3.命令使用举例

例 1　绘制图 4-21 中的剖面线。图中的剖面轮廓已画好，绘制剖面线的操作过程如下。

①设置"剖面线"层为当前层。

②执行 BHATCH(图案填充)命令，打开"图案填充和渐变色"对话框。

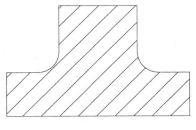

③单击"类型(Y)"控件，点取"用户定义"。

④在"角度(G)"控件中选择 45 或 135 或输入–45。

⑤在"间距(C)"文本框中键入剖面线间距 3～5。

图 4-21　画剖面线

要根据剖面线区域的大小来定。

⑥如果画两组互相垂直的剖面线，则打开"双向(D)"复选框。

⑦单击"添加：拾取点"（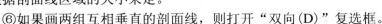）按钮，回到图中点取要画剖面线的封闭区域。可连续点几个封闭区域，最后按【Enter】键结束；或者单击"添加：选择对象"（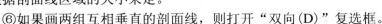）按钮，由用户在图中指定边界。

⑧单击"预览(W)"按钮，看后如满意按【Enter】键，完成剖面线绘制。

例 2　绘制图 4-22 中 GRASS 图案。图中的剖面轮廓已画好，绘制图案的操作过程如下。

①设置"剖面线"层为当前层。

②执行 BHATCH(图案填充)命令，打开"图案填充和渐变色"对话框。

图 4-22　填充图案

③单击"图案(P)"控件，选择 GRASS 图案。或者单击"图案(P)"选项右侧的"…"按钮，弹出"填充图案选项板"对话框，选择"其他预定义"选项卡，点取一种图案 GRASS，单击"确定"按钮结束该对话框。如"图案(P)"选项不可用，则单击上一行"类型(Y)"控件，点取"预定义"，"图案(P)"选项即可操作。

④在"比例(S)"框中键入缩放图案的比例因子。

⑤在"角度(G)"文本框中键入图案的旋转角度。

以下操作过程与例 1 中的⑦、⑧相同。

4.4.2　HATCHEDIT(图案编辑)命令

HATCHEDIT(图案编辑)命令用于修改图案的名称及其特性。执行该命令，选择要编辑的图案，弹出"图案填充编辑"对话框。这个对话框与"图案填充和渐变色"对话框基本相同，不同的是标题以及有关边界选择的某些选项不可用。

命令输入方式如下。

键盘输入：HATCHEDIT 或 HE

工具栏："修改 II"工具栏→▨

菜单："修改"→"对象(O)"→"图案填充(H)…"

快捷菜单：选择要编辑的图案填充对象，在绘图区域单击右键并选择"编辑图案填充(H)…"。

练　习　题

4.1　按 1：1 绘制图 4-23 所示平面图形。

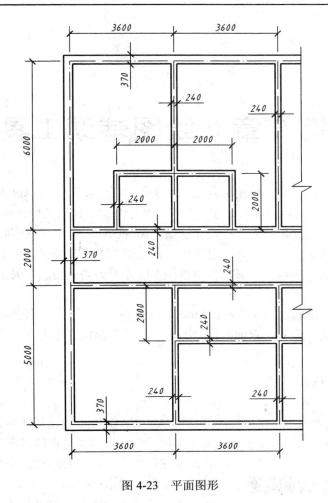

图 4-23　平面图形

4.2　在已画好的视图(例如图 3-46、图 3-47、图 3-48)上添加剖面线。

第 5 章　绘图辅助工具

　　这里需要特别说明的是，绘图工具按钮"DYN"（动态输入）是 AutoCAD 2006 新增的功能。动态输入打开时在光标附近提供了一个命令提示界面，称工具栏提示，可显示命令提示、输入数据或选项，以帮助用户专注于绘图区域。AutoCAD 2008 新安装时，这种功能是打开的。如果要关闭"动态输入"功能，请选择状态栏中"DYN"按钮。本书基本上是按无"动态输入"功能叙述的，所以按本书内容上机操作时先要关闭此功能。关于"动态输入"功能将在 5.1 节介绍。

　　为了能够快速、精确地绘制图形，AutoCAD 提供了多种工具，包括动态输入、正交、捕捉、栅格、对象捕捉、追踪、查询数据等。本章将详细介绍这些工具的功能和操作。

5.1　动态输入

图 5-1　工具栏提示

　　在 AutoCAD 2006 以前版本中，输入命令、数据、选项和显示命令提示都是在屏幕下方的命令行里。操作者既要注视绘图区域又要扫视命令行。新版在光标附近增加了工具栏提示（图 5-1）。工具栏提示中显示的信息随着光标移动不断更新。这就是"动态输入"。当执行某条命令时，工具栏提示为用户提供输入的位置。

　　"动态输入"功能可以使用状态栏的"DYN"按钮或【F12】键随时关闭和打开。

　　"动态输入"功能包括"指针输入"、"标注输入"和"动态提示"三项内容。"指针输入"是在工具栏提示中显示光标位置的坐标，也可输入坐标。"标注输入"是在命令需要后续点或距离时，显示光标与前一点之间的距离和角度，也可在此输入距离或相对坐标。"动态提示"是在工具栏中显示命令提示，也可在此输入选项或数据。

　　"动态输入"的各种选项用"草图设置"对话框的"动态输入"选项卡（图 5-2）设置。下面简单介绍该选项卡的各选项。

　　1.命令输入方式

　　键盘输入：DSETTINGS 或 DDRMODES 或 DS

　　菜单："工具(T)"→"草图设置(F)..."

　　快捷菜单：光标指向状态栏的"DYN"按钮，单击右键，选择"设置(S)..."

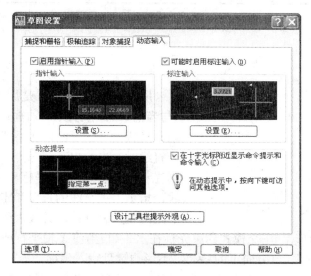

图 5-2 "草图设置"对话框的"动态输入"选项卡

2.对话框说明

1)"启用指针输入(P)"复选框 用该复选框确定是否启用"指针输入"。"指针输入"是在工具栏提示中显示光标位置的坐标值(图 5-1),也可在此输入坐标。用下面的"设置(S)..."按钮设置输入点坐标的格式和何时显示坐标工具栏提示。输入点坐标的格式有"极轴格式(P)"、"笛卡儿格式(C)"、"相对坐标(R)"、"绝对坐标(A)","极轴格式(P)"和"相对坐标(R)"是默认格式。何时显示坐标工具栏提示有三个选项:"输入坐标数据时(S)"、"命令需要一个点时(W)"和"始终显示-即使未执行命令(Y)"。"命令需要一个点时(W)"选项是打开的。启用"指针输入"时输入点坐标,第一个点为绝对坐标,后续点均为相对坐标,不需加前缀@。如后续点为绝对坐标则需加前缀#。后续点也可用直接距离输入。

2)"可能时启用标注输入(D)"复选框 用该复选框确定是否启用"标注输入"。"标注输入"是在命令需要后续点或距离时,显示光标与前一点之间的距离和角度(图 5-3)。同样也可在此输入距离或相对坐标。利用下面的"设置(E)..."按钮来增减夹点拉伸时工具栏中显示的内容。

3)"在十字光标附近显示命令提示和命令输入(C)"复选框 用该复选框确定是否显示"动态提示"(图 5-4)。默认情况下是在工具栏中显示命令提示和命令输入。有"动态提示"时,用下箭头键可显示某命令执行时的选择项,上箭头键可查看最近的输入。

图 5-3 标注输入　　　　　　　　　　　　　　图 5-4 动态提示

4)"设计工具栏提示外观(A)..."按钮 用该按钮可设置工具栏提示的外观。

5.2　正交

图 5-5　正交模式下画直线

所谓正交模式，就是用光标定点来画水平线（与当前 X 轴平行或 Y 轴垂直）或垂直线（与当前 X 轴垂直或 Y 轴平行），而不能画倾斜直线。例如在画直线时，先给出了第一点，再移动光标，第一点到光标之间显示一条平行于某一光标线的橡皮筋线，指示出正交线的长度和走向。第一点到光标线的距离是 X 和 Y，两者较大的一个决定正交线的长度和走向，如图 5-5 所示。正交模式约束光标在水平（与当前 X 轴平行或 Y 轴垂直）或垂直（与当前 X 轴垂直或 Y 轴平行）方向上的移动，不影响键盘输入坐标。

ORTHO（正交）命令用于打开或关闭正交模式。该模式也可用【F8】键或单击状态栏中"正交"按钮来切换。默认状态是关闭。按住【Shift】键可临时关闭或打开正交模式。从键盘输入 ORTHO 命令时，操作如下。

命令：<u>ORTHO</u>↙
输入模式[开（ON）/关（OFF）]<关>：<u>ON</u>↙

5.3　捕 捉

捕捉用于控制绘图区域内十字光标移动的 X、Y 间距。该工具关闭时，这个 X、Y 间距是一个很小的无理数。可以将 X、Y 间距设置为一个整数，帮助用户准确作图。捕捉方式只控制光标按指定的间距移动，与键盘输入坐标点无关。捕捉类型包括矩形栅格捕捉、等轴测栅格捕捉。等轴测栅格捕捉用于绘制正等轴测图，除此以外的操作都使用矩形栅格捕捉。设置捕捉间距和捕捉类型，可以用 SNAP（捕捉）命令在命令行进行，也可以在"草图设置"对话框的"捕捉和栅格"选项卡（图 5-6）中进行。下面仅说明在对话框中如何操作。

1.命令输入方式

键盘输入：DSETTINGS 或 SE 或 DS

菜单："工具（T）" → "草图设置（F）..."

快捷菜单：光标指向状态栏的"捕捉"按钮，单击右键，选择"设置（S）..."

2.对话框说明

这里只说明"捕捉和栅格"选项卡中左边的各选项。

（1）"启用捕捉（F9）（S）"复选框

该复选框控制捕捉功能是打开还是关闭。默认状态是关闭。也可用【F9】键控制，或者单击状态栏中"捕捉"按钮。

（2）"捕捉间距"区

"捕捉间距"区用于设置 X、Y 方向的捕捉间距。

1）"捕捉 X 轴间距（P）"文本框　该文本框用来修改 X 方向的捕捉间距。

2)"捕捉 Y 轴间距(C)"文本框　该文本框用来修改 Y 方向的捕捉间距。

3)"X 和 Y 间距相等(X)"复选框　选中该复选框时,使 Y 间距与 X 间距相等,复选框关闭时 X、Y 间距可以不等。

图 5-6　"草图设置"对话框的"捕捉和栅格"选项卡

(3)"捕捉类型"区

捕捉类型分为栅格捕捉和极轴捕捉。当捕捉类型为栅格捕捉时,又分为矩形捕捉样式和等轴测捕捉样式。

1)"栅格捕捉(R)"按钮　用该按钮设置栅格捕捉类型。当捕捉和栅格功能都打开时,如选择"矩形捕捉(E)"按钮,则把捕捉样式设为标准矩形捕捉模式,即光标在矩形栅格上移动;如选择"等轴测捕捉(M)"按钮,则打开等轴测方式,同时把捕捉样式设为等轴测捕捉模式,即光标在等轴测栅格上移动。

2)"极轴捕捉(O)"按钮　用该按钮设置极轴捕捉类型。关于极轴捕捉将在 5.6 节中介绍。

(4)"极轴间距"区

"极轴间距"区使用"极轴距离(D)"文本框设置捕捉增量距离。只有当"捕捉类型"区中的"极轴捕捉(O)"按钮打开时,该项才可操作。如果极轴距离为 0,则以"捕捉 X 轴间距(P)"的值作为该值。"极轴距离(D)"设置应与极轴追踪、对象捕捉追踪结合使用。如果两个追踪功能都未启用,则"极轴距离(D)"设置无效。

5.4　栅格

栅格是以栅格点或栅格线显示在图形界限以内的参考目标(图 5-7),就像坐标纸上的方格那样。栅格可以帮助用户测量对象的大小、对象间的距离、对象是否对齐。栅格点、栅格线不是对象,打印图形时不会画在图纸上。仅在当前视觉样式设置为"二维线框"时栅格才显示为点,否则栅格将显示为线。在三维空间中工作时,所有视觉样式都显示为栅格线。栅格间距由用户设置。设置栅格间距和捕捉类型，可以用 GRID（栅格）命令在命令行进行，也可以在"草图设置"对话框的"捕捉和栅格"选项卡（图 5-6）中进行。下面仅说明在对话框中如何操作。

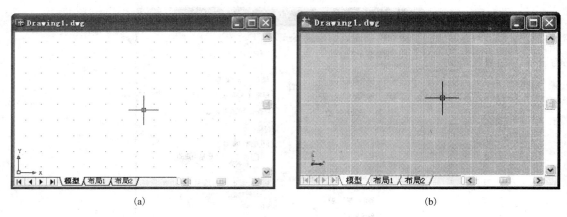

（a）　　　　　　　　　　　　　　　　　　（b）

图 5-7　显示栅格的绘图区域

(a)栅格点；(b)栅格线

1.命令输入方式

键盘输入：DSETTINGS 或 SE 或 DS

菜单："工具(T)"→"草图设置(F)…"

快捷菜单：光标指向状态栏的"栅格"按钮，单击右键，选择"设置(S)…"

2.对话框说明

这里说明"捕捉和栅格"选项卡中右边的各选项。

(1)"启用栅格（F7）(G)"复选框

"启用栅格（F7）(G)"复选框控制栅格功能是打开还是关闭，也可用【F7】键控制，或者单击状态栏中"栅格"按钮。

(2)"栅格间距"区

"栅栏间距"区用于设置 X、Y 方向的栅格间距和用次栅格线等分主栅格线间距的份数。

1)"栅格 X 轴间距(N)"文本框　该文本框设置栅格的 X 方向间距。如果该值为 0，则栅格采用"捕捉 X 轴间距(P)"的值。

2)"栅格 Y 轴间距(I)"文本框　该文本框设置栅格的 Y 方向间距。如果该值为 0，则栅格采用"捕捉 Y 轴间距(C)"的值。

3)"每条主线的栅格数(J)"文本框　该文本框设置用次栅格线等分两条主栅格线间距的份数。如图 5-7（b）所示，主栅格线较粗，次栅格线较细。

(3)"栅格行为"区

在"栅格行为"区设置栅格线的外观。

1)"自适应栅格(A)"复选框　栅格随着绘图窗口内显示范围放大缩小而变疏变密。"自适应栅格(A)"复选框控制栅格间距的减少或增加，从而使栅格不至于过疏或过密。当"自适应栅格(A)"复选框关闭，当前视觉样式为"二维线框"时，栅格点密得不能显示，AutoCAD提示："栅格太密，无法显示"。如果"自适应栅格(A)"复选框打开，则"允许以小于栅格间距的间距再拆分(B)"复选框可用。选中该复选框,当栅格显示的距离很大时,将添加较小间距的栅格。

2)"显示超出界限的栅格(L)"复选框　栅格一般覆盖由图形界限所限定的范围。当选中该复选框时栅格会覆盖绘图窗口。

3)"跟随动态 UCS(U)"复选框　当动态 UCS 功能和该复选框都打开时,栅格所在平面将跟随动态 UCS 的 *XY* 平面。

5.5　对象捕捉

对象捕捉是指捕捉可见对象上的某些特殊点,如直线或圆弧的端点、中点,圆或圆弧的圆心或者它们的交点等。由于受图形大小、屏幕分辨率和十字光标移动最小步长的影响,用光标拾取这样的点难免会有些误差。若用键盘输入坐标值,有时又不知道确切的数据且输入麻烦。用对象捕捉功能则可迅速、准确、方便地找到这些特殊点。

当十字光标靠近对象的某个特殊点时,即显示这个点的黄色标记,稍停还会显示这个点的名称,称捕捉提示。如图 5-8 所示,当十字光标靠近圆周或圆心时,在圆心位置处显示黄色的小圆,并有"圆心"提示显示,表示 AutoCAD 已找到一个圆心。需要单击左键,该点才被输入。

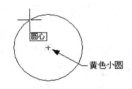

图 5-8　对象捕捉

用户需要事先确定寻找哪些特殊点。寻找这些特殊点的方式称对象捕捉方式。用户可以同时选择多种对象捕捉方式,AutoCAD只选取离十字光标最近的一点。

5.5.1　对象捕捉方式

AutoCAD 提供以下对象捕捉方式。

1) 端点(ENDpoint)　标记是 □。它用于捕捉对象上距十字光标最近的端点。对象指直线、圆弧、多段线、椭圆弧、样条曲线、多线、射线或面域等。

2) 中点(MIDpoint)　标记是 △。它用于捕捉直线、圆弧、多段线、椭圆弧、样条曲线、多线、构造线或面域的中点。构造线的中点是其通过的第一点。

3) 圆心(CENter)　标记是 ○。它用于捕捉圆或圆弧的圆心,椭圆、椭圆弧的中心。

4) 节点(NODe)　标记是 ⊗。它用于捕捉节点,如点对象、尺寸的定义点、尺寸文字的起点、目标上的等分点对象等。

5) 象限点(QUAdrant)　标记是 ◇。它用于捕捉距十字光标最近的象限点。它们是圆、圆弧、椭圆或椭圆弧上 0°、90°、180°、270° 处的点。

6) 交点(INTersection)　标记是 ×。它用于捕捉两个对象的交点或延长后的交点。一般将十字光标放在交点附近即可捕捉到交点,也可分别点取相交或延长后相交的两个对象。

7) 延伸(EXTension)　标记是 ┄。它用于捕捉一直线或圆弧的延长线上的点。操作时将十字光标放在要延长对象的一端,该端点处会出现一个小十字,再沿着要延长的方向移动光标,便显示一条无限长的点线,在适当位置拾取一点即可。

8）插入点（INSertion）　标记是 ⬐ 。它用于捕捉一个对象的插入点。对象指图块、属性、形或文本等。

9）垂足（PERpendicular）　标记是 ⊾ 。它用于捕捉垂足，即在一直线、圆或圆弧上寻找一点，使该点与前一点的连线同该对象垂直。

10）切点（TANgent）　标记是 ○ 。它用于捕捉切点，即捕捉与圆、圆弧、椭圆、椭圆弧或样条曲线相切的点。

11）最近点（NEArest）　标记是 ⊠ 。它用于捕捉对象上距离十字光标最近的点。

12）外观交点（APParent）　标记是 ⊠ 。在三维空间中，捕捉两个对象在某一视点时的交点。在二维空间中与"交点"方式相同。

13）平行（PARallel）　标记是 ∥ 。它用于捕捉与某个对象平行的直线上一点。单点捕捉时先指定要画直线的起点，再选择平行捕捉方式，然后移动光标到想与之平行的对象上，将显示平行线符号，同时该对象上会出现一个小十字，表明 AutoCAD 已找到目标。随后再移动光标到接近于选定对象平行的位置附近时，便显示一条无限长的点线，在适当位置拾取一点，即画出一直线。平行捕捉方式可以与交点或外观交点捕捉方式一起使用，以便找出平行线与其他对象的交点。

14）无（NONe）　关闭所有对象捕捉方式。

此外，在"对象捕捉"工具栏中，还有"临时追踪点"和"捕捉自"两个按钮，快捷菜单上还有"两点之间的中点（T）"选项。它们的含义如下。

1）临时追踪点（TRAcking）　指定一个临时追踪点，该点上将出现一个小的红色加号（+）。移动光标，将相对这个临时点显示自动追踪对齐路径。要将这点删除时，可将光标移回加号（+）上面。临时追踪的提示为"指定临时对象追踪点："。

2）捕捉自（FROm）　捕捉一点，使该点与基点间的距离为一指定长度。基点也称临时参考点。指定长度为偏移距离，它也可用相对坐标确定。此种方式的提示如下。

　　　基点：　指定基点，一般用对象捕捉指定。

　　　<偏移>：　偏离基点的相对坐标或距离。

3）两点之间的中点（T）　捕捉两指定点之间的中点。

5.5.2　对象捕捉设置

对象捕捉设置使用 OSNAP（对象捕捉设置）或 DSETTINGS（草图设置）命令，在弹出的"草图设置"对话框的"对象捕捉"选项卡（图 5-9）中设置各选项。自动对象捕捉的默认状态是打开的，其中有"端点"、"圆心"、"交点"和"延伸"四项对象捕捉方式是选中的，所以绘图时就有自动捕捉标记显示。下面介绍 OSNAP（对象捕捉设置）命令。

1.命令输入方式

键盘输入：OSNAP 或 OS

工具栏："对象捕捉"工具栏→▨

菜单："工具（T）" → "草图设置（F）..."

快捷菜单：光标指向状态栏的"对象捕捉"按钮，单击右键，选择"设置（S）..."

2.对话框说明

这里只说明"对象捕捉"选项卡和"草图"选项卡的各选项。

（1）"对象捕捉"选项卡

使用"对象捕捉"选项卡设置对象捕捉方式。

1）"启用对象捕捉(F3)(O)"复选框　该复选框设置打开或关闭对象捕捉功能。【F3】键具有相同作用，也可单击状态栏中的"对象捕捉"按钮。

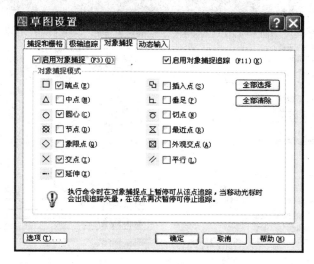

图 5-9　"草图设置"对话框的"对象捕捉"选项卡

2）"启用对象捕捉追踪(F11)(K)"复选框　该复选框设置打开或关闭对象捕捉追踪功能。如果对象捕捉追踪打开，在命令中指定点时，光标可以沿基于其他对象捕捉点的对齐路径进行追踪。要使用对象捕捉追踪，必须打开一个或多个对象捕捉。

3）"对象捕捉模式"区　该区设置对象捕捉方式。其中列出了 13 种对象捕捉方式的名称、复选框和标记。欲选某一种或几种对象捕捉方式，单击其复选框或名称即可。

4）"全部选择"按钮　该按钮用于打开所有对象捕捉方式。

5）"全部清除"按钮　该按钮用于关闭所有对象捕捉方式。

6）"选项(T)..."按钮　该按钮用于设置自动捕捉和自动追踪的特征。单击该按钮将显示图 5-10 所示的"选项"对话框的"草图"选项卡。

（2）"草图"选项卡

"草图"选项卡(图 5-10)设置自动捕捉的特殊点标记、提示、靶框等是否显示以及标记、靶框的大小等。有关其他功能的设置选项这里不作说明。

1）"标记(M)"复选框　该复选框用于关闭或打开特殊点标记。

2）"磁吸(G)"复选框　该复选框用于关闭或打开磁铁功能。这种功能能使十字光标自动移动并被锁定在最近的特殊点上。

3）"显示自动捕捉工具栏提示(T)"复选框　该复选框用于确定是否显示特殊点名称提示。

4）"显示自动捕捉靶框(D)"复选框　该复选框用于确定是否显示靶框。

5）"颜色(C)..."按钮　该按钮用于在"图形窗口颜色"对话框中设置特殊点标记的颜色。

6）"自动捕捉标记大小(S)"选项　该选项利用滑动块调整特殊点标记的大小。

7）"靶框大小(Z)"选项　该选项利用滑动块调整靶框大小。靶框是一个加在十字光标上的正方形框。只有当目标穿过靶框时才能捕捉到需要的点。应根据显示图形的疏密程度来调整靶框大小。一般不必改变靶框大小。默认状态下，十字光标上不显示正方形靶框。若要显示靶框，则可使用"显示自动捕捉靶框(D)"选项打开它。

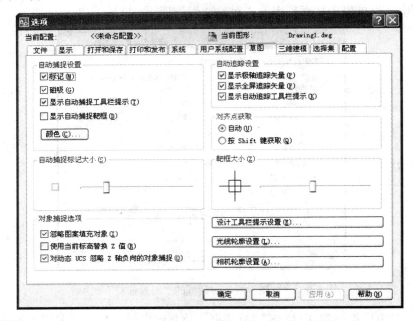

图 5-10　"选项"对话框的"草图"选项卡

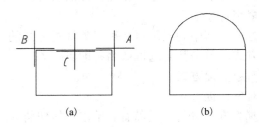

图 5-11　用对象捕捉方式作图
(a)原图；(b)结果

3.命令使用举例

例　以矩形的一边为直径,在矩形上面作半圆(图 5-11)。光标在 A、B 处捕捉端点作圆弧的始、终点，在 C 处捕捉中点为圆心。

首先执行 OSNAP(对象捕捉设置)命令，在"草图设置"对话框的"对象捕捉"选项卡中打开"中点(M)"，打开"启用对象捕捉(F3)(O)"，单击"确定"按钮，然后执行 ARC(圆弧)命令。

命令：<u>ARC</u>↙
指定圆弧的起点或[圆心(C)]：<u>(点取 A)</u>
指定圆弧的第二点或[圆心(C)/端点(E)]：<u>E</u>↙
指定圆弧的端点：<u>(点取 B)</u>
指定圆弧的圆心或[角度(A)/方向(D)/半径(R)]：<u>(点取 C)</u>

5.5.3　单点捕捉

单点捕捉可以在 AutoCAD 提示要求输入点时，直接输入一个或几个对象捕捉方式，就能实现对目标的捕捉，而不管对象捕捉的当前状态是打开还是关闭。如果对象捕捉功能打开，则屏蔽这些对象捕捉方式而实现临时输入的对象捕捉方式。这种捕捉也可称为临时捕捉或执行对象捕捉。

例如，上例中的作图，若使用单点捕捉方式，操作过程如下。

命令：ARC⦽
指定圆弧的起点或[圆心(C)]：(捕捉 A)
指定圆弧的第二点或[圆心(C)/端点(E)]：E⦽
指定圆弧的端点：(捕捉 B)
指定圆弧的圆心或[角度(A)/方向(D)/半径(R)]：MID⦽于(点取 C)

又例如，过一圆心向已知直线作垂线，再由垂足作圆的
切线(图 5-12)。操作过程如下。

命令：LINE⦽
指定第一个点：CEN⦽于(点取 A)
指定下一点或[放弃(U)]：PER⦽到(点取 B)
指定下一点或[放弃(U)]：TAN⦽到(点取 C)
指定下一点或[闭合(C)/放弃(U)]：⦽

从例中可以看出，执行一个对象捕捉方式时，AutoCAD
用"于"或"到"作提示符，提示用户用十字光标去捕捉点，

图 5-12　用对象捕捉方式作图

找到符合要求的点后自动退出对象捕捉状态。如果没有捕捉到所希望的点，也退出对象捕捉
状态，此次对象捕捉操作无效。

在对象捕捉状态打开时，仍可以使用单点捕捉。这时新输入的对象捕捉方式将取代已打
开的对象捕捉方式。单点捕捉结束后，仍恢复原设置的捕捉方式。

5.5.4　操作方法

1.单点捕捉

为实现单点捕捉可以使用下述方法之一。

①从键盘输入对象捕捉方式的前三个字母，如前例所示。

②使用"对象捕捉"工具栏中的按钮(图 5-13)。

图 5-13　"对象捕捉"工具栏

③使用【Ctrl】键或【Shift】键加右键，弹出图 5-14 所示
的对象捕捉快捷菜单，选择其中一项对象捕捉方式后菜单自动
关闭。

2.连续捕捉

如经常使用对象捕捉方式，可用 OSNAP(对象捕捉设置)
或 DSETTINGS(草图设置)命令打开所需要的对象捕捉方式。
凡是 AutoCAD 提示要求输入点时，都会自动进行捕捉。如不
需要捕捉，按【F3】键或单击状态栏中的"对象捕捉"按钮，
可暂时关闭对象捕捉，再单击又可打开。若想完全关闭对象捕
捉功能，则用 OSNAP(对象捕捉设置)或 DSETTINGS(草图设
置)命令关闭所有对象捕捉方式。

图 5-14　对象捕捉快捷菜单

5.6　自动追踪

　　自动追踪(AutoTrack)可以帮助用户按指定的角度或者与其他对象的特定关系来确定点的位置。当自动追踪打开时，AutoCAD 将显示一条临时的对齐路线(点线)来帮助用户确定要创建对象的精确位置。自动追踪包含两种追踪方式：极轴追踪和对象捕捉追踪。极轴追踪是按指定的角度增量来追踪点，而对象捕捉追踪则是按与已知对象的特定关系(如与某一点的 X 或 Y 坐标相同)来确定要创建对象的精确位置。如果知道要创建对象的倾斜角度就用极轴追踪；如果不知道要追踪的方向，但知道与已知对象的某种关系，就用对象捕捉追踪。

　　可以通过状态栏上的"极轴"或"对象追踪"按钮打开或关闭自动追踪。对象捕捉追踪应与对象捕捉配合使用。

1.极轴追踪

图 5-15　极轴追踪方式

　　所谓极轴，就是由起点经过极轴角构成的射线，也称临时对齐路径。起点是执行某个命令时确定的点。当光标移动到极轴角附近便显示用点线表示的极轴(图 5-15)，同时显示工具栏提示。光标移到一个适当位置按左键便确定一点。光标离开极轴移到另一极轴角附近便又显示一极轴。角度大小由增量角决定。极轴角按增量角大小递增。默认的增量角是 90°。它可以产生过 0°、90°、180° 和 270° 角的极轴。增量角的设置是在"草图设置"对话框的"极轴追踪"选项卡(图 5-16)中进行。特殊角度不需要在对话框里设置，可临时从键盘输入，只要在角度数值前加"<"即可。

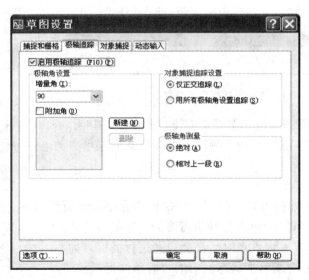

图 5-16　"草图设置"对话框的"极轴追踪"选项卡

　　打开"草图设置"对话框的方法与前一节设置对象捕捉方式相同，然后选择"极轴追踪"

选项卡。现在说明选项卡中的各选项。

　　(1)"启用极轴追踪 (F10)(P)"复选框

　　使用复选框关闭或打开极轴追踪方式。【F10】键或状态栏中"极轴追踪"按钮起同样作用。

　　(2)"极轴角设置"区

　　在该区设置极轴追踪使用的角度增量。在"增量角(I)"控件中,可以选择常用的角度或输入任何角度。极轴角按此角度递增。"附加角(D)"复选框打开时,可以在下面列表框中选用、输入或删除附加极轴角。用右侧的"新建(N)"按钮输入新的极轴角,用"删除"按钮删除指定角度。附加角是极轴角的非递增角度。

　　(3)"对象捕捉追踪设置"区

　　在该区设置对象捕捉追踪的路径。选中"仅正交追踪(L)"按钮时,对象捕捉仅沿着经过临时获取点的水平(与当前 X 轴平行或 Y 轴垂直)或垂直(与当前 X 轴垂直或 Y 轴平行)路径追踪。选中"用所有极轴角设置追踪(S)"按钮时,对象捕捉沿着既经过临时获取点又与极轴方向一致的路径追踪。

　　(4)"极轴角测量"区

　　在此区设置测量极轴追踪角度的方式。选择"绝对(A)"选项,将以当前 UCS 的 X 轴为基准确定极轴追踪角度,以这种方式计算的角度称绝对极轴角。选择"相对上一段(R)"选项,将以最后创建的一条直线(或最后创建的两个点之间的连线)为基准确定极轴追踪角度,以这种方式计算的角度称相对极轴角。如果直线以捕捉另一条直线的端点、中点或最近点为起点,那么极轴角将相对这条直线进行计算。

　　2.对象捕捉追踪

　　使用对象捕捉追踪时,当光标经过对象便获得符合捕捉方式的一些点(不要单击它,只需暂时停顿),在这些点处显示一个小加号(+)(图 5-17)。这些点称临时获取点。临时获取点最多有 7 个。如果不想要临时获取点,按住【Shift】键移动光标即可。要清除已获取的点,只要将光标移回到点的获取标记处即可。继续移动光标到某一位置,过某一临时获取点便显示一条临时对齐路径,沿着对齐路径移动光标可确定一点。临时对齐路径也用点线表示,并且无限长。它的角度在默认情况下为水平或垂直,也可以设置为使用极轴角。

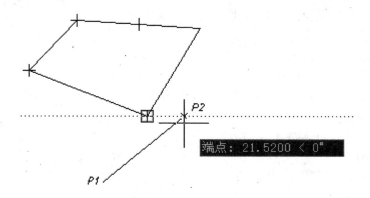

图 5-17　用对象捕捉追踪作图

如图 5-17 所示，过任一点 $P1$ 作直线 $P1P2$，使 $P2$ 点的 X 坐标或 Y 坐标与四边形一个角点的 X 坐标或 Y 坐标相同。使用对象捕捉追踪的步骤如下。

①单击状态栏上的"对象追踪"按钮或【F11】键，打开对象捕捉追踪功能。

②右击状态栏上的"对象捕捉"按钮，打开需要的对象捕捉方式，例如打开"端点(E)"。

③执行 LINE(直线)命令。

④用任一种方法指定第一点，例如用光标指定点 $P1$。

⑤将光标移动到一个对象上得到临时获取点。

⑥移动光标时，将显示出通过获取点、用点线表示的临时对齐路径。沿对齐路径移动光标会显示对象捕捉追踪提示。该提示给出了距获取点的距离和对齐路径的倾角。当光标移到适当位置时，按左键或输入距离确定第二点，例如确定 $P2$ 点。

⑦结束 LINE(直线)命令。

5.7　查询命令

AutoCAD 提供了一组查询命令，便于用户了解对象的数据和某些信息。这些命令有：AREA(面积)、DBLIST(图形数据列表)、DIST(距离)、ID(定位点)、LIST(列表)和 TIME(时间)等。这里只介绍初学者常用的 LIST(列表)、ID(定位点)、DIST(距离)和 AREA(面积)命令。

5.7.1　LIST(列表)命令

LIST(列表)命令用于查阅指定对象在图形数据库中的数据。在文本窗口列出的信息除对象名、所在图层、颜色(若是 ByLayer(随层)则不显示)、线型(若是 ByLayer(随层)则不显示)等以外，其余信息取决于对象的类型。下面列出某些对象的数据。

直线：两端点坐标、线段长度、起点到终点的角度以及各坐标增量。

圆：圆心坐标、半径、周长和面积。

圆弧：圆心坐标、半径、起始角度和终止角度。

多段线：对二维多段线，列出每个顶点的坐标和切线方向；对封闭的多段线，列出其面积和周长；对打开的多段线，列出全长和封闭后的面积。

1.命令输入方式

键盘输入：LIST 或 LI 或 LS

工具栏："查询"工具栏→

菜单："工具(T)"→"查询(Q)"→"列表显示(L)"

2.命令使用举例

例　查阅某些对象的数据。

　　命令：<u>LIST↙</u>

　　选择对象：<u>(选要查阅的目标)</u>

　　选择对象：<u>↙</u>

在文本窗口中列出所选目标的信息。下面列出的是直线和圆的信息。

　　　　LINE　　　图层：0

空间：模型空间

　　　　句柄＝20

自点，X＝47.1929　Y＝249.1088　Z＝0.0000

　　到点，X＝186.1706　Y＝119.9137　Z＝0.0000

长度＝189.7528，在 XY 平面中的角度＝317

　　　增量 X＝138.9777，增量 Y＝−129.1950，增量 Z＝0.0000

　CIRCLE　　图层：0

　　　　　　　空间：模型空间

　　　　句柄＝21

圆心点，X＝283.5293　Y＝154.0687　Z＝0.0000

半径 75.2037

周长 472.5185

面积 17767.5574

5.7.2　ID(定位点)命令

ID(定位点)命令用于显示指定点的坐标值。

1.命令输入方式

键盘输入：ID

工具栏："查询"工具栏→🔍

菜单："工具(T)"→"查询(Q)"→"点坐标(I)"

2.命令使用举例

例　显示指定点的坐标值。

　　　命令：ID↙

　　　指定点：(指定一点)

　　　X＝<X 坐标>　Y＝<Y 坐标>　Z＝<Z 坐标>

5.7.3　DIST(距离)命令

DIST(距离)命令用于测量并显示两个指定点间的距离和角度。

1.命令输入方式

键盘输入：DIST 或 DI

工具栏："查询"工具栏→▦

菜单："工具(T)"→"查询(Q)"→"距离(D)"

2.命令使用举例

例　显示两个指定点间的距离和角度。

　　　命令：DIST↙

　　　指定第一点：(指定第一点)

　　　指定第二点：(指定第二点)

　　　距离＝<距离>，　XY 平面中倾角＝<在 XY 平面上相对于 X 轴的角度>，与 XY 平面的夹角＝<对 XY 平面的倾角>

　　　X 增量＝<X 增量>，　Y 增量＝<Y 增量>，　Z 增量＝<Z 增量>

5.7.4 AREA(面积)命令

AREA(面积)命令用于计算并显示指定对象或区域的面积和周长，还能对多个对象或区域的面积作求和或求差运算。如果多边形是不闭合的，AutoCAD 在计算该面积时，假设从最后一点到第一点绘制了一条直线；而在计算周长时，则加上这条闭合线的长度。对于打开的多段线，AutoCAD 在计算面积时假设从最后一点到第一点绘制了一条直线；然而在计算周长时，则忽略此直线。

1.命令输入方式

键盘输入：AREA 或 AA

工具栏："查询"工具栏→

菜单："工具(T)"→"查询(Q)"→"面积(A)"

2.命令使用举例

例 计算图 5-18 中阴影部分的总面积。

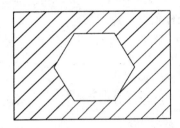

图 5-18 计算面积

命令：<u>AREA</u>⤶
指定第一个角点或[对象(O)/加(A)/减(S)]：<u>A</u>⤶
指定第一个角点或[对象(O)/减(S)]：<u>(点取矩形的第一个角点)</u>
指定下一个角点或按【ENTER】键全选("加"模式)：<u>(点取矩形的第二个角点)</u>
指定下一个角点或按【ENTER】键全选("加"模式)：<u>(点取矩形的第三个角点)</u>
指定下一个角点或按【ENTER】键全选("加"模式)：<u>(点取矩形的第四个角点)</u>
指定下一个角点或按【ENTER】键全选("加"模式)：⤶
面积=1260.0000，周长=144.0000
总面积=1260.0000
指定第一个角点或[对象(O)/减(S)]：<u>O</u>⤶
("加"模式)选择对象：<u>(点取圆)</u>
面积=355.1256，周长=66.8030
总面积=1615.1256
("加"模式)选择对象：⤶
指定第一个角点或[对象(O)/减(S)]：<u>S</u>⤶
指定第一个角点或[对象(O)/加(A)]：<u>O</u>⤶
("减"模式)选择对象：<u>(点取正六边形)</u>
面积=303.0396，周长=64.8000
总面积=1312.0860
("减"模式)选择对象：⤶
指定第一个角点或[对象(O)/加(A)]：⤶

练 习 题

5.1　试用对象捕捉方法和 LINE 命令连接图 5-19 中的圆、圆弧和点。路线是：圆的圆心→圆弧的圆心→任一点→圆上切点→圆弧上端点→圆上 90° 象限点→前一线段中点→任一交点→垂足→任一点。

5.2　试用对象捕捉方法作图 5-20 所示图形。

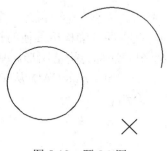

图 5-19　题 5.1 图

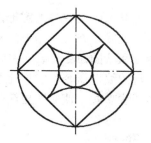

图 5-20　题 5.2 图

第 6 章 构造图形方法

　　绘制一幅准确而又完整的图形，一般不是按图形的形状、大小一笔一画地绘制，常常是先作出一些辅助线，修改成图形的基本轮廓，然后再利用已有的轮廓构造其他的轮廓，穿插使用编辑命令和绘图命令，最终完成全图的绘制。这种绘图方法称为构造图形。AutoCAD 提供了非常丰富的编辑命令，它们比基本绘图命令更灵活、更方便。AutoCAD 从 R13 版开始还增加了辅助线功能，使作图更简便。本章将对它们逐一介绍。

6.1　辅助线

　　与手工作图类似，AutoCAD 也能画辅助线。这种辅助线无限长，没有端点或有一个端点。两端无端点的辅助线称为构造线或参照线。只有一个端点的辅助线称为射线。辅助线经过修改后可成为直线。

6.1.1　XLINE(构造线)命令

　　XLINE(构造线)命令绘制构造图形用的辅助线。这种构造线可以向两个方向无限延伸，所以也称为无限长直线。XLINE(构造线)命令通过一点画水平的、垂直的或倾斜某一角度的构造线，或者通过两点画一条构造线，还可以画一角的平分线或画一与指定直线平行的构造线。

　　1.命令输入方式

　　键盘输入：XLINE 或 XL

　　工具栏："绘图"工具栏→ ⬚

　　菜单："绘图(D)" → "构造线(T)"

　　2.命令使用举例

　　例 1　画一系列水平(或垂直)的构造线。

　　　　命令：<u>XLINE</u>↙

　　　　指定点或[水平(H)/垂直(V)/角度(A)/二等分(B)/偏移(O)]：<u>H(或 V)</u>↙

　　　　指定通过点：<u>(输入一点)</u>

　　　　指定通过点：<u>(输入另一点)</u> …

　　　　　　⋮

　　　　指定通过点：↙

　　例 2　画一指定倾斜角度的构造线。

　　　　命令：<u>XLINE</u>↙

指定点或[水平(H)/垂直(V)/角度(A)/二等分(B)/偏移(O)]：A↙
输入构造线角度(O)或[参照(R)]：(输入角度)
指定通过点：(输入一点)
指定通过点：↙

例 3　画两条相交直线的角平分线。
命令：XLINE↙
指定点或[水平(H)/垂直(V)/角度(A)/二等分(B)/偏移(O)]：B↙
指定角的顶点：(指定交点)
指定角的起点：(指定第一条线)
指定角的端点：(指定第二条线)

例 4　画一条与指定直线平行的构造线。
命令：XLINE↙
指定点或[水平(H)/垂直(V)/角度(A)/二等分(B)/偏移(O)]：O↙
指定偏移距离或[通过(T)]<通过>：T↙
选择直线对象：(指定直线)
指定通过点：(输入一点)
选择直线对象：↙

例 5　通过两点画一条构造线。
命令：XLINE↙
指定点或[水平(H)/垂直(V)/角度(A)/二等分(B)/偏移(O)]：(输入第一点)
指定通过点：(输入第二点)
指定通过点：↙

6.1.2　RAY(射线)命令

RAY(射线)命令绘制有一个端点的辅助线，另一端无限延伸。这种线称为射线。该命令可画多条相交于起点的射线。

1.命令输入方式
键盘输入：RAY
菜单："绘图(D)"→"射线(R)"

2.命令使用举例
例　过点(30，20)和点(100，60)画射线。
命令：RAY↙
指定起点：30,20↙
指定通过点：100,60↙
指定通过点：↙

6.2　修改对象长度

修改对象长度的命令有 TRIM(修剪)、BREAK(打断)、JOIN(合并)、EXTEND(延伸)和 LENGTHEN(拉长)。TRIM(修剪)命令已在前面 3.2.8 节介绍过。

6.2.1　BREAK(打断)命令

BREAK(打断)命令擦除直线、圆弧、圆、多段线、椭圆、样条曲线、圆环等对象上两个指定点间的部分，或者将它们从某一点处打断为两个对象(图 6-1)。图 6-1 中虚线表示被擦除的部分。擦除对象的一部分时，输入的第二点可以不在对象上，从第二点与所选目标垂直相交处切断。对于圆将按逆时针方向擦除 $P1$、$P2$ 点之间的弧(图 6-1(d))。注意圆不能从某一点处打断。

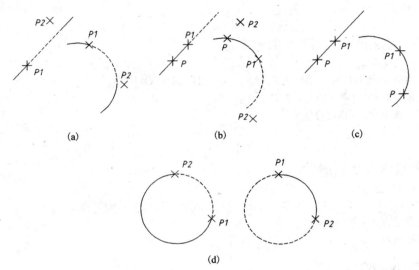

图 6-1　BREAK 命令的应用

(a)擦除中间部分；(b)擦除一端；(c)打断；(d)擦除圆上的一段弧

1.命令输入方式

键盘输入：**BREAK 或 BR**

工具栏："修改"工具栏→

菜单："修改(M)"→"打断(K)"

2.命令使用举例

例 1　以对象选择点为第一点，擦除 $P1$、$P2$ 点间的部分，如图 6-1(a)所示。

　　命令：<u>BREAK↙</u>

　　选择对象：<u>(P1 点)</u>

　　指定第二个打断点或[第一点(F)]：<u>(P2 点)</u>

例 2　先选对象，再输入 $P1$、$P2$ 点，擦除 $P1$、$P2$ 点之间的部分，如图 6-1(b)所示。

　　命令：<u>BREAK↙</u>

　　选择对象：<u>(P 点)</u>

　　指定第二个打断点或[第一点(F)]：<u>F↙</u>

　　指定第一个打断点：<u>(P1 点)</u>

　　指定第二个打断点：<u>(P2 点)</u>

例 3　从某一点处打断对象，如图 6-1(c)所示。

　　命令：<u>BREAK↙</u>

　　选择对象：<u>(P 点)</u>

指定第二个打断点或[第一点(F)]：F✓
指定第一个打断点：<u>(P1 点)</u>
指定第二个打断点：<u>@</u>✓

6.2.2 JOIN(合并)命令

JOIN(合并)命令将几段同一种对象合并为一个完整对象。能够使用 JOIN(合并)命令的对象是直线、圆弧、椭圆弧、多段线、样条曲线或螺旋线。首先选中的对象称源对象。可以将位于同一条直线上的几段直线合并为一段直线，它们之间可以有间隙也可以没有间隙；可以将位于同一圆周上的几段圆弧按逆时针方向合并为圆弧或闭合为圆，它们之间可以有间隙也可以没有间隙。如只有一段圆弧则可闭合为圆。对于椭圆弧则和圆弧是一样的。要合并为多段线的对象可以是首尾相连的多段线、直线、圆弧，但首先应选择多段线。要合并的几段样条曲线、螺旋线必须首尾相连。

1.命令输入方式

键盘输入：JOIN 或 J

工具栏："修改"工具栏→ ▐▐

菜单："修改(M)"→"合并(J)"

2.命令使用举例

例1 图 6-1(a)中的直线经使用 BREAK(打断)命令后成了两段直线，现在再合并为一段直线。

命令：JOIN✓
选择源对象：<u>(点取一段直线)</u>
选择要合并到源的直线：<u>(点取另一段直线)</u>找到 1 个
选择要合并到源的直线：✓
已将 1 条直线合并到源

例2 图 6-1(a)中的圆弧经使用 BREAK(打断)命令后成了两段圆弧。现在再合并为一段圆弧。

命令：JOIN✓
选择源对象：<u>(点取下方圆弧)</u>
选择圆弧，以合并到源或进行[闭合(L)]：<u>(点取另一段圆弧)</u>找到 1 个
选择要合并到源的圆弧：✓
已将 1 个圆弧合并到源

例3 图 6-1(d)中的圆经使用 BREAK(打断)命令后成了圆弧。现在再恢复为圆。

命令：JOIN✓
选择源对象：<u>(点取圆弧)</u>
选择圆弧，以合并到源或进行[闭合(L)]：L✓
已将圆弧转换为圆。

6.2.3 EXTEND(延伸)命令

EXTEND(延伸)命令用于延伸指定的对象，使其到达图中所选定的边界。该命令要求先选择作为边界的对象，再指定要延伸的部分或者按住【Shift】键选择要修剪的对象。选择作为边界的对象时，可以选择一个或多个对象或按【Enter】键选择全部对象。边界有"延伸"

模式和"不延伸"模式。在"延伸"模式下，可将对象延伸到与边界或边界的延伸线相交为止；而在"不延伸"模式下只能将对象延伸到与边界相交为止。"不延伸"模式是默认模式。可以被延伸的对象有直线、圆弧、打开的多段线或样条曲线、椭圆弧等，但任何对象均可作为边界。EXTEND（延伸）命令也可以修剪掉多余的对象，选定的边界就是剪切边。

1.命令输入方式

键盘输入：EXTEND 或 EX

工具栏："修改"工具栏→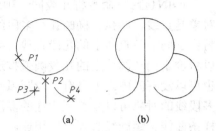

菜单："修改(M)"→"延伸(D)"

2.命令使用举例

例 1 延伸图 6-2(a)中的直线与圆弧，使其与圆相交(图 6-2(b))。

图 6-2 延伸对象
(a)原图；(b)结果

命令：<u>EXTEND</u>✓

当前设置：投影=UCS   边=无

选择边界的边…

选择对象或 <全部选择>：<u>(点取 P1 点)</u> 找到 1 个

选择对象：✓

选择要延伸的对象，或按住【Shift】键选择要修剪的对象，或[栏选(F)/窗交(C)/投影(P)/边(E)/放弃(U)]：<u>(点取 P2 点)</u>

选择要延伸的对象，或按住【Shift】键选择要修剪的对象，或[栏选(F)/窗交(C)/投影(P)/边(E)/放弃(U)]：<u>(点取 P3 点)</u>

选择要延伸的对象，或按住【Shift】键选择要修剪的对象，或[栏选(F)/窗交(C)/投影(P)/边(E)/放弃(U)]：<u>(点取 P4 点)</u>

选择要延伸的对象， 或按住【Shift】键选择要修剪的对象，或[栏选(F)/窗交(C)/投影(P)/边(E)/放弃(U)]：✓

例 2 当延伸后的对象与边界不相交时，应将边界设置为"延伸"模式，再延伸对象。操作如下。

命令：<u>EXTEND</u>✓

当前设置：投影=UCS   边=无

选择边界的边…

选择对象或 <全部选择>：<u>(指定边界)</u>

选择对象：✓

选择要延伸的对象，或按住【Shift】键选择要修剪的对象，或[栏选(F)/窗交(C)/投影(P)/边(E)/放弃(U)]：<u>E</u>✓

输入隐含边延伸模式[延伸(E)/不延伸(N)] <不延伸>：<u>E</u>✓

选择要延伸的对象，或按住【Shift】键选择要修剪的对象，或[栏选(F)/窗交(C)/投影(P)/边(E)/放弃(U)]：<u>(指点要延伸的对象)</u>

选择要延伸的对象， 按住【Shift】键选择要修剪的对象，或[栏选(F)/窗交(C)/投影(P)/边(E)/放弃(U)]：✓

3.说明

①选择作为延伸边界的对象时，可以不作选择对象操作，而按【Enter】键选择所有对象作为延伸边界。

②延伸对象总是从距离对象选择点最近的那个端点开始，延伸到最近的一条边界，如图

6-2 所示。延伸后的对象还可再延伸。

③如果要延伸的对象比较多，可以使用"栏选(F)"或"窗交(C)"选项指定要延伸的对象。

④如选中的要延伸的对象与边界不相交，当边界为不延伸模式时则显示提示："对象未与边相交"。

⑤边界也可被延伸。延伸后不再"醒目"显示，但仍是边界。

⑥"投影(P)"选项用于在三维空间中延伸图形时设置投影模式。其中"无(N)"选项不用投影方式，延伸后的对象与边界在空间相交时才能被延伸；"Ucs(U)"选项用于延伸后的对象与边界在当前 UCS 的 XY 平面内相交时可被延伸；"视图(V)"选项用于多视口操作时，延伸后的对象与边界在当前视口内相交就可被延伸。

6.2.4　LENGTHEN(拉长)命令

LENGTHEN(拉长)命令显示或改变非闭合对象长度。指定对象既可伸长，也可缩短。对于圆弧，还可改变它所在的圆心角大小。用户可以用指定增量、百分比、总长度或光标定点等方法改变长度或角度。拉长对象将从距目标拾取点近的那个端点开始。改变对象长短，一般先设定拉长量，再点取要拉长的对象。

1.命令输入方式

键盘输入：LENGTHEN 或 LEN

菜单："修改(M)"→"拉长(G)"

2.命令使用举例

例1　将一直线延长 5 个单位。

命令：LENGTHEN↙

选择对象或[增量(DE)/百分数(P)/全部(T)/动态(DY)]：DE↙

输入长度增量或[角度(A)]<0.0000>：5↙

选择要修改的对象或[放弃(U)]：(点取直线的一端)

选择要修改的对象或[放弃(U)]：↙

例2　改变圆弧长度，使圆心角减少 13°。

命令：LENGTHEN↙

选择对象或[增量(DE)/百分数(P)/全部(T)/动态(DY)]：DE↙

输入长度增量或[角度(A)]<5.000>：A↙

输入角度增量<0.0000>：-13↙

选择要修改的对象或[放弃(U)]：(点取圆弧的一端)

选择要修改的对象或[放弃(U)]：↙

例3　改变对象的总长度。

命令：LENGTHEN↙

选择对象或[增量(DE)/百分数(P)/全部(T)/动态(DY)]：(点取某一直线)

当前长度：40.0000

选择对象或[增量(DE)/百分数(P)/全部(T)/动态(DY)]：T↙

指定总长度或[角度(A)]<1.0000>：(输入总长，或选 A 后再输入总角度)

选择要修改的对象或[放弃(U)]：(点取对象的一端)

选择要修改的对象或[放弃(U)]：↙

例 4　用百分数改变对象的长度。

　　命令：<u>LENGTHEN</u>✓

　　选择对象或[增量(DE)/百分数(P)/全部(T)/动态(DY)]：<u>P</u>✓

　　输入长度百分数<100.0000>：<u>(输入百分数)</u>

　　选择要修改的对象或[放弃(U)]：<u>(点取对象的一端)</u>

　　选择要修改的对象或[放弃(U)]：✓

例 5　用光标定点改变对象的长度。

　　命令：<u>LENGTHEN</u>✓

　　选择对象或[增量(DE)/百分数(P)/全部(T)/动态(DY)]：<u>DY</u>✓

　　选择要修改的对象或[放弃(U)]：<u>(选择一个要修改的对象)</u>

　　指定新的端点：<u>(移动光标拾取点)</u>

　　选择要修改的对象或[放弃(U)]：✓

6.3　图形的几何变换

　　图形的几何变换包括移动、镜像、旋转、比例缩放、拉伸等图形处理方法。这些方法都用相应的命令操作。

6.3.1　MOVE(移动)命令

　　MOVE(移动)命令用于输入基准点和位移的第二点，或者输入位移量，将指定的图形平移到一个新的位置。关于位移量的概念参见 1.4.2 节。

1.命令输入方式

键盘输入：MOVE 或 M

工具栏："修改"工具栏→✚

菜单："修改(M)"→"移动(V)"

快捷菜单：选择要移动的对象，在绘图区域按单击右键，然后选择"移动(M)"

2.命令使用举例

例 1　平移图 6-3(a)中的图形，结果如图 6-3(b)所示。

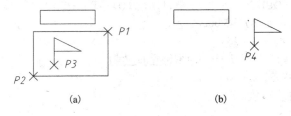

图 6-3　平移图形
(a)原图；(b)结果

　　命令：<u>MOVE</u>✓

　　选择对象：<u>W</u>✓

　　指定第一个角点：<u>(点取 P1 点)</u>

　　指定对角点：<u>(点取 P2 点)</u> 找到 3 个

　　选择对象：✓

指定基点或[位移(D)]<位移>：<u>(捕捉 P3 点)</u>

指定第二个点或<使用第一个点作为位移>：<u>(点取 P4 点)</u>

例 2　若 $P4$、$P3$ 的坐标差为 $(30, 10)$，则可做如下操作。

命令：<u>MOVE</u>⤶

选择对象：<u>W</u>⤶

指定第一个角点：<u>(点取 P1 点)</u>

指定对角点：<u>(点取 P2 点)</u> 找到 3 个

选择对象：⤶

指定基点或[位移(D)]<位移>：<u>30, 10</u>⤶

指定第二个点或<使用第一个点作为位移>：⤶

6.3.2　MIRROR(镜像)命令

MIRROR(镜像)命令按给定的镜像线产生指定目标的镜像图形。原图既可保留，也可删除。屏幕上不显示镜像线。

1.命令输入方式

键盘输入：MIRROR 或 MI

工具栏："修改"工具栏→🔺

菜单："修改(M)"→"镜像(I)"

2.命令使用举例

例　作镜像图形，如图 6-4 所示。

命令：<u>MIRROR</u>⤶

选择对象：<u>W</u>⤶

指定第一个角点：<u>(点取 P3 点)</u>

指定对角点：<u>(点取 P4 点)</u> 找到 3 个

选择对象：⤶

指定镜像线的第一点：<u>(点取 P1 点)</u>

指定镜像线的第二点：<u>(点取 P2 点)</u>

是否删除源对象?[是(Y)/否(N)]<N>：⤶

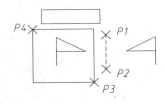

图 6-4　镜像作图

6.3.3　ROTATE(旋转)命令

ROTATE(旋转)命令将选定的图形绕指定的基点旋转某一角度。当角度大于零时按逆时针方向旋转，角度小于零时按顺时针方向旋转。当不知道旋转角度的大小时，可用参照方式输入。2006 版增加了"复制(C)"选项，它可保留原对象不变，又复制出一个旋转指定角度的同一对象。

1.命令输入方式

键盘输入：ROTATE 或 RO

工具栏："修改"工具栏→◎

菜单："修改(M)"→"旋转(R)"

快捷菜单：选择要旋转的对象，在绘图区域单击右键，选择"旋转(R)"

2.命令使用举例

例 1　将图 6-5(a)中的左侧图形旋转 45°，结果如图 6-5(b)所示。

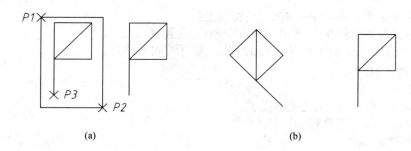

图 6-5　旋转图形

(a) 原图及选目标、选基准点；(b) 结果

命令：ROTATE✓

UCS 当前的正角方向：　ANGDIR=逆时针　ANGBASE=0

选择对象：W✓

指定第一个角点：(点取 P1 点)

指定对角点：(点取 P2 点) 找到 5 个

选择对象：✓

指定基点：(捕捉 P3 点)

指定旋转角度，或[复制(C)/参照(R)]<0>：45✓

例 2　将图 6-6(a) 中的半圆旋转到与直线重合，结果如图 6-6(b) 所示。

图 6-6　参照方式旋转图形

(a) 原图及选目标、选参照角度和新角度；(b) 结果

命令：ROTATE✓

UCS 当前的正角方向：　ANGDIR=逆时针　ANGBASE=0

选择对象：(点取 P1 点) 找到 1 个

选择对象：(点取 P2 点) 找到 1 个，总计 2 个

选择对象：✓

指定基点：(捕捉 P3 点)

指定旋转角度，或[复制(C)/参照(R)]<45>：R✓

指定参照角<0>：(捕捉 P3 点)

指定第二点：(捕捉 P4 点)   (由两点定角度)

指定新角度：(捕捉 P5 点)

6.3.4　SCALE(比例缩放)命令

SCALE(比例缩放)命令可改变图形的大小。它按指定的基准点和比例因子缩放图形，并要求 X 方向和 Y 方向的比例因子相同。该命令也可用参照方式输入缩放比例。在绘制放大或

缩小的图形时，一般先按 1：1 绘制，再用 SCALE（比例缩放）命令放大或缩小图形。2006 版增加了"复制（C）"选项，它既可保留原对象不变，又可复制出一个经缩放后的同一对象。

1.命令输入方式

键盘输入：SCALE 或 SC

工具栏："修改"工具栏→🔲

菜单："修改（M）"→"缩放（L）"

快捷菜单：选择要缩放的对象，用右键单击绘图区域，然后选择"缩放（L）"

2.命令使用举例

例1　将图 6-7（a）中的小菱形放大一倍，结果如图 6-7（b）所示。

命令：<u>SCALE</u>↙

选择对象：<u>W</u>↙

指定第一个角点：<u>（点取 P1 点）</u>

指定对角点：<u>（点取 P2 点）</u>找到 4 个

选择对象：↙

指定基点：<u>（捕捉 P3 点）</u>

指定比例因子或[复制（C）/参照（R）]<1.0000>：<u>2</u>↙

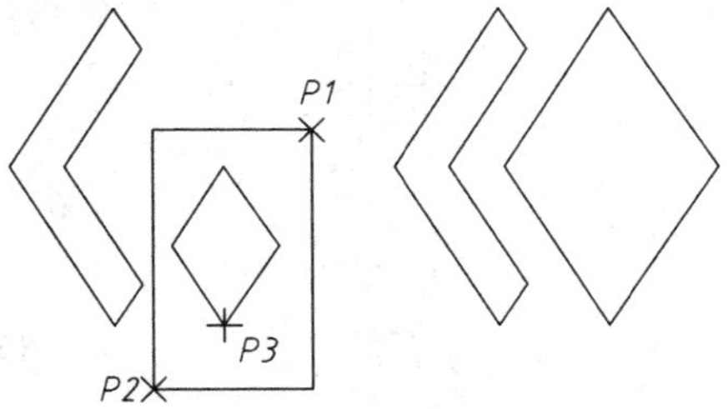

例2　将图 6-8（a）中 48 个单位长的直线放大到 75 个单位长，结果如图 6-8（b）所示。

命令：<u>SCALE</u>↙

选择对象：<u>（点取 P1 点）</u>找到 1 个

选择对象：↙

指定基点：<u>（捕捉中点 P2）</u>

指定比例因子或[复制（C）/参照（R）]<2.0000>：<u>R</u>↙

指定参照长度<1.0000>：<u>48</u>↙

指定新的长度或[点（P）]<1.0000>：<u>75</u>↙

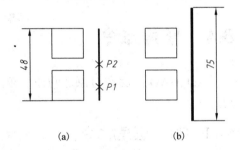

图 6-7　比例缩放
(a)原图及选目标、选基准点；(b)结果

图 6-8　参照方式比例缩放
(a)原图及选目标、选基准点；(b)结果

6.3.5　STRETCH(拉伸)命令

STRETCH（拉伸）命令可拉伸或压缩图形。执行该命令后，必须用交叉窗口选择要拉伸或压缩的对象。交叉窗口内的端点被移动，而窗口外的端点不动。与窗口边界相交的对象被拉伸或压缩，同时保持与图形未动部分相连。

1.命令输入方式

键盘输入：STRETCH 或 S

工具栏："修改"工具栏→🔲

菜单："修改（M）"→"拉伸（H）"

2.命令使用举例

例　将图 6-9（a）中的门从左边移到右边，结果如图 6-9（b）所示。

命令：<u>STRETCH</u>↙

以交叉窗口或交叉多边形选择要拉伸的对象...

选择对象：<u>C</u>↙

指定第一个角点：(点取 P1 点)

指定对角点：(点取 P2 点) 找到 11 个

选择对象：↙

指定基点或[位移(D)] <位移>：(捕捉 P3 点)

指定第二个点或<使用第一个点作为位移>：(点取 P4 点)

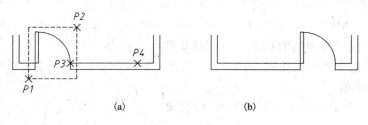

图 6-9　拉伸图形
(a)原图及选目标、选位移点；(b)结果

3.说明

①该命令处理对象的原则是：全部在窗口内的对象被移动；与 C 窗口相交的对象只移动在窗口内的端点，这些对象被拉伸或压缩；与 C 窗口相交对象的端点都不在窗口内时，该对象不动。

②圆弧被拉伸，保持弦高不变。圆不能被拉伸；当圆心在窗口内时可被移动，否则不动。

6.4　修角命令

AutoCAD 能够在对象之间作修角处理。无论原对象是否相交，都可修成尖角、圆角或倒角。

6.4.1　FILLET(圆角)命令

FILLET(圆角)命令利用给定半径的圆弧分别与两指定目标相切。指定目标可以是直线、圆、圆弧、椭圆、椭圆弧、多段线、样条曲线或构造线等。指定目标上的端点不到切点时自动延长，超过切点的部分被切除，也可保留不变。这些由"修剪"模式和"不修剪"模式控制。半径为零时将使两对象准确相交，修成尖角。当半径不为零时，按住【Shift】键再去选择第二个对象也能修成尖角。这是新版本增加选项"或按住【Shift】键选择要应用角点的对象"的功能。FILLET(圆角)命令也可以对两条平行线作圆弧连接。对于两个圆作圆弧连接，只画圆弧与之相切，不修剪圆。在一个命令执行中，可以连续用不同半径对多组对象作圆角处理。如果选错了对象，不用退出命令，选择"放弃(U)"选项就可取消这一次圆角处理，再继续对其他对象操作。

1.命令输入方式

键盘输入：FILLET 或 F

工具栏："修改"工具栏→▨

菜单："修改(M)"→"圆角(F)"

2.命令使用举例

例 1　用圆弧连接两直线，如图 6-10 所示。

　　命令：FILLET↙
　　当前设置：模式=修剪，半径=10.0000
　　选择第一个对象或[放弃(U)/多段线(P)/半径(R)/修剪(T)/多个(M)]：R↙
　　指定圆角半径<10.0000>：5↙
　　选择第一个对象或[放弃(U)/多段线(P)/半径(R)/修剪(T)/多个(M)]：(点取 P1 点)
　　选择第二个对象，或按住【Shift】键选择要应用角点的对象：(点取 P2 点)

例 2　若要使例 1 中两条直线相交成图 6-11 所示的图形，只要在上述操作的最后一步按住【Shift】键点取 P2 点即可。这一操作就是用零替代当前半径值。若要设置例 1 中圆弧半径为零，则作如下操作。

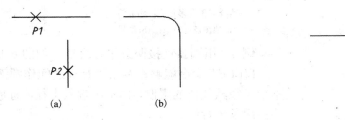

图 6-10　倒圆角　　　　　　　　　　图 6-11　修尖角
(a)原图及选对象；(b)结果

　　命令：FILLET↙
　　当前设置：模式=修剪，半径=5.0000
　　选择第一个对象或[放弃(U)/多段线(P)/半径(R)/修剪(T)/多个(M)]：R↙
　　指定圆角半径<5.0000>：0↙
　　选择第一个对象或[放弃(U)/多段线(P)/半径(R)/修剪(T)/多个(M)]：(点取 P1 点)
　　选择第二个对象，或按住【Shift】键选择要应用角点的对象：(点取 P2 点)

例 3　用圆弧连接直线和圆弧，如图 6-12 所示。

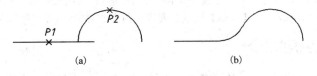

图 6-12　倒圆角
(a)原图及选对象；(b)结果

　　命令：FILLET↙
　　当前设置：模式=修剪，半径=0.0000
　　选择第一个对象或[放弃(U)/多段线(P)/半径(R)/修剪(T)/多个(M)]：R↙
　　指定圆角半径<0.0000>：8↙
　　选择第一个对象或[放弃(U)/多段线(P)/半径(R)/修剪(T)/多个(M)]：(拾取 P1 点)
　　选择第二个对象，或按住【Shift】键选择要应用角点的对象：(拾取 P2 点)

例 4　对一条闭合多段线作圆角，如图 6-13 所示。
　　命令：FILLET↙
　　当前设置：模式=修剪，半径=8.0000
　　选择第一个对象或[放弃(U)/多段线(P)/半径(R)/修剪(T)/多个(M)]：R↙

指定圆角半径<8.0000>：<u>10</u>∠

选择第一个对象或[放弃(U)/多段线(P)/半径(R)/修剪(T)/多个(M)]：<u>P</u>∠

选择二维多段线：<u>(拾取 P 点)</u>

6 条直线已被圆角

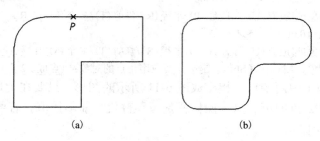

(a)   (b)

图 6-13   多段线倒圆角

(a)原图及选对象；(b)结果

例 5   用圆弧连接两条平行直线，如图 6-14 所示。

FILLET 命令能够在两条平行线之间作圆弧连接，所作圆弧不受半径默认值的限制，也不用输入半径，而是通过画出半圆来连接两条平行线。

图 6-14   圆弧连接平行线

命令：<u>FILLET</u>∠

当前设置：模式=修剪，半径=10.0000

选择第一个对象或[放弃(U)/多段线(P)/半径(R)/修剪(T)/多个(M)]：<u>(拾取 P1 点)</u>

选择第二个对象，或按住【Shift】键选择要应用角点的对象：<u>(拾取 P2 点)</u>

例 6   设置为不修剪模式。

命令：<u>FILLET</u>∠

当前设置：模式=修剪，半径=10.0000

选择第一个对象或[放弃(U)/多段线(P)/半径(R)/修剪(T)/多个(M)]：<u>T</u>∠

输入修剪模式选项[修剪(T)/不修剪(N)]<修剪>：<u>N</u>∠

选择第一个对象或[放弃(U)/多段线(P)/半径(R)/修剪(T)/多个(M)]：<u>(点取第一个对象)</u>

选择第二个对象，或按住【Shift】键选择要应用角点的对象：<u>(点取第二个对象)</u>

6.4.2   CHAMFER(倒角)命令

CHAMFER(倒角)命令可以对两条不平行的直线或一条多段线作倒角处理。该命令按第一个倒角距离修剪或延长第一条线，按第二个倒角距离修剪或延长第二条线，最后用直线连接两端点。倒角时的多余线段可以切除，也可以保留，由"修剪"模式或"不修剪"模式决定。若倒角距离为零，则两条线相交于一点。或者在选择第二条直线的同时按住【Shift】键，用零来替代当前的倒角距离。该命令还可以用一个倒角距离和一个角度来作倒角处理。可以连续用不同倒角距对多组对象做倒角处理，或放弃已做的倒角处理。

1.命令输入方式

键盘输入：CHAMFER 或 CHA

工具栏："修改"工具栏→▨

菜单："修改(M)" → "倒角(C)"

2.命令使用举例

例 1　对两条直线作倒角，如图 6-15 所示。

命令：<u>CHAMFER</u>↙

（"修剪"模式)当前倒角距离 1=0.5000,　　距离 2=0.5000

选择第一条直线或[放弃(U)/多段线(P)/距离(D)/角度(A)/修剪(T)/方式(E)/多个(M)]：<u>D</u>↙

指定第一个倒角距离<0.5000>：<u>5</u>↙

指定第二个倒角距离<5.0000>：<u>10</u>↙

选择第一条直线或[放弃(U)/多段线(P)/距离(D)/角度(A)/修剪(T)/方式(E)/多个(M)]：<u>（点取 P1 点)</u>

选择第二条直线，或按住【Shift】键选择要应用角点的直线：<u>（点取 P2 点)</u>

例 2　对图 6-13(a)作倒角处理，结果如图 6-16 所示。

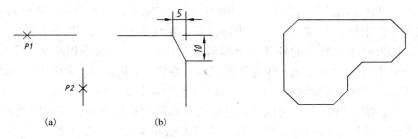

图 6-15　倒角　　　　　　　　　图 6-16　多段线倒角
(a)原图及选对象；(b)结果

命令：<u>CHAMFER</u>↙

（"修剪"模式)当前倒角距离 1=5.0000，距离 2=10.0000

选择第一条直线或[放弃(U)/多段线(P)/距离(D)/角度(A)/修剪(T)/方式(E)/多个(M)]：<u>D</u>↙

指定第一个倒角距离<5.0000>：<u>5</u>↙

指定第二个倒角距离<5.000>：↙

选择第一条直线或[放弃(U)/多段线(P)/距离(D)/角度(A)/修剪(T)/方式(E)/多个(M)]：<u>P</u>↙

选择二维多段线：<u>（拾取 P 点)</u>

6 条直线已被倒角

例 3　设置一个倒角距离和一个角度。倒角距离是在第一条直线上，角度是倒角的斜线与第一条直线的夹角。

命令：<u>CHAMFER</u>↙

（"修剪"模式)当前倒角距离 1=5.0000，距离 2=5.0000

选择第一条直线或[放弃(U)/多段线(P)/距离(D)/角度(A)/修剪(T)/方式(E)/多个(M)]：<u>A</u>↙

指定第一条直线的倒角长度<5.0000>：<u>（输入第一条线上的倒角距离)</u>

指定第一条直线的倒角角度<0.0000>：<u>（输入斜线与第一条直线为始边所夹的角度)</u>

选择第一条直线或[多段线(P)/距离(D)/角度(A)/修剪(T)/ 方式(E)/多个(U)]：<u>（点取第一条直线)</u>

选择第二条直线，或按住【Shift】键选择要应用角点的直线：<u>（点取第二条直线)</u>

例 4　设置不修剪模式。

命令：<u>CHAMFER</u>↙

（"修剪"模式)当前倒角距离 1=5.0000，距离 2=5.0000

选择第一条直线或[放弃(U)/多段线(P)/距离(D)/角度(A)/修剪(T)/方式(E)/多个(M)]：<u>T</u>↙

输入修剪模式选项[修剪(T)/不修剪(N)]<修剪>：<u>N</u>↙

选择第一条直线或[放弃(U)/多段线(P)/距离(D)/角度(A)/修剪(T)/方式(E)/多个(M)]：<u>（点取第一</u>

条直线)

选择第二条直线，或按住【Shift】键选择要应用角点的直线：(点取第二条直线)

3.说明

该命令提示中的"方式(E)"选项用于设置作倒角时的处理方法。选择该项后的提示如下：

输入修剪方法[距离(D)/角度(A)] <当前选项>： 输入 D 是用两个倒角距离作倒角处理，输入 A 是用一个倒角距离和一个角度来作倒角处理，或者按【Enter】键使用默认项。

6.5　构图方法

在第 3.3 节中介绍的绘图方法和步骤是原始的。它完全按坐标作图，不能提高绘图速度。这是因为按尺寸大小计算对象的每一个坐标，要求操作者必须非常熟悉坐标系，并具有一定的速算能力。如果将本章介绍的各种图形编辑命令与基本绘图命令相结合，穿插使用，按图形的尺寸先作出图形的大致轮廓，再用各种编辑命令修改，最终就能构造出一幅完整的图样。这样省去了计算各点坐标的时间，但要求用户对各种命令非常熟悉。构造图形可以先从画矩形或十字线开始。如有以圆为主的视图，也可先从画圆的视图开始。下面以构造图 6-17 中的主视图轮廓为例，说明作图的方法和步骤。这种方法和步骤不是唯一的，只是给用户一个启发。图中的圆角半径为 2 mm，其余剖面线、尺寸等由读者自行补上。

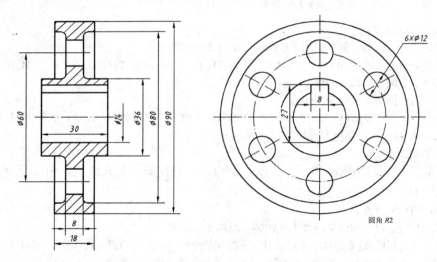

图 6-17　皮带轮

6.5.1　从构造矩形开始

由于多数图形的主要轮廓大都由水平线和垂直线组成，所以作图开始时可以先用 XLINE(直线)命令画出水平和垂直的构造线，构造出图形的矩形轮廓(或用直线画矩形)。在此基础上再用 OFFSET(偏移)命令画出其他轮廓，也可用绘图命令添加投影，然后用各种编辑命令修改图形，直至完成全图。

绘制皮带轮的主视图可用上述方法进行。首先画出主视图的下半部分，再用镜像方法作出上半部分。操作过程如下。

①装入用户样板 A3.dwt。如当前层不是"粗实线"层，应设置当前层为"粗实线"层。

②构造 18×45 矩形。

命令：<u>XLINE↙</u>　　　　　　　　　　　　　　（画水平构造线）

指定点或[水平(H)/垂直(V)/角度(A)/二等分(B)/偏移(O)]：<u>H↙</u>

指定通过点：<u>（点取 P01）</u>（图 6-18）

指定通过点：↙

命令：↙

XLINE　　　　　　　　　　　　（画垂直构造线）

指定点或[水平(H)/垂直(V)/角度(A)/二等分(B)/偏移(O)]：<u>V↙</u>

指定通过点：<u>（点取 P02）</u>

指定通过点：↙

命令：<u>OFFSET↙</u>　　　　　　　　　　（复制水平线）

指定偏移距离或[通过(T)/删除(E)/图层(L)]<通过>：<u>45↙</u>

选择要偏移的对象，或[退出(E)/放弃(U)]<退出>：<u>（点取 P01）</u>

指定要偏移的那一侧上的点，或[退出(E)/多个(M)/放弃(U)]<退出>：<u>（点取 P03）</u>

选择要偏移的对象，或[退出(E)/放弃(U)]<退出>：↙

命令：↙

OFFSET　　　　　　　　　　　　（复制垂直线）

指定偏移距离或[通过(T)/删除(E)/图层(L)]<45.0000>：<u>18↙</u>

选择要偏移的对象，或[退出(E)/放弃(U)]<退出>：<u>（点取 P02）</u>

指定要偏移的那一侧上的点，或[退出(E)/多个(M)/放弃(U)]<退出>：<u>（点取 P04）</u>

选择要偏移的对象，或[退出(E)/放弃(U)]<退出>：↙

命令：<u>TRIM↙</u>　　　　　　　　　　　　（修剪为矩形）

当前设置：投影=UCS　边=无

选择剪切边...

选择对象或 <全部选择>：↙

选择要修剪的对象，或按住【Shift】键选择要延伸的对象，或[栏选(F)/窗交(C)/投影(P)/边(E)/删除(R)/放弃(U)]：<u>（点取 P07）</u>

选择要修剪的对象，或按住【Shift】键选择要延伸的对象，或[栏选(F)/窗交(C)/投影(P)/边(E)/删除(R)/放弃(U)]：<u>（点取 P08）</u>

选择要修剪的对象，或按住【Shift】键选择要延伸的对象，或[栏选(F)/窗交(C)/投影(P)/边(E)/删除(R)/放弃(U)]：<u>（点取 P09）</u>

选择要修剪的对象，或按住【Shift】键选择要延伸的对象，或[栏选(F)/窗交(C)/投影(P)/边(E)/删除(R)/放弃(U)]：<u>（点取 P010）</u>

选择要修剪的对象，或按住【Shift】键选择要延伸的对象，或[栏选(F)/窗交(C)/投影(P)/边(E)/删除(R)/放弃(U)]：<u>（点取 P011）</u>

选择要修剪的对象，或按住【Shift】键选择要延伸的对象，或[栏选(F)/窗交(C)/投影(P)/边(E)/删除(R)/放弃(U)]：<u>（点取 P012）</u>

选择要修剪的对象，或按住【Shift】键选择要延伸的对象，或[栏选(F)/窗交(C)/投影(P)/边(E)/删除(R)/放弃(U)]：<u>（点取 P013）</u>

选择要修剪的对象，或按住【Shift】键选择要延伸的对象，或[栏选(F)/窗交(C)/投影(P)/边(E)/删除(R)/放弃(U)]：<u>（点取 P014）</u>

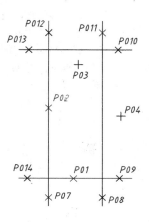

图 6-18　作构造线

选择要修剪的对象，或按住【Shift】键选择要延伸的对象，或[投影(P)/边(E)/放弃(U)]：↙

③画其他轮廓线。

命令：OFFSET↙　　　　　　　　　　　　　　　　　　　　　　（复制其他轮廓线）
OFFSET
指定偏移距离或[通过(T)/删除(E)/图层(L)]<18.0000>：5↙
选择要偏移的对象，或[退出(E)/放弃(U)]<退出>：(点取 P1)（图 6-19）
指定要偏移的那一侧上的点，或[退出(E)/多个(M)/放弃(U)]<退出>：(点取 P2)
选择要偏移的对象，或[退出(E)/放弃(U)]<退出>：(点取 P3)
指定要偏移的那一侧上的点，或[退出(E)/多个(M)/放弃(U)]<退出>：(点取 P4)
选择要偏移的对象，或[退出(E)/放弃(U)]<退出>：(点取 P5)
指定要偏移的那一侧上的点，或[退出(E)/多个(M)/放弃(U)]<退出>：(点取 P6)
选择要偏移的对象，或[退出(E)/放弃(U)]<退出>：↙

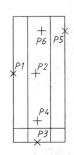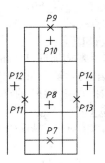

图 6-19　画轮廓　　　　　　　　　　图 6-20　画其他轮廓

命令：↙　　　　　　　　　　　　　　　　　　　　　　　　　（复制小孔轴线）
OFFSET
指定偏移距离或[通过(T)/删除(E)/图层(L)]< 5.0000>：10↙
选择要偏移的对象，或[退出(E)/放弃(U)]<退出>：(点取 P7)（图 6-20）
指定要偏移的那一侧上的点，或[退出(E)/多个(M)/放弃(U)]<退出>：(点取 P8)
选择要偏移的对象，或[退出(E)/放弃(U)]<退出>：↙

命令：↙　　　　　　　　　　　　　　　　　　　　　　　　　（复制轴孔轮廓线）
OFFSET
指定偏移距离或[通过(T)/删除(E)/图层(L)]<10.0000>：12↙
选择要偏移的对象，或[退出(E)/放弃(U)]<退出>：(点取 P9)
指定要偏移的那一侧上的点，或[退出(E)/多个(M)/放弃(U)]<退出>：(点取 P10)
选择要偏移的对象，或[退出(E)/放弃(U)]<退出>：↙

命令：↙
OFFSET
指定偏移距离或[通过(T)/删除(E)/图层(L)]<12.0000>：6↙
选择要偏移的对象，或[退出(E)/放弃(U)]<退出>：(点取 P11)　　　　（复制轴孔端面轮廓）
指定要偏移的那一侧上的点，或[退出(E)/多个(M)/放弃(U)]<退出>：(点取 P12)
选择要偏移的对象，或[退出(E)/放弃(U)]<退出>：(点取 P13)
指定要偏移的那一侧上的点，或[退出(E)/多个(M)/放弃(U)]<退出>：(点取 P14)
选择要偏移的对象，或[退出(E)/放弃(U)]<退出>：(点取 P15)（图 6-21）　　（复制轮毂外轮廓）
指定要偏移的那一侧上的点，或[退出(E)/多个(M)/放弃(U)]<退出>：(点取 P16)
选择要偏移的对象，或[退出(E)/放弃(U)]<退出>：(点取 P17)　　　　（复制小孔轮廓）
指定要偏移的那一侧上的点，或[退出(E)/多个(M)/放弃(U)]<退出>：(点取 P18)

选择要偏移的对象，或[退出(E)/放弃(U)]<退出>：<u>（点取 P19)</u>（图 6-22）

指定要偏移的那一侧上的点，或[退出(E)/多个(M)/放弃(U)]<退出>：<u>（点取 P20)</u>

选择要偏移的对象，或[退出(E)/放弃(U)]<退出>：<u>↙</u>

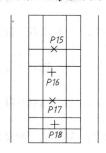

图 6-21　复制轮廓图

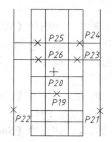

图 6-22　延长轮毂轮廓线图

命令：<u>EXTEND↙</u>　　　　　　　　　　　　　　　（延长轮毂轮廓线）

当前设置：投影= UCS　边=无

选择边界的边…

选择对象或 <全部选择>：<u>（点取 P21)</u> 找到 1 个

选择对象：<u>（点取 P22)</u> 找到 1 个，总计 2 个

选择对象：<u>↙</u>

选择要延伸的对象，或按住【Shift】键选择要修剪的对象，或[栏选(F)/窗交(C)/投影(P)/边(E)/放弃(U)]：<u>（点取 P23)</u>

选择要延伸的对象，或按住【Shift】键选择要修剪的对象，或[栏选(F)/窗交(C)/投影(P)/边(E)/放弃(U)]：<u>（点取 P24)</u>

选择要延伸的对象，或按住【Shift】键选择要修剪的对象，或[栏选(F)/窗交(C)/投影(P)/边(E)/放弃(U)]：<u>（点取 P25)</u>

选择要延伸的对象，或按住【Shift】键选择要修剪的对象，或[栏选(F)/窗交(C)/投影(P)/边(E)/放弃(U)]：<u>（点取 P26)</u>

选择要延伸的对象，或按住【Shift】键选择要修剪的对象，或[栏选(F)/窗交(C)/投影(P)/边(E)/放弃(U)]：<u>↙</u>

④修剪线段。

命令：<u>ZOOM↙</u>　　　　　　　　　　　　　　　（放大显示图形）

指定窗口角点，输入比例因子(nX 或 nXP)，或[全部(A)/中心点(C)/动态(D)/范围(E)/上一个(P)/比例(S)/窗口(W)]<实时>：<u>W↙</u>

指定第一个角点：<u>（点取图形左下角）</u>

指定对角点：<u>（点取图形右上角）</u>

命令：<u>TRIM↙</u>　　　　　　　　　　　　　　　（修剪多余线段）

当前设置：投影= UCS　边=无

选择剪切边…

选择对象或 <全部选择>：<u>（点取 P27)</u> 找到 1 个（图 6-23）

选择对象：<u>（点取 P28)</u> 找到 1 个，总计 2 个

选择对象：<u>↙</u>

选择要修剪的对象，或按住【Shift】键选择要延伸的对象，或[栏选(F)/窗交(C)/投影(P)/边(E)/删除(R)/放弃(U)]：<u>（点取 P29)</u>

选择要修剪的对象，或按住【Shift】键选择要延伸的对象，或[栏选(F)/窗交(C)/投影(P)/边(E)/删除(R)/放弃(U)]：<u>（点取 P30)</u>

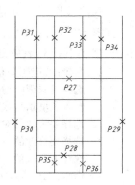

图 6-23　修剪多余线段

选择要修剪的对象，或按住【Shift】键选择要延伸的对象，或[栏选(F)/窗交(C)/投影(P)/边(E)/删除(R)/放弃(U)]：（点取 P31）

选择要修剪的对象，或按住【Shift】键选择要延伸的对象，或[栏选(F)/窗交(C)/投影(P)/边(E)/删除(R)/放弃(U)]：（点取 P32）

选择要修剪的对象，或按住【Shift】键选择要延伸的对象，或[栏选(F)/窗交(C)/投影(P)/边(E)/删除(R)/放弃(U)]：（点取 P33）

选择要修剪的对象，或按住【Shift】键选择要延伸的对象，或[栏选(F)/窗交(C)/投影(P)/边(E)/删除(R)/放弃(U)]：（点取 P34）

选择要修剪的对象，或按住【Shift】键选择要延伸的对象，或[栏选(F)/窗交(C)/投影(P)/边(E)/删除(R)/放弃(U)]：（点取 P35）

选择要修剪的对象，或按住【Shift】键选择要延伸的对象，或[栏选(F)/窗交(C)/投影(P)/边(E)/删除(R)/放弃(U)]：（点取 P36）

选择要修剪的对象，或按住【Shift】键选择要延伸的对象，或[栏选(F)/窗交(C)/投影(P)/边(E)/删除(R)/放弃(U)]：↙

命令：↙

TRIM 当前设置：投影= UCS 边=无

选择剪切边…

选择对象或 <全部选择>：（点取 P37）找到 1 个（图 6-24）

选择对象：（点取 P38）找到 1 个，总计 2 个

选择对象：↙

选择要修剪的对象，或按住【Shift】键选择要延伸的对象，或[栏选(F)/窗交(C)/投影(P)/边(E)/删除(R)/放弃(U)]：（点取 P39）

选择要修剪的对象，或按住【Shift】键选择要延伸的对象，或[栏选(F)/窗交(C)/投影(P)/边(E)/删除(R)/放弃(U)]：（点取 P40）

选择要修剪的对象，或按住【Shift】键选择要延伸的对象，或[栏选(F)/窗交(C)/投影(P)/边(E)/删除(R)/放弃(U)]：（点取 P41）

选择要修剪的对象，或按住【Shift】键选择要延伸的对象，或[栏选(F)/窗交(C)/投影(P)/边(E)/删除(R)/放弃(U)]：（点取 P42）

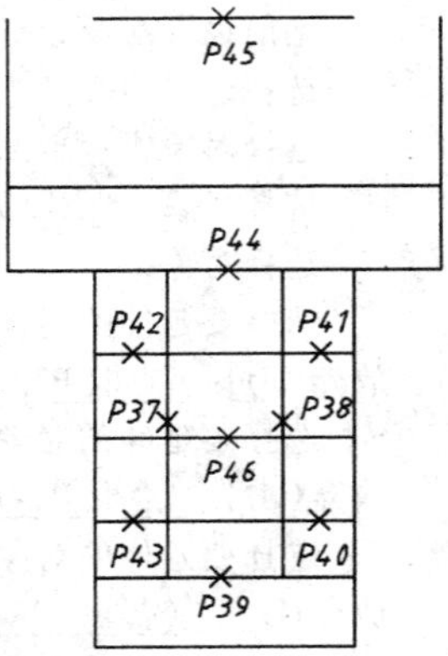

图 6-24　修剪其他线段

选择要修剪的对象，或按住【Shift】键选择要延伸的对象，或[栏选(F)/窗交(C)/投影(P)/边(E)/删除(R)/放弃(U)]：（点取 P43）

选择要修剪的对象，或按住【Shift】键选择要延伸的对象，或[栏选(F)/窗交(C)/投影(P)/边(E)/删除(R)/放弃(U)]：（点取 P44）

选择要修剪的对象，或按住【Shift】键选择要延伸的对象，或[栏选(F)/窗交(C)/投影(P)/边(E)/删除(R)/放弃(U)]：↙

⑤修改图形，完成全图。

修改轴线的线型：拾取点 P45、P46，在"图层"工具栏的图层控制下拉列表中选取"点画线"层，单击【Esc】键。

命令：LENGTHEN↙   （修改轴线端点）

选择对象或[增量(DE)/百分数(P)/全部(T)/动态(DY)]：DE↙

输入长度增量或[角度(A)] <0.0000>：9↙

选择要修改的对象或[放弃(U)]：（点取 P47）（图 6-25）

选择要修改的对象或[放弃(U)]：（点取 P48）

选择要修改的对象或[放弃(U)]：↙

命令：↙

LENGTHEN

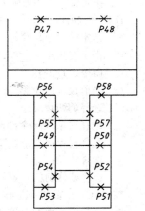

图 6-25　修改线型及倒圆角

选择对象或[增量(DE)/百分数(P)/全部(T)/动态(DY)]）：DE↙

输入长度增量或[角度(A)] <9.0000>：-2↙

选择要修改的对象或[放弃(U)]：（点取 P49）

选择要修改的对象或[放弃(U)]：（点取 P50）

选择要修改的对象或[放弃(U)]：↙

命令：FILLET↙　　　　　　　　　　　　　　　（倒圆角）

当前设置：模式=修剪，半径=0.0000

选择第一个对象或[放弃(U)/多段线(P)/半径(R)/修剪(T)/多个(M)]：R↙

指定圆角半径<0.0000>：2↙

选择第一个对象或[放弃(U)/多段线(P)/半径(R)/修剪(T)/多个(M)]：M↙

选择第一个对象或[放弃(U)/多段线(P)/半径(R)/修剪(T)/多个(M)]：（点取 P51）

选择第二个对象，或按住【Shift】键选择要应用角点的对象：（点取 P52）

选择第一个对象或[放弃(U)/多段线(P)/半径(R)/修剪(T)/多个(M)]：（点取 P53）

选择第二个对象，或按住【Shift】键选择要应用角点的对象：（点取 P54）

选择第一个对象或[放弃(U)/多段线(P)/半径(R)/修剪(T)/多个(M)]：（点取 P55）

选择第二个对象，或按住【Shift】键选择要应用角点的对象：（点取 P56）

选择第一个对象或[放弃(U)/多段线(P)/半径(R)/修剪(T)/多个(M)]：（点取 P57）

选择第二个对象，或按住【Shift】键选择要应用角点的对象：（点取 P58）

选择第一个对象或[放弃(U)/多段线(P)/半径(R)/修剪(T)/多个(M)]：↙

命令：MIRROR↙　　　　　　　　　　　　　　（镜像作出另一半图形）

选择对象：C↙

指定第一个角点：（点取 P59）(图 6-26)

指定对角点：（点取 P60）找到 19 个

选择对象：↙

指定镜像线的第一点：（捕捉 P61）

指定镜像线的第二点：（捕捉 P62）

是否删除源对象?[是(Y)/否(N)] <N>↙

命令：MOVE↙

选择对象：（点取 P63）找到 1 个(图 6-27)

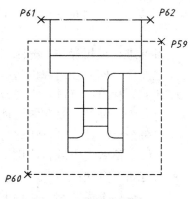

图 6-26　作镜像图形

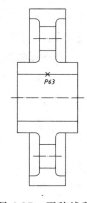

图 6-27　平移线段

选择对象：↙

指定基点或[位移(D)]<位移>：0,3↙

指定第二个点或<使用第一个点作为位移>：↙

命令：ZOOM↙

指定窗口角点，输入比例因子（nX 或 nXP），或[全部(A)/中心点(C)/动态(D)/范围(E)/上一个(P)/比例(S)/窗口(W)]<实时>：P↙

⑥最后还剩下键槽侧面与轴孔的交线，待画出左视图后才能确定其 *Y* 坐标。最终完成的主视图，如图 6-28 所示。

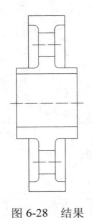

图 6-28   结果

6.5.2   从画圆的视图开始

皮带轮的左视图主要是圆。由于圆同时确定了两个方向的尺寸，即左视图上的高与宽，所以先画左视图，这样在构造主视图时就有了高度。通过左视图上各圆与垂直中心线的交点作一系列水平构造线，并将它们作为主视图上的水平轮廓，再用垂直构造线画出主视图上垂直轮廓，然后进行修剪，就可得到主视图。作图过程如下：

①装入用户样板；
②在"点画线"层上画互相垂直的构造线，确定左视图圆心位置；
③在"点画线"层、"粗实线"层上分别画各圆；
④阵列小圆，并画出键槽部分；
⑤过垂直点画线与各圆的交点画水平辅助线；
⑥在主视图位置上画出垂直辅助线，经过以上作图，结果如图 6-29 所示；
⑦进行修剪，完成主视图。

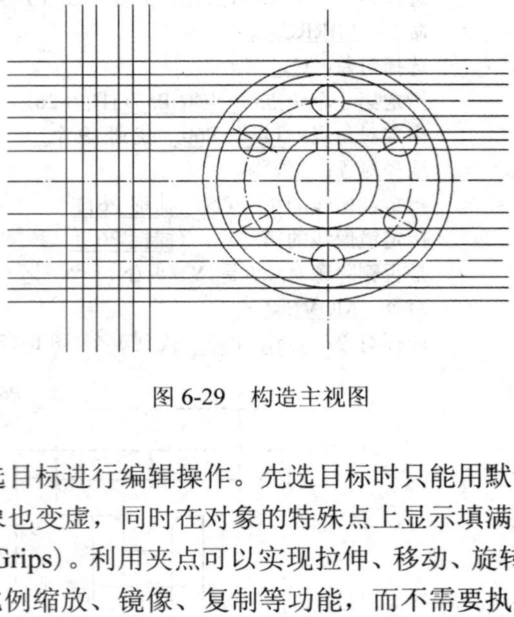

6.6   夹点编辑

前面介绍的各种编辑方法都是先执行命令，再选择对象进行编辑操作。用户也可以在执行命令之前先选择对象，然后执行编辑命令，而不再显示选择对象的提示，即可对已选目标进行编辑操作。先选目标时只能用默认的自动(Auto)对象选择方式进行，被选中的对象也变虚，同时在对象的特殊点上显示填满蓝色的小方格（图 6-30）。这种蓝色小方格称夹点(Grips)。利用夹点可以实现拉伸、移动、旋转、比例缩放、镜像、复制等功能，而不需要执行这些命令。这种编辑方法称为夹点编辑。

图 6-29   构造主视图

如果不做夹点编辑，则要取消夹点。取消夹点有如下方法：

①执行不需要预选目标的命令时自动取消夹点，目标恢复原来的显示；
②用 U(放弃)命令取消夹点和已选目标；
③按【Esc】键取消夹点和已选目标；
④按住【Shift】键不放再双击已选目标，

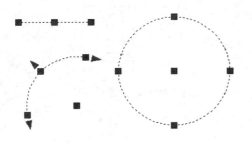

图 6-30   夹点

该目标即恢复原来的显示。

要启动编辑功能，必须点取要进行编辑的夹点，使蓝色方格变成红色方块。这个红色方块称热点或基夹点。这时就可以拖动热点来编辑对象。

如要编辑的是单个对象，那么热点将成为编辑操作的基准点，同时也启动了编辑功能，在命令窗口内显示如下提示：

拉伸

指定拉伸点或[基点(B)/复制(C)/放弃(U)/退出(X)]：

如果要编辑的是多个对象，必须按住【Shift】键连续点取多个夹点，每个对象上点取一个，使它们成为热点。要进入编辑功能，还需点取一个基准点，才能显示上述提示。若要取消某个热点，仍要按住【Shift】键再点击热点一次。多个热点在编辑过程中保持其距离不变。

AutoCAD 在夹点编辑中提供的编辑方式有拉伸 (STRETCH)、移动 (MOVE)、旋转 (ROTATE)、比例缩放 (SCALE)、镜像 (MIRROR)。启动夹点编辑功能后就是拉伸 (STRETCH) 方式。如要使用其他编辑方式，应选用如下一种操作方法：

①从键盘输入某种方式的英文全名或前两个字母；

②使用【Enter】键或空格键将按上述编辑方式的顺序逐个选取，此时必须注意命令窗口内提示的变化；

③单击鼠标右键，将弹出图 6-31 所示的快捷菜单，从菜单中选取相应选项进行操作。

各种编辑方式的提示及说明如下。

(1) 拉伸

拉伸方式是默认项。该方式的提示为：

拉伸

指定拉伸点或[基点(B)/复制(C)/放弃(U)/退出(X)]：

图 6-31 夹点编辑快捷菜单

在该提示下指定一点，即将目标按基准点拉伸到该点。选择复制方式时，原目标保留，新生成一个拉伸到该点的对象。此方式中还可以平移单个对象，但选取的热点必须是直线的中点、圆的圆心、图块的插入点等。

(2) 移动

移动方式的提示为：

移动

指定移动点或[基点(B)/复制(C)/放弃(U)/退出(X)]：

在该提示下指定一点，即将目标按基准点平移到该点。选择复制方式时，原目标保留，平移复制出一个新的对象。

(3) 旋转

旋转方式的提示为：

旋转

指定旋转角度或[基点(B)/复制(C)/放弃(U)/参照(R)/退出(X)]：

在该提示下输入一个角度或指定一点即可旋转目标。选择复制方式时，原目标保留，旋转复制出一个新对象。选择参照方式时，须先指定一个参照角度，再给出旋转后的角度，才能旋转目标。

（4）缩放

比例缩放方式的提示为：

　　比例缩放

　　　指定比例因子或[基点(B)/复制(C)/放弃(U)/参照(R)/退出(X)]：

在该提示下输入一个比例系数即可放大或缩小指定目标。选择复制方式时，原目标保留，复制出一个缩放后的新对象。选择参照方式时，须先指定一个参照长度，再给出新长度，然后按新长度与参照长度的比来缩放目标。

（5）镜像

镜像方式的提示为：

　　镜像

　　　指定第二点或[基点(B)/复制(C)/放弃(U)/退出(X)]：

在该提示下指定一点后，按该点与基准点连线作为镜像线复制出镜像图形，原目标删除。如要保留，则选择复制方式。

练　习　题

　　6.1　参考皮带轮主视图的绘图过程，试作皮带轮的主视图和左视图（图 6-17），再用SCALE（比例缩放）命令将二视图放大一倍，最后加上剖面线。

　　6.2　试用基本绘图命令和图形编辑命令相结合的方法，重新绘制第 3 章练习题中各题的图形（图 3-46～图 3-49）。

　　6.3　试用构造图形的方法绘制图 6-32 和图 6-33 所示的图形。

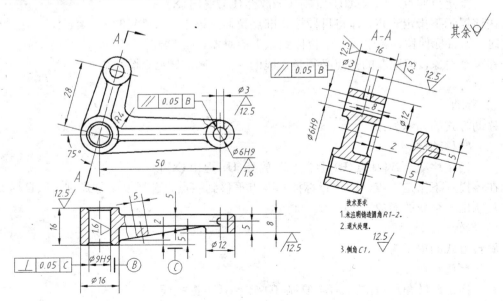

图 6-32　杠杆零件图

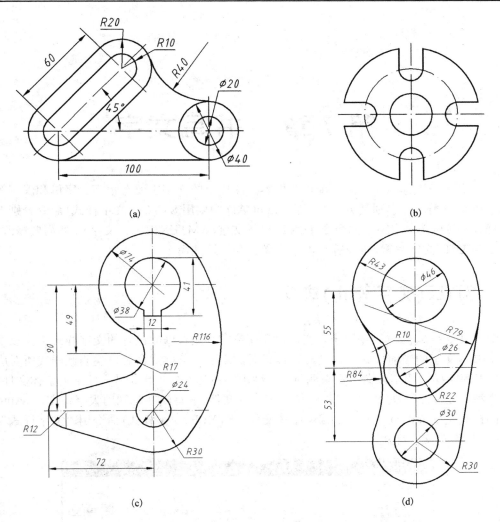

(a)

(b)

(c)

(d)

图 6-33　平面图形

(a)图形 1；(b)图形 2；(c)图形 3；(d)图形 4

第 7 章   书写文字

书写文字是工程图样上的一项重要内容。图样上的文字主要有数字、字母和汉字等。数字和字母是一类，汉字则是另一类。在 AutoCAD 中要用 STYLE（文字样式）命令分别定义这两种样式。书写文字用写字的命令 TEXT（单行文字）、MTEXT（多行文字）。如需要修改文字，则用 DDEDIT（文字编辑）命令等。本章将详细介绍这些命令。

7.1   STYLE（文字样式）命令

STYLE（文字样式）命令用于定义新的文字样式，或者修改已有的文字样式定义以及设置图形中书写文字的当前样式。定义文字样式时，主要是给样式命名，说明此样式所对应的字体名。工程图样上的字体名主要有两种，一种由字体形文件提供，另一种由大字体文件提供，文件类型都是.shx。书写数字、字母时使用字体形文件，书写汉字时则用大字体文件。AutoCAD 默认的样式是 Standard，使用 txt.shx 字体文件。STYLE（文字样式）命令用"文字样式"对话框（图 7-1）设置文字样式。

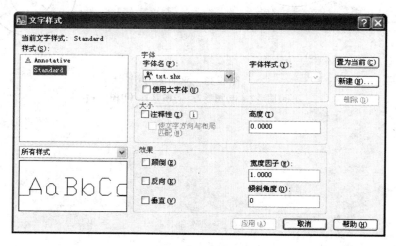

图 7-1   "文字样式" 对话框

1.命令输入方式

键盘输入：STYLE 或 ST

工具栏："文字"工具栏→

菜单："格式(O)"→"文字样式(S)..."

2.对话框说明

(1)"样式(S)"列表框

"样式(S)"列表框显示所有已定义好的样式名。默认已选择的样式是当前样式。"🔺Anotative"样式是图纸空间中注释性文字使用的文字样式。"Standard"样式是图样上书写文字(无注释性)使用的文字样式。在样式名上单击右键将弹出快捷菜单,菜单中的选项可对该样式作"置为当前"、"重命名"或"删除"操作。

(2)样式列表过滤器控件

位于"样式(S)"列表框下方的样式列表过滤器控件用于确定在"样式(S)"列表框中显示"所有样式"还是"正在使用的样式"。

(3)预览框

在预览框显示随着字体的改变和效果的修改而变化的字符样式。

(4)"字体"区

1)"字体名(F)"控件　从控件列表中指定一种字体文件。

2)"字体样式(Y)"控件　从控件中指定一种字体格式。只有选择了某些 TrueType 字体文件时,该项才可以选用。字体格式有"常规"、"斜体"、"粗体"、"斜粗体"等。打开"使用大字体(U)"项后,"字体名(F)"选项变为"SHX 字体(X)","字体样式(Y)"选项变为"大字体(B)",用于选择 SHX 字体和大字体文件。

3)"使用大字体(U)"复选框　该复选框用于设置是否使用大字体文件。打开该选项时,使用大字体文件。大字体文件名显示在"大字体(B)"控件中。

(5)"大小"区

"大小"区用于确定文字的大小。

1)"高度(T)"文本框　"高度(T)"文本框用于指定文字高度。如果高度值为 0,则在书写文字时会提示用户输入字高,否则将不提示用户输入字高。如果不要求用户输入字高,则表明书写的文字只有一种高度,就是在这里指定的字高。一般这里都用默认值 0。

2)"注释性(I)"复选框　"注释性(I)"复选框用于确定图纸空间文字是否具有注释性。选中该项使图纸空间文字具有注释性,并且要在"图纸文字高度(T)"文本框(原为"高度(T)"文本框)中设置图纸空间文字的高度,同时"使文字方向与布局匹配(M)"复选框可用。

(6)"效果"区

在"效果"区修改字体的特性,例如宽度比例、倾斜角、颠倒显示、反向或垂直对齐。

1)"颠倒(E)"复选框　该复选框设置是否上下颠倒来写文字,也就是以水平线为镜像线的镜像文字。

2)"反向(K)"复选框　该复选框设置是否左右相反来写文字,即以垂直线为镜像线的镜像文字。

3)"垂直(V)"复选框　该复选框设置是否按从上到下的垂直方向书写文字。

4)"宽度因子(W)"文本框　该文本框用于设置文字的宽度因子,即字宽与字高的比。

5)"倾斜角度(O)"文本框　该文本框用于设置文字的倾斜角度。倾斜角是指与铅垂线的夹角。向右倾斜时角度为正,向左倾斜时角度为负,如图 7-2 所示。倾斜角在

-15°　　0°　　15°

图 7-2　文字的倾斜角

-85°～85° 之间。

（7）"置为当前（C）"按钮

使用该按钮将使"样式（S）"列表框中选取的文字样式成为当前样式。当前文字样式名显示在该对话框的第一行。

图 7-3   "新建文字样式"对话框

（8）"新建（N）..."按钮

使用该按钮创建新文字样式。单击该按钮，弹出"新建文字样式"对话框（图 7-3）。输入新文字样式名后单击"确定"按钮，返回"文字样式"对话框。新文字样式名显示在"样式（S）"列表框中，并且成为当前文字样式。

（9）"删除（D）"按钮

使用该按钮删除选定的文字样式。

（10）"应用（A）"按钮

创建新样式或修改样式定义后，必须单击该按钮，以保存操作结果，但不关闭对话框。

（11）"取消"按钮

当单击了"应用（A）"按钮后，该按钮改为"关闭（C）"按钮。

3.命令使用举例

例   设置 HZ、ROMANS 两种文字样式。

HZ 样式用来书写汉字的长仿宋体和斜体的字母、数字、符号等。这是《技术制图》国家标准要求的样式。当一行文字中既有汉字又有字母、数字时，使用 HZ 样式很方便。ROMANS 样式用来写字母、数字、符号等的罗马字体。

设置两种文字样式的操作步骤如下：

①使用 NEW（新建）或 QNEW（快速新建）命令装入用户样板 A3.dwt；

②执行 STYLE（文字样式）命令，显示"文字样式"对话框；

③单击"新建（N）..."按钮，显示"新建文字样式"对话框，键入 HZ，单击"确定"按钮，返回"文字样式"对话框；

④单击"字体名（F）"控件中的箭头，查找 gbeitc.shx 文件名并点取之；

⑤单击"使用大字体（U）"复选框，在"大字体（B）"控件中查找 gbcbig.shx 文件名并点取之；

⑥单击"应用（A）"按钮，完成 HZ 样式设置；

⑦单击"新建（N）..."按钮，键入 ROMANS，单击"确定"按钮；

⑧单击"字体名（F）"控件，点取 romans.shx；

⑨如果"使用大字体（U）"复选框打开，则单击它使之关闭；

⑩在"宽度因子（W）"文本框中输入 0.7；

⑪在"倾斜角度（O）"文本框中输入 15；

⑫单击"应用（A）"按钮，完成 ROMANS 样式设置；

⑬单击"关闭（C）"按钮，结束 STYLE（文字样式）命令；

⑭使用 SAVEAS（另存为）命令保存用户样板 A3.dwt。

7.2 TEXT(单行文字)命令

TEXT(单行文字)命令用于在绘图区域增加单行或多行文字说明。输入文字时,在插入点处显示一个字高大小的光标,指示输入字符的位置。随着输入的文字在屏幕上展开一个矩形框(称简化的"在位文字编辑器"),可以连续输入多行,结束一行文字输入按一次【Enter】键,结束 TEXT(单行文字)命令需按【Enter】键。这样书写的每行文字是一个对象,所以称单行文字。输入的文字不会在命令窗口显示。在输入一行文字未结束前,还可随时作删除、插入、复制等编辑,也可以单击右键在快捷菜单中选择选项来操作。

1.命令输入方式

键盘输入: TEXT 或 DT 或 DTEXT

工具栏:"文字"工具栏→**A**

菜单:"绘图(D)"→"文字(X)"→"单行文字(S)"

2. 文字的对正格式

在该命令中有一个"对正(J)"选项,用于控制文字的对正格式,也称对齐方式。默认的对正格式是"指定文字的起点",即文字行基线左端点,也称左对齐,如图 7-4 中的 S 点。其他对正格式如下。

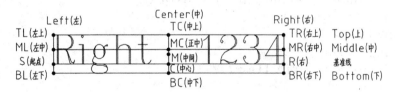

图 7-4 文本的对齐方式

① "对齐(A)"格式是不定字高的两点对齐方式。它需要指定文字行基线的起点和终点。AutoCAD 根据输入的文字在两点之间均匀排列,并按文字样式的宽度因子来调整字高,如图 7-4 中的 S、R 点。

② "调整(F)"格式是指定字高的两端对齐方式。它需要指定文字行基线的起点和终点,要求给出字高。AutoCAD 根据输入的文字在两点间均匀排列,只改变字宽,如图 7-4 中的 S、R 点。

③ "中心(C)"格式是中点对齐方式。它需要指定文字行基线的中点,使输入的文字从中点向两端均匀排列,如图 7-4 中的 C 点。

④ "中间(M)"格式是中心对齐方式。它需要指定文字行的中心点,即水平和垂直中心,使输入的文字从中心向两端均匀排列,如图 7-4 中的 M 点。

⑤ "右(R)"格式是右对齐方式。它需要指定文字行基线的终点,使输入的文字从右向左均匀排列,如图 7-4 中的 R 点。

其余用大写字母表示的对齐方式分别是三条水平线"上"、"中"、"下"和三条垂直线"左"、"中"、"右"的交点位置,如图 7-4 所示。

3.命令使用举例

例 1　用左对齐方式书写图 7-5 所示的文字。图中每行文字左下角的小十字为对齐点。假定当前的文字样式是 Standard。

　　命令：TEXT↙
　　当前文字样式：　Standard　文字高度：　2.5000
　　指定文字的起点或[对正(J)/样式(S)]：50，100↙
　　指定高度<2.5>：10↙
　　指定文字的旋转角度<0>：↙
键入图 7-5 所示文字后按两次【Enter】键。

例 2　使用已定义的 ROMANS 样式和中点对齐方式书写图 7-6 所示文字。假定当前的文字样式是 Standard。

　　命令：DTEXT↙
　　当前文字样式：　Standard　文字高度：　10
　　指定文字的起点或[对正(J)/样式(S)]：S↙
　　输入样式名或[?]<STANDARD>：ROMANS↙
　　指定文字的起点或[对正(J)/样式(S)]：J↙(也可在此输入各种对齐方式)
　　输入选项[对齐(A)/调整(F)/中心(C)/中间(M)/右(R)/左上(TL)/ 中上(TC)/右上(TR)/左中(ML)/正中(MC)/右中(MR)/左下(BL)/中下(BC)/右下(BR)]：C↙
　　指定文字的中点：100，100↙
　　指定高度<10>：↙
　　指定文字的旋转角度<0>：↙
　　键入图 7-6 所示文字后按两次【Enter】键。

图 7-5　左对齐方式

图 7-6　中点对齐方式

4.说明

选择对齐方式可以在"指定文字的起点或[对正(J)/样式(S)]："提示下直接输入，而不必输入 J 后再选择对齐方式。

5.特殊字符

在书写文字时，大多数文字、符号都可以从键盘上输入，但有一些特殊字符在键盘上没有相应的键表示，如工程图上常见的直径尺寸符号"ϕ"、角度单位"°"等，它们不能直接从键盘上输入。AutoCAD 提供了控制码，可绘出特殊字符。控制码是用%%开头，后跟三位数的 ASCII 码或者一个字母来表示一个字符，例如用%%065 表示字母"A"，用%%c 表示"ϕ"等。某些常用符号的控制码如下：

%%c 表示直径尺寸符号"ϕ"；

%%d 表示角度的单位"°"；

%%p 表示公差符号"±"。

它们的输入方法如下：

书写 45°，应输入 45%%d；

书写 ϕ100±0.017，应输入%%c100%%p0.017。

7.3　MTEXT(多行文字)命令

MTEXT(多行文字)命令使用"在位文字编辑器"(图 7-7)设置文字的特征、输入文字、编辑文字。输入多行文字使用 MTEXT(多行文字)命令比 TEXT(单行文字)命令灵活、方便。它具有一般文字编辑软件的各种功能。它所书写的多行文字成为一个对象。

图 7-7　在位文字编辑器

1.命令输入方式

键盘输入：MTEXT 或 MT 或 T

工具栏："绘图"工具栏→ **A**

菜单："绘图(D)"→"文字(X)"→"多行文字(M)..."

2.命令提示及选择项说明

指定第一个角点：　指定一点作为书写文字区域的第一个角点。

指定对角点或[高度(H)/对正(J)/行距(L)/旋转(R)/样式(S)/宽度(W)/栏(C)]：　指定一点或输入选择项。

指定对角点　指定文字区域的对角点。输入对角点后立即显示"在位文字编辑器"（图 7-7）。

高度(H)　确定字高。

对正(J)　确定文字的对齐方式。默认的对齐方式是左上角对齐。这里所讲的对齐方式都是相对于文本区域边界而言。

行距(L)　指定多行文字对象的行间距。

旋转(R)　指定文本区域的旋转角度。

样式(S)　设置当前文字样式。

宽度(W)　设置文本区域的宽度。

栏(C)　设置文本区域的分栏(列)选项。

3.对话框说明

(1)"文字格式"工具栏

"文字格式"工具栏用于设置或修改多行文字的文字样式、字符格式和段落格式。此工具栏位于在位编辑器的上部。

1)"样式"控件　在控件中选择当前文字样式。

2)"字体"控件　该控件用于显示和设置新输入文字与已选择文字的字体文件。这个字体文件可与当前样式中设置的字体文件相同，也可不同。

3)"注释性"(⚠)按钮　该按钮用于打开或关闭当前图纸空间中多行文字对象的"注释性"。

4)"文字高度"控件　该控件用于输入字高或从控件中选择字高，以设置新输入文字的字高或更改选定文字的高度。多行文字可包含具有不同高度的字符。

5)"粗体"(**B**)和"斜体"(*I*)按钮　该两按钮使新输入的文字或已选择的文字变为粗体或斜体格式。这两个按钮只适用于部分 TrueType 字体。

6)"下画线"(U)和"上画线"(Ō)按钮　该两按钮使新输入的文字或已选择的文字加下画线或上画线。

7)"放弃"(↶)和"重做"(↷)按钮　前者取消刚做的编辑操作，后者恢复刚被放弃的操作。

8)"堆叠"(⅖)按钮　该按钮将输入的 b/a 分数形式显示为 $\dfrac{b}{a}$ 样式。

9)"文字颜色"控件　该控件用于设置或修改多行文字的颜色。

10)"标尺"(▦)按钮　该按钮用于确定在文字编辑区域顶部是否显示标尺。

11)"确定"按钮　该按钮用于保存更改并关闭编辑器。也可以在编辑器外的图形空白处单击左键以保存修改并退出编辑器。要关闭多行文字编辑器而不保存修改，请按【Esc】键。

12)"选项"(◎)按钮　单击该按钮显示选项菜单。选项菜单中的多数选项用于控制多行文字的排列方式、字符显示格式、段落格式等。这些选项与下面说明的"文字格式"工具栏中按钮的功能基本一致。另外一些选项用于输入文本文件、查找和替换字符、合并段落、删除格式、编辑器的设置以及多行文字的帮助信息等。

13)"列"(▤▾)按钮　"列"也称"栏"，即将编辑区域横向分成几个部分，每个部分的宽、高可固定，也可动态改变。该按钮提供三个栏选项："不分栏"、"动态栏"和"静态栏"。"动态栏"可选择"自动高度"或"手动高度"。"静态栏"可选择分为 2～6 栏。

14)"多行文字对正"(▣▾)按钮　该按钮提供多行文字对正的九种方式，即上、中、下、左、中、右六条线的九个交点。默认的对正方式是"左上"。

15)"段落"(▦)按钮　单击该按钮显示"段落"对话框，以便设置段落格式。

16)"左对齐"(≣)、"居中"(≣)、"右对齐"(≣)、"对正"(≣)、"分布散"(≣)按钮　这些按钮用于设置段落的左、中、右文字边界的对齐方式。

17)"行距"(≣▾)按钮　该按钮用于设置两文字行之间的距离，即文字的上一行底部和下一行顶部之间的距离。

18)"编号"(≣▾)按钮　该按钮用于设置项目符号和编号。

19)"插入字段"(▤)按钮　该按钮用于在"字段"对话框中设置字段的特征，以便插入到文字中。

20)"全部大写"(ẵA)按钮　单击该按钮可将选定的字母全部改为大写。

21)"全部小写"(Aẵ)按钮　单击该按钮可将选定的字母全部改为小写。

22)"符号"（@-）按钮　使用该按钮可插入符号或不间断空格。菜单中列出了常用符号，也可从"字符映射表"中插入字符。

23)"倾斜角度"（_0_/0.0000）控件　该控件用于确定文字向左或向右倾斜的角度。

24)"追踪"（a•b 1.0000）控件　该控件用于缩放字符间的距离。

25)"宽度因子"（o 1.0000）控件　该控件用于确定字符的宽度因子。

（2）"标尺"

"标尺"位于"文字格式"工具栏下方。它用于设置段落和段落首行的缩进量和设置制表位。移动标尺上的滑动条可设置缩进量，在标尺上单击可设置制表位。

（3）文字编辑区域

文字编辑区域位于"文字格式"工具栏和"标尺"的下方，用于输入、编辑、显示文字。竖条文字光标指示出输入文字的位置。输入文字较多时，自动按设置好的编辑区域宽度换行显示。编辑区域的高度视文字行数的增加而扩展。编辑区域是透明的，用户在创建文字时可以清楚地看到是否与其他对象重叠。

输入的文字按"文字格式"工具栏和选项菜单中设置好的文字格式显示。如要改变已输入文字的格式，必须先用光标选择这些文字，使其加亮显示，再修改原有的设置。选择文字主要用以下两种方式：一是在文字起始处按住左键不放，拖动光标到要选文字的终止处；二是双击某一行，从这一行到下一个【Enter】键前的文字被选中。

7.4　DDEDIT(文字编辑)命令

DDEDIT（文字编辑）命令用于编辑文本内容。对于单行文字只能修改文字内容。对于多行文字不仅能修改文字内容，而且能修改文字的各种特性。该命令还能修改尺寸文字。如果选中的对象是由 TEXT（单行文字）命令建立的文字，则显示没有"文字格式"工具栏和标尺的"在位编辑器"，而且文字对象是被选中的。如果选中的对象是由 MTEXT（多行文字）命令建立的文字或尺寸，则显示与 MTEXT（多行文字）命令下完全相同的"在位文字编辑器"。在一次 DDEDIT（文字编辑）命令下可连续编辑多个文字对象。每编辑完一个对象要按【Enter】键或在编辑器外单击左键，再选下一个文字对象进行编辑。要结束 DDEDIT（文字编辑）命令，还要再按一次【Enter】键。

DDEDIT（文字编辑）命令的输入方式如下。

键盘输入：DDEDIT 或 ED

工具栏："文字"工具栏→🅰

菜单："修改(M)"→"对象(O)"→"文字(T)"→"编辑(E)…"

快捷菜单：选择文本对象，在绘图区域单击右键，然后选择"编辑多行文字(I)…"或"编辑文字(I)…"。

定点设备：双击文字对象

练 习 题

7.1　将 HZ、ROMANS 两种样式加入到样板中。

7.2　绘制 A3 图幅格式，并保存之。要求边框线画在"细实线"层上，图框线画在"粗实线"层上，标题栏格式如图 7-8 所示。

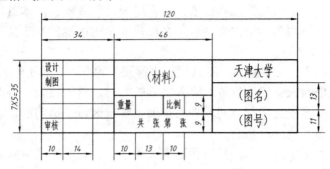

图 7-8　标题栏格式

第 8 章　尺寸标注

尺寸标注是工程图样上一项重要内容。AutoCAD 具有很强的尺寸标注功能，而且操作简便。经过设置尺寸样式的操作，标注出的尺寸基本符合我国的标准。这一章将详细说明尺寸样式的设置、标注尺寸和尺寸编辑的命令。尺寸样式也称标注样式。

8.1　尺寸样式

由于尺寸形式的多样化，尺寸文字位置的不定性，决定了尺寸标注的复杂化。AutoCAD 采用了设置尺寸样式的解决方案，使尺寸标注变得简单、方便。因此，设置一组比较好的尺寸样式，是能否成功地标注尺寸的决定因素。

设置尺寸样式是针对不同的尺寸形式(如线性尺寸、直径和半径尺寸、角度尺寸、引线等)，设置不同的样式，使它们构成一个尺寸样式组。一般要对尺寸样式组命名，这就是尺寸样式名。默认的尺寸样式名为 ISO-25(公制)或 STANDARD(英制)。

设置尺寸样式就是确定组成尺寸的各部分——尺寸界线、尺寸线、箭头、尺寸文字的颜色、大小、位置等。

8.1.1　DIMSTYLE(标注样式)命令

DIMSTYLE(标注样式)命令使用"标注样式管理器"对话框(图 8-1)创建新的尺寸样式，设置当前尺寸样式，修改已有的尺寸样式等。

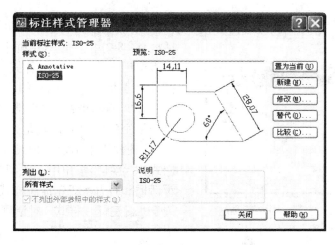

图 8-1　"标注样式管理器"对话框

8.1.1.1　命令输入方式

键盘输入：DIMSTYLE 或 D 或 DDIM 或 DST 或 DIMSTY

工具栏："标注"工具栏→

　　　　　"样式"工具栏→

菜单："标注(N)"→"样式(S)…"

　　　　"格式(O)"→"标注样式(D)…"

8.1.1.2　"标注样式管理器"对话框

1."样式(S)"列表框

"样式(S)"列表框中显示所有尺寸样式名。当箭头光标指在某个样式名上单击右键时，将弹出一个快捷菜单，可对所选尺寸样式名做设为当前样式或改名、删除操作。亮显的尺寸样式名是当前尺寸样式，并且还在对话框顶部显示，如"当前标注样式：ISO-25"。

2."列出(L)"控件

"列出(L)"控件控制"样式(S)"列表框中显示哪些尺寸样式名。"所有样式"选项将显示所有尺寸样式名；"正在使用的样式"选项将显示已使用的尺寸样式名。

3."不列出外部参照中的样式"复选框

"不列出外部参照中的样式"复选框确定在"样式(S)"列表框中是否显示外部参照中的样式。只有在当前图形使用了外部参照，外部参照中又有尺寸样式，该项才可用。

4."预览"框

"预览：ISO-25"说明在预览框内显示的尺寸样式是 ISO-25。如果修改了该样式的设置，则预览框内的尺寸随之改变。要预览另一种尺寸样式，在"样式(S)"列表框中点取这种尺寸样式名即可。

5."说明"区

"说明"区用于显示指定尺寸样式的说明。

6."置为当前(U)"按钮

"置为当前(U)"按钮用于设置当前尺寸样式。在"样式(S)"列表框中点取一种尺寸样式名，再单击该按钮，选中的尺寸样式名即为当前样式。

7."新建(N)…"按钮

"新建(N)…"按钮用于创建新的尺寸样式。单击该按钮将显示"创建新标注样式"对话框(图 8-2)。在该对话框中，"新样式名(N)"文本框用于输入新尺寸样式名；"基础样式(S)"控件用于指定一个已有的尺寸样式作为创建新尺寸样式的基础；"注释性(A)"复选框用于确定图纸空间的尺寸样式是否具有注释性；"用于(U)"控件用于指定一种尺寸类型来设置尺寸的样式；"继续"按钮用于关闭"创建新标注样式"对话框和打开"新建标注样式"对话框(图 8-3)。关于"新建标注样式"对话框的说明将在后面介绍。

图 8-2　"创建新标注样式"对话框

"用于(U)"控件中有 7 种尺寸类型："所有标注"、"线性标注"、"角度标注"、"半径标注"、"直径标注"、"坐标标注"和"引线和公差"。

　　每一个尺寸样式名里都有这 7 种标注类型。"所有标注"是尺寸标注最基本的形式，其余 6 个都服从于它。首先定义所有标注类型，然后在此样式基础上再分别定义其余类型。如果修改了"所有标注"的设置，将影响其余类型的样式。执行一种标注尺寸命令时，AutoCAD 自动寻找与该尺寸形式相一致的尺寸类型，并按该类型设定的样式显示。

　　利用"新建(N)…"按钮建立一个新的尺寸样式的过程如下：

　　①单击"新建(N)…"按钮，在"创建新标注样式"对话框的"新样式名(N)"文本框中输入新样式名，也可使用默认的样式名；

　　②单击"继续"按钮，随后定义"所有标注"样式，定义结束后返回"标注样式管理器"对话框；

　　③单击"新建(N)…"按钮，在"用于(U)"控件中依次点取下一个尺寸类型，分别定义各类型的样式；

　　④最后单击尺寸样式名，再单击"置为当前(U)"按钮，将新尺寸样式设置为当前样式。

　　8. "修改(M)…"按钮

　　"修改(M)…"按钮用于修改指定尺寸样式中的设置。单击该按钮将显示与"新建标注样式"对话框中各选项完全相同的"修改标注样式"对话框。

　　9. "替代(O)…"按钮

　　"替代(O)…"按钮用于临时修改当前尺寸样式中的设置。单击该按钮将显示与"新建标注样式"对话框中各选项完全相同的"替代当前样式"对话框。修改后的尺寸样式作为另一种尺寸类型"<样式替代>"显示在"样式"列表框中指定的尺寸样式名下。

　　10. "比较(C)…"按钮

　　"比较(C)…"按钮用于比较两个尺寸样式的特征或查看某个尺寸样式的特征。这是用"比较标注样式"对话框来进行的。关于该对话框的说明稍后叙述。

8.1.1.3　"新建标注样式"对话框

　　在"新建标注样式"对话框(图 8-3)里可以定义新尺寸样式的特性。这些特性分别放置在下述各选项卡中。此对话框最初显示的是在"创建新标注样式"对话框里选择的"基础样式(S)"的特性。如果修改了特性，预览图形随之改变。

　　1. "线"选项卡

　　在"线"选项卡(图 8-3)中定义尺寸线、尺寸界线的类型、大小和颜色。

　　(1)"尺寸线"区

　　在该区定义尺寸线的有关参数。

　　1)"颜色(C)"、"线型(L)"、"线宽(G)"控件　在控件中选择尺寸线的颜色、线型和线宽。通常都选 ByLayer(随层)。

　　2)"超出标记(N)"文本框　当用户采用"建筑标记"作为尺寸箭头时，可在文本框中输入尺寸线超出尺寸界线的长度(图 8-4)。

　　3)"基线间距(A)"文本框　当用户采用共基线尺寸命令标注尺寸时，文本框中的值确定两平行尺寸线间的距离(图 8-5)。

　　4)"隐藏"选项　该选项用于选择是否画第一段或第二段尺寸线(图 8-6)。如打开"尺寸线 1(M)"或"尺寸线 2(D)"复选框，则不画第一段或第二段尺寸线。第一、第二是按输入尺寸界线起点的先后次序确定的。第一段、第二段是从尺寸线中点来区分的。

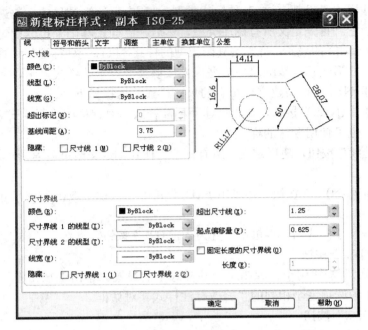

图 8-3 "新建标注样式"对话框的"线"选项卡

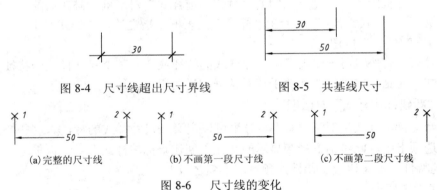

图 8-4 尺寸线超出尺寸界线　　　　图 8-5 共基线尺寸

(a)完整的尺寸线　　　　(b)不画第一段尺寸线　　　　(c)不画第二段尺寸线

图 8-6 尺寸线的变化

(2)"尺寸界线"区

在该区设置尺寸界线的有关参数。

1)"颜色(R)"、"尺寸界线 1(1)的线型"、"尺寸界线 2(2)的线型"、"线宽(W)"控件 在控件中选择尺寸界线的颜色、线型和线宽。这里也都选 ByLayer(随层)。

2)"隐藏"选项 该选项用于确定是否画第一条或第二条尺寸界线(图 8-7)。如打开"尺寸界线 1(1)"或"尺寸界线 2(2)"复选框,则不画第一条或第二条尺寸界线。

3)"超出尺寸线(X)"文本框 文本框中的值确定尺寸界线超过尺寸线的长度。

4)"起点偏移量(F)"文本框 文本框中的值确定尺寸界线起点的偏移量(图 8-8)。编移量是指显示的尺寸界线起点与指定点间的距离。图 8-6、图 8-7 中偏移量为 0,图 8-8 中偏移量不为 0。

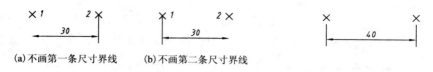

(a)不画第一条尺寸界线　　　(b)不画第二条尺寸界线

图 8-7　尺寸界线　　　　　　　　　　图 8-8　尺寸界线起点偏移

5)"固定长度的尺寸界线(O)"按钮　选择该按钮,将使尺寸界线长度为下面"长度(E)"文本框中的值(不随着尺寸线与被标注对象之间的距离而改变)。

2."符号和箭头"选项卡

在"符号和箭头"选项卡(图 8-9)中设置箭头、圆心标记的形式和大小,弧长符号的位置,折断标注的断开距离,半径折弯尺寸的角度和线性折弯尺寸的高度因子。

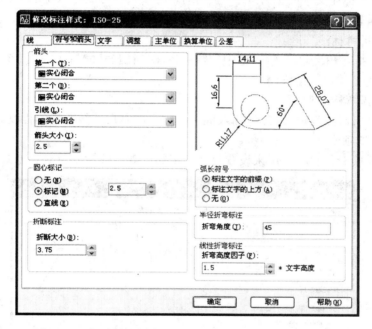

图 8-9　"新建标注样式"对话框的"符号和箭头"选项卡

(1)"箭头"区

在该区设置箭头形式及大小。

1)"第一个(T)"控件　该控件用于设置第一箭头的形式。在控件中选择需要的箭头形式。较常用的形式有"无"、"小点"、"实心闭合"、"建筑标记"等。

2)"第二个(D)"控件　该控件用于设置第二箭头的形式。控件的内容与"第一个(T)"相同。第一、第二箭头的形式可以相同,也可不同,还可使用用户定义的箭头。

3)"引线(L)"控件　该控件用于设置引线上起始端箭头的形式。控件的内容与"第一个(T)"相同。较常用的形式有"无"、"小点"、"实心闭合"等。

4)"箭头大小(I)"文本框　文本框中的值确定箭头的长度。

(2)"圆心标记"区

在该区设置圆或圆弧的圆心标记及大小。"无(N)"按钮选中时不画圆心标记。"标记(M)"按钮选中时用小十字标出圆心(图 8-10(a))。"直线(E)"按钮选中时用小十字加直线画出圆

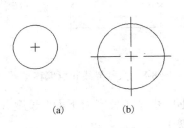

图 8-10　圆心标记

(a)标记；(b)直线

或圆弧的十字中心线(图 8-10(b))。在"标记(M)"右边的文本框中设置小十字的半长、小十字端点与直线端点的间隔、直线超出圆或圆弧的长度。

(3)"折断标注"区

在"折断大小(B)"文本框中设置折断标注的间距。折断标注是指在几个相交的长度尺寸中，用断开一个尺寸的尺寸线或尺寸界线的方法来避免它们相交。

(4)"弧长符号"区

在该区设置弧长符号的位置。选中"标注文字的前缀(P)"按钮时，将弧长符号放在数字的前面；选中"标注文字的上方(A)"按钮时，将弧长符号放在数字的上面。选中"无(O)"按钮时，不画弧长符号。

(5)"半径折弯标注"区

在该区用"折弯角度(J)"输入框中的数字控制半径尺寸线弯折(Z 字形)的程度。折弯角度是两段相交直线之间的夹角。

(6)"线性折弯标注"区

在该区用"折弯高度因子(F)"输入框中的数字控制尺寸线弯折的程度。

3."文字"选项卡

"文字"选项卡(图 8-11)用来设置尺寸文字的外观、位置以及对齐方式等。

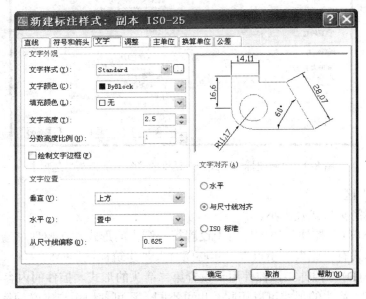

图 8-11　"新建标注样式"对话框中的"文字"选项卡

(1)"文字外观"区

在该区设置尺寸文字的样式、字高、颜色等。

1)"文字样式(Y)"控件　在控件中指定尺寸文字的样式。若没有需要的样式，可单击控件框右端的 ▦ 按钮，在"文字样式"对话框(图 7-1)中创建新文字样式。

2)"文字颜色(C)"控件　在控件中指定尺寸文字的颜色。这里通常选 ByLayer(随层)。

3）"填充颜色(L)"控件　在控件中指定填充尺寸文字背景的颜色。

4）"文字高度(T)"文本框　在文本框中键入尺寸文字的字高。

5）"分数高度比例(H)"文本框　当尺寸文字用分数形式时，在文本框中键入分数的字高与尺寸文字字高的比。

6）"绘制文字边框(F)"复选框　该复选框确定是否在尺寸文字四周画矩形框。

（2）"文字位置"区

在该区设置尺寸文字放置的位置。

1）"垂直(V)"控件　在这里确定尺寸文字的垂直位置，即它是在尺寸线的中部、上方、外侧，还是使用日本的工业标准(JIS)。选择某一位置要使用控件来点取，同时能预览效果。"居中"选项将尺寸文字放置在尺寸线中部断开处。"上方"选项将尺寸文字放置在尺寸线的上方。"外部"选项将尺寸文字放置在第二条尺寸界线的外侧。"JIS"选项使用日本工业标准中确定尺寸文字的垂直位置的方法。

2）"水平(Z)"控件　在这里用来确定尺寸文字的水平位置是在尺寸线的中间、左端、右端，还是在第一条或第二条尺寸界线上。"居中"选项使尺寸文字位于尺寸线的中部。"第一条尺寸界线"选项使尺寸文字靠近第一条尺寸界线，即位于尺寸线左端。"第二条尺寸界线"选项使尺寸文字靠近第二条尺寸界线，即位于尺寸线右端。"第一条尺寸界线上方"选项使尺寸文字位于第一条尺寸界线上，并与尺寸界线平行。"第二条尺寸界线上方"选项使尺寸文字位于第二条尺寸界线上，并与尺寸界线平行。

3）"从尺寸线偏移(O)"文本框　在文本框中确定尺寸文字与尺寸线之间的距离。这个距离也是尺寸文字周围空出的大小。

（3）"文字对齐(A)"区

在该区控制尺寸文字放在尺寸界线外边或里边时的方向是保持水平还是与尺寸线平行。"水平"按钮使尺寸文字总是水平的，无论尺寸线如何倾斜。"与尺寸线对齐"按钮使尺寸文字方向与尺寸线方向平行。对于"ISO 标准"按钮，当文字在尺寸界线内时，该按钮使文字与尺寸线平行；当文字在尺寸界线外时，该按钮使文字水平排列。

4. "调整"选项卡

"调整"选项卡(图 8-12)用于控制尺寸文字、箭头、引线和尺寸线的放置位置。

（1）"调整选项(F)"区

根据两条尺寸界线间的距离，确定尺寸文字和箭头是放在尺寸界线外还是尺寸界线内。两条尺寸界线间的距离足够大时，AutoCAD 总是把文字和箭头放在尺寸界线之间。否则，根据下列选项放置文字和箭头。

1）"文字或箭头(最佳效果)"按钮　选择该项后按照下列方式放置文字和箭头。

当尺寸界线间的距离足够大时，把文字和箭头都放在尺寸界线内。否则，AutoCAD 按最佳效果移动文字或箭头。

当尺寸界线间的距离仅够容纳文字时，文字放在尺寸界线内而箭头放在尺寸界线外。

当尺寸界线间的距离仅够容纳箭头时，箭头放在尺寸界线内而文字放在尺寸界线外。

当尺寸界线间的距离既不够放文字又不够放箭头时，文字和箭头都放在尺寸界线外。

2）"箭头"按钮　选择该项后按照下列方式放置文字和箭头。

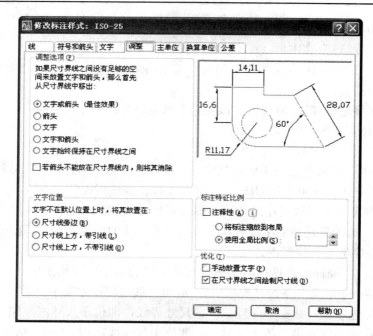

图 8-12 "新建标注样式"对话框中的"调整"选项卡

当尺寸界线间距离足够放下文字和箭头时，文字和箭头都放在尺寸界线内。

当尺寸界线间距离仅够放下箭头时，箭头放在尺寸界线内而文字放在尺寸界线外。

当尺寸界线间距离不足以放下箭头时，文字和箭头都放在尺寸界线外。

3)"文字"按钮　选择该项后按照下列方式放置文字和箭头。

当尺寸界线间距离足够放下文字和箭头时，文字和箭头都放在尺寸界线内。

当尺寸界线间距离仅够放下文字时，文字放在尺寸界线内而箭头放在尺寸界线外。

当尺寸界线间距离不足以放下文字时，文字和箭头都放在尺寸界线外。

4)"文字和箭头"按钮　选择该项后将把文字与箭头一起放在尺寸界线之内或之外，视尺寸界线之间的距离大小而定。

5)"文字始终保持在尺寸界线之间"按钮　选择该项后文字总放在尺寸界线之间，而不管尺寸界线间距离是否足够。

6)"若箭头不能放在尺寸界线内，则将其消除"按钮　该项打开后，如果尺寸界线内没有足够的空间，则不画箭头。

(2)"文字位置"区

在该区设置尺寸文字被移动时放置的位置。

1)"尺寸线旁边(B)"按钮　选择该按钮后，如果移动文字，尺寸线也会跟着一起移动。

2)"尺寸线上方，带引线(L)"按钮　选择该按钮后，如果文字移动到远离尺寸线处，AutoCAD 创建一条从尺寸线到文字的引线，而尺寸线不动。当文字太靠近尺寸线时，AutoCAD 忽略引线。

3)"尺寸线上方，不带引线(O)"按钮　选择该按钮后，在移动文字时可以不改变尺寸线的位置，远离尺寸线的文字无引线与尺寸线相连。

（3）"标注特征比例"区

在该区设置模型空间或图纸空间中相对于尺寸各组成部分大小的比例因子（全局比例）。

1）"注释性（A）"复选框　　"注释性（A）"复选框用于确定图纸空间尺寸是否具有注释性。

2）"将标注缩放到布局"按钮　　选择该按钮时，将根据当前模型空间视口和图纸空间的比例确定比例因子。当在图纸空间工作但不在模型空间视口中，或 TILEMODE 被设为 1 时，AutoCAD 使用默认比例因子 1.0。

3）"使用全局比例（S）"按钮　　选择该按钮时，在右侧文本框中键入的数值将是相对于尺寸各组成部分大小的比例。这个比例不改变尺寸的测量值。

（4）"优化（T）"区

在该区设置是否由用户指定尺寸文字放置的水平位置，是否在尺寸界线之间绘制尺寸线。

1）"手动放置文字（P）"复选框　　该复选框用于设置是否由用户指定尺寸文字放置的水平位置。打开复选框时，在用光标指定尺寸线位置的同时，也确定了尺寸文字的水平位置，即文字在光标处随光标移动。关闭复选框时，则按该对话框中设定的形式确定尺寸文字的水平位置。

2）"在尺寸界线之间绘制尺寸线（D）"复选框　　该复选框确定当箭头和尺寸文字都放在尺寸界线以外时，是否在尺寸界线之间画尺寸线。复选框关闭时不画尺寸线（图 8-13），打开时则画出尺寸线。

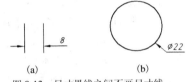

图 8-13　尺寸界线之间不画尺寸线
(a)线性尺寸；(b)直径尺寸

5."主单位"选项卡

在"主单位"选项卡（图 8-14）里设置线性尺寸和角度尺寸单位的格式和精度，设置尺寸文字的前缀和后缀。

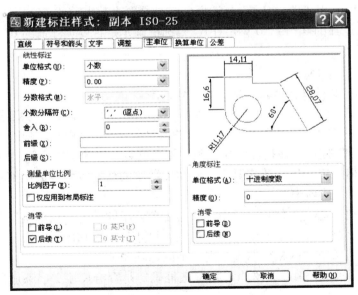

图 8-14　"新建标注样式"对话框的"主单位"选项卡

（1）"线性标注"区

在该区设置线性尺寸的格式、精度和尺寸文字的前后缀。

1)"单位格式（U）"控件　在控件中设置除了角度之外的所有尺寸类型的当前单位格式。可供选择的单位有"科学"、"小数"、"工程"、"建筑"、"分数"、"Windows 桌面"等。通常使用默认选项"小数"。

2)"精度（P）"控件　在控件中显示和设置尺寸文字里的小数位数。

3)"分数格式（M）"控件　在控件中设置分数的格式。只有当尺寸文字使用分数形式时控件才可操作。

4)"小数分隔符（C）"控件　在控件中设置十进制格式的小数分隔符。可选择的选项包括"'.'（句点）"、"','（逗点）"或"' '（空格）"。

5)"舍入（R）"文本框　该选项设置线性尺寸测量值的舍入规则。在文本框里键入数值。例如，输入 0.25，所有测量值被舍入到 0.25 的倍数。类似地，如果键入 1，AutoCAD 把所有测量值舍入成整数。

6)"前缀（X）"文本框　在文本框中键入尺寸数字的前缀。若在此键入了前缀，则在其后标注的尺寸都将加上这个前缀。因此要注意随时清除它，一般尽量不使用它。

7)"后缀（S）"文本框　在文本框中键入尺寸数字的后缀。用法与"前缀（X）"选项类似。

8)"测量单位比例"区　在该区的"比例因子（E）"文本框中设置模型空间或图纸空间的长度测量比例因子。在标注尺寸时，AutoCAD 将自动测量尺寸线的长度，并把它与长度测量比例因子相乘，结果作为默认值注出尺寸数字。所绘图形经过放大或缩小后，必须在"比例因子（E）"文本框中键入绘图比例因子的倒数，才能标注出实际大小的尺寸。关闭"仅应用到布局标注"复选框时，表示在模型空间中将长度测量比例因子应用到尺寸标注，反之仅在布局(图纸空间)中使用长度测量比例因子。

9)"消零"区　在该区中确定是否显示前导零和小数尾部零。若使用英制单位则确定是否显示 0′ 和 0″。用"前导（L）"复选框确定是否要小数点前的 0；用"后续（T）"复选框确定是否要小数尾部的 0；用"0 英尺（F）"复选框确定是否要英寸前的 0′；用"0 英寸（I）"复选框确定是否要 0″。

(2)"角度标注"区

在该区设置角度单位的格式、精度及是否消零。

1)"单位格式（A）"控件　用控件显示或设置角度单位格式。可供选择的角度单位格式有："十进制度数"、"度/分/秒"、"百分度"、"弧度"。一般在图样上使用"十进制度数"。

2)"精度（O）"控件　在控件中显示和设置角度数字里的小数位数。

3)"消零"区　在该区中确定是否显示角度数字的前导零和小数尾部零。

6."换算单位"选项卡

在"换算单位"选项卡(图 8-15)中设置与主单位不同的另一种单位。在标注尺寸时，这种单位的尺寸数字被放在方括号中，与主单位的尺寸数字同时标注出来。本选项卡中有些选项与"主单位"选项卡中的相应选项相同，不同选项如下。

1)"显示换算单位（D）"复选框　用复选框确定是否给尺寸文字添加按换算单位计算的数值。

2)"换算单位乘数（M）"文本框　在文本框中输入作为主单位与换算单位之间的换算因子。AutoCAD 用以主单位测量的线性距离与当前线性测量比例因子和换算因子相乘来确定转换单位的数值。

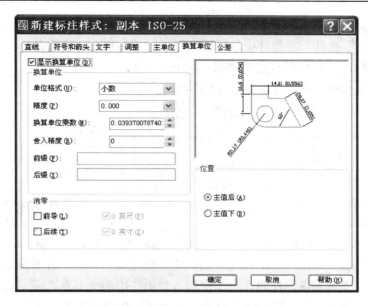

图 8-15 "新建标注样式"对话框的"换算单位"选项卡

3)"位置"区 在该区控制换算单位放置的位置。当选中了"主值后(A)",换算单位放在主值之后。当选中了"主值下(B)",换算单位放在主值下面。

7. "公差"选项卡

在"公差"选项卡(图 8-16)中设置尺寸公差的形式、格式、公差值、公差字高及对齐方式等。

图 8-16 "新建标注样式"对话框的"公差"选项卡

（1）"公差格式"区

1）"方式（M）"控件　在控件中选择标注尺寸公差的形式，它们是：

① "无"选项关闭标注尺寸公差功能，即不注公差；

② "对称"选项标注对称公差，如±0.025；

③ "极限偏差"选项标注不对称公差，如 $^{+0.013}_{-0.008}$ 、$^{0}_{-0.012}$ 、$^{+0.036}_{0}$ 等；

④ "极限尺寸"选项标注最大与最小两个极限尺寸，如 $^{25.013}_{24.992}$ ；

⑤ "基本尺寸"选项标注基准尺寸，并在尺寸文字上加一矩形框，如 25 。

2）"精度（P）"控件　在控件中选择公差数值里的小数位数。

3）"上偏差（V）"文本框　在文本框中键入上偏差值，即使为 0 也要键入。如果用默认值 0，则注出的 0 前有"+"号。

4）"下偏差（W）"文本框　在文本框中键入下偏差值。在写出下偏差时，AutoCAD 自动在下偏差前加一负号。因此，若下偏差值是正值，则应键入负值；若下偏差值是负值，则键入不带符号的值。下偏差值即使为 0 也要键入，否则注出的 0 前有"－"号。

5）"高度比例（H）"文本框　确定公差文字字高。在文本框中输入公差字高与尺寸字高的比值，而不是公差的实际字高。

6）"垂直位置（S）"控件　设置公差文字与尺寸文字对齐方式。在控件中有"上"、"中"和"下"三个选项，按国标要求选"下"。

7）"公差对齐"区　在该区设置上、下偏差值堆叠时的水平位置的对齐方式。选中"对齐小数分隔符（A）"按钮，使上、下偏差值以小数点为准上下对齐。选中"对齐运算符（G）"按钮，使上、下偏差值以"+"、"－"号为准上下对齐。

8）"消零"区　在该区中确定是否显示偏差值的前导零和小数尾部零。该区中的各选项与"主单位"选项卡中的相应选项相同。

（2）"换算单位公差"区

当"换算单位"选项卡中选中"显示换算单位（D）"复选框时，要在该区设置偏差值的精度和是否消零。该区中的各选项与"换算单位"选项卡中的相应选项相同，不再赘述。

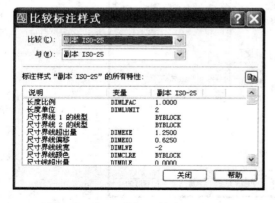

图 8-17　"比较标注样式"对话框

8.1.1.4　"比较标注样式"对话框

在"比较标注样式"对话框（图 8-17）中，可以比较两种尺寸样式不同的特性或显示一种尺寸样式的所有特性。其结果可以复制到 Windows 剪贴板上。

1）"比较（C）"控件　在控件中指定要用于比较的第一种尺寸样式。

2）"与（W）"控件　在控件中指定要用于比较的第二种尺寸样式。如果设为"无"或设为与"比较（C）"一样的样式，则 AutoCAD 显示该样式的所有特性。

3）列表框　在列表框中显示比较结果或一种尺寸样式的所有特性。列表框中显示的内容有下列几项：

①尺寸样式特性描述；

②控制尺寸样式特性的系统变量；

③不同的尺寸样式特性系统变量值。

4)"打印到剪贴板"按钮(▣) 该按钮位于列表框的右上方。选择此按钮把比较结果复制到 Windows 剪贴板上。

8.1.2　设置新尺寸样式举例

机械图样与建筑图样上的尺寸不同，应分别创建两种样式。现在分别举例说明创建这两种样式的过程。假定以下操作以默认样式名"ISO-25"为基础，未说明的选项都用默认值。在以下操作之前，这些默认值都是 AutoCAD 的初始值，从未经修改过。

例 1　设置一种尺寸样式，使之适合标注机械图样上各种不同类型的尺寸，并将它保存在用户样板内。对这种尺寸样式可以命名为"机械"，也可以在默认样式名基础上修改得到。

设置新尺寸样式的步骤如下。

①使用 QNEW(快速新建)或 NEW(新建)命令装入用户样板 A3.dwt。

②执行 DIMSTYLE(标注样式)命令，显示"标注样式管理器"对话框。

③单击"新建(N)..."按钮，弹出"创建新标注样式"对话框。在文本框中键入"机械"，再单击"继续"按钮，弹出"新建标注样式"对话框。

④在"线"选项卡的"尺寸线"区，修改"颜色(C)"、"线型(L)"和"线宽(G)"为 ByLayer(随层)，修改"基线间距(A)"的值为 10。

⑤在"尺寸界线"区，修改"颜色(R)"、"尺寸界线 1(I)的线型"、"尺寸界线 2(T)的线型"和"线宽(W)"为 ByLayer(随层)，修改"超出尺寸线(X)"的值为 3、"起点偏移量(F)"的值为 0。

⑥在"符号和箭头"选项卡的"箭头"区修改"箭头大小(I)"的值为 3。

⑦在"圆心标记"区点取"无"，在"弧长符号"区点取"标注文字的上方(A)"。

⑧点"文字"选项卡，在"文字外观"区，修改"文字样式(Y)"为 HZ。如果控件中没有这个文字样式，则选取该选项右端的...按钮，新定义一种文字样式。再修改"文字颜色(C)"为 ByLayer(随层)；修改"文字高度(T)"的值为 3。

⑨在"文字位置"区修改"从尺寸线偏移(O)"为 1。

⑩在"主单位"选项卡的"线性标注"区，修改"小数分隔符(C)"为"'.'（句点)"。

⑪单击"确定"按钮，返回"标注样式管理器"对话框。在"样式(S)"列表框中增加了一个新尺寸样式名"机械"。

⑫单击"新建(N)..."按钮，显示"创建新标注样式"对话框。

⑬在"用于(U)"控件中选"线性标注"项，单击"继续"按钮，再单击"确定"按钮，返回"标注样式管理器"对话框。在"样式(S)"列表框中"机械"样式名下新增加了一个尺寸类型"线性"。

⑭单击"新建(N)..."按钮，在"用于(U)"控件中选"角度标注"项，单击"继续"按钮。

⑮点"文字"选项卡，在"文字位置"区，修改"垂直(V)"为"居中"； 在"文字对齐(A)"区，打开"水平"单选按钮。

⑯单击"确定"按钮，返回"标注样式管理器"对话框。在"样式(S)"列表框中"机械"样式名下新增加了一个尺寸类型"角度"。

⑰单击"新建(N)…"按钮，在"用于(U)"控件中选"半径标注"项，单击"继续"按钮。

⑱点"文字"选项卡，在"文字对齐(A)"区，打开"ISO 标准"单选按钮。

⑲点"调整"选项卡，在"调整选项(F)"区，打开"文字"单选按钮。单击"确定"按钮，返回"标注样式管理器"对话框。在"样式(S)"列表框中"机械"样式名下新增加了一个尺寸类型"半径"。

⑳单击"新建(N)…"按钮，在"用于(U)"控件中选"直径标注"项，单击"继续"按钮。

㉑点"文字"选项卡，在"文字对齐(A)"区，打开"ISO 标准"单选按钮。

㉒点"调整"选项卡，在"调整选项(F)"区，打开"文字"单选按钮，单击"确定"按钮，返回"标注样式管理器"对话框。在"样式(S)"列表框中"机械"样式名下新增加了一个尺寸类型"直径"。

㉓单击尺寸样式名"机械"，再单击"置为当前(U)"按钮，"机械"样式为当前样式。"机械"尺寸样式设置完成。

㉔如再单击"新建(N)…"按钮，又可创建另一新尺寸样式。如不再创建新尺寸样式，则单击"关闭"按钮，结束 DIMSTYLE(标注样式)命令。

㉕使用 SAVEAS(另存为)命令，重新保存样板 A3.dwt。

例 2　设置一种在建筑图样上标注尺寸的尺寸样式，样式名为"建筑"。设置这个尺寸样式的步骤如下。

①使用 QNEW(快速新建)或 NEW(新建)命令装入用户样板 A3.dwt。

②执行 DIMSTYLE(标注样式)命令，显示"标注样式管理器"对话框。

③单击"新建(N)…"按钮，弹出"创建新标注样式"对话框。在文本框中键入"建筑"，再单击"继续"按钮，弹出"新建标注样式"对话框。

④在"线"选项卡的"尺寸线"区，修改"颜色(C)"、"线型(L)"和"线宽(G)"为 ByLayer(随层)，修改"基线间距(A)"的值为 10。

⑤在"尺寸界线"区，修改"颜色(R)"、"尺寸界线 1(I)的线型"、"尺寸界线 2(T)的线型"和"线宽(W)"为 ByLayer(随层)，修改"超出尺寸线(X)"的值为 3，"起点偏移量(F)"的值为 2。

⑥在"符号和箭头"选项卡的"箭头"区，修改"第一个(T)"的形式为"建筑标记"，修改"箭头大小(I)"的值为 3。

⑦在"圆心标记"区点取"无"。

⑧点"文字"选项卡，在"文字外观"区，修改"文字样式(Y)"为 HZ。如果控件中没有这个文字样式，则选取该选项右端的█按钮，新定义一种文字样式。再修改"文字颜色(C)"为 ByLayer(随层)；修改"文字高度(T)"的值为 3。

⑨在"文字位置"区，修改"从尺寸线偏移(O)"为 1。

⑩在"主单位"选项卡的"线性标注"区，修改"小数分隔符(C)"为"'.'（句点）"。

⑪单击"确定"按钮，返回"标注样式管理器"对话框。在"样式(S)"列表框中增加

了一个新尺寸样式名"建筑"。

⑫单击"新建(N)…"按钮，显示"创建新标注样式"对话框。

⑬在"用于(U)"控件中选"线性标注"项，单击"继续"按钮，再单击"确定"按钮，返回"标注样式管理器"对话框。在"样式(S)"列表框中，"建筑"样式名下新增加了一个尺寸类型"线性"。

⑭单击"新建(N)…"按钮，在"用于(U)"控件中选"角度标注"项，单击"继续"按钮。

⑮在"符号和箭头"选项卡的"箭头"区，修改"第一个(T)"的形式为"实心闭合"。

⑯点"文字"选项卡，在"文字位置"区，修改"垂直(V)"为"居中"； 在"文字对齐(A)"区，打开"水平"单选按钮。

⑰单击"确定"按钮，返回"标注样式管理器"对话框。在"样式(S)"列表框中"建筑"样式名下新增加了一个尺寸类型"角度"。

⑱单击"新建(N)…"按钮，在"用于(U)"控件中选"半径标注"项，单击"继续"按钮。

⑲在"符号和箭头"选项卡的"箭头"区，修改"第一个(T)"的形式为"实心闭合"。点"文字"选项卡，在"文字对齐(A)"区，打开"ISO标准"单选按钮。

⑳点"调整"选项卡，在"调整选项(F)"区，打开"文字"单选按钮。单击"确定"按钮，返回"标注样式管理器"对话框。在"样式(S)"列表框中，"建筑"样式名下新增加了一个尺寸类型"半径"。

㉑单击"新建(N)…"按钮，在"用于(U)"控件中选"直径标注"项，单击"继续"按钮。

㉒在"符号和箭头"选项卡的"箭头"区，修改"第一个(T)"的形式为"实心闭合"。点"文字"选项卡，在"文字对齐(A)"区，打开"ISO标准"单选按钮。

㉓点"调整"选项卡，在"调整选项(F)"区，打开"文字"单选按钮。单击"确定"按钮，返回"标注样式管理器"对话框。在"样式(S)"列表框中，"建筑"样式名下新增加了一个尺寸类型"直径"。

㉔单击尺寸样式名"建筑"，再单击"置为当前(U)"按钮，"建筑"样式为当前样式。"建筑"尺寸样式设置完成。

㉕如再单击"新建(N)…"按钮，又可创建另一新尺寸样式。如不再创建新尺寸样式，则单击"关闭"按钮，结束 DIMSTYLE(标注样式)命令。

㉖使用 SAVEAS(另存为)命令，重新保存样板 A3.dwt。

需要说明的是，由于尺寸形式多样，设置一组尺寸样式不可能包含所有尺寸形式，所以上述例子设置的样式只包含了常用的尺寸形式，是最基本的设置。在标注尺寸过程中，如注出的尺寸形式不合适，有两种方法可处理：一是使用尺寸编辑命令去修改；二是先使用 DIMSTYLE(标注样式)命令中的"替代(O)…"按钮修改设置，再标注尺寸，注完尺寸后再删除"<样式替代>"，以免影响其后的尺寸标注。

8.2　标注尺寸命令

要在设置好尺寸样式的基础上标注尺寸。不同类型的尺寸使用不同的尺寸标注命令，注出的尺寸按尺寸样式设置的形式显示。例如，长度尺寸按"线性"样式显示；直径、半径尺寸按"直径"、"半径"样式显示；角度尺寸按"角度"样式显示等。

8.2.1　DIMALIGNED(对齐尺寸)命令

DIMALIGNED(对齐尺寸)命令标注出尺寸线与对象平行的尺寸，或者说尺寸线与两尺寸界线起点连线平行。该命令通过用户指定的两尺寸界线起点和尺寸线通过点来标注尺寸。还可以由用户指定要标注尺寸的对象，AutoCAD 自动确定两尺寸界线的起点，然后用户再指定尺寸线通过的点，即可标注出尺寸。尺寸文字一般按 AutoCAD 测量两尺寸界线间的距离写出，也可由用户输入尺寸文字。

1.命令输入方式

键盘输入：DIMALIGNED 或 DAL

工具栏："标注"工具栏→

菜单："标注(N)"→"对齐(G)"

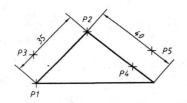

图 8-18　与目标平行尺寸

2.命令使用举例

例 1　标注图 8-18 中三角形两条斜边的长度尺寸。尺寸 35 用指定两尺寸界线起点的方法注出，尺寸 40 用选择对象的方法注出。

命令：<u>DAL</u>↙

DIMALIGNED

指定第一条尺寸界线原点或<选择对象>：<u>(捕捉 P1 点)</u>

指定第二条尺寸界线原点：<u>(捕捉 P2 点)</u>

指定尺寸线位置或[多行文字(M)/文字(T)/角度(A)]：<u>(点取 P3 点)</u>

标注文字=35

命令：↙

DIMALIGNED

指定第一条尺寸界线原点或<选择对象>：↙

选择标注对象：<u>(点取 P4 点)</u>

指定尺寸线位置或[多行文字(M)/文字(T)/角度(A)]：<u>(点取 P5 点)</u>

标注文字=40

例 2　在标注尺寸过程中，可以用"文字(T)"或"多行文字(M)"选项修改尺寸文字。

命令：<u>DAL</u>↙

DIMALIGNED

指定第一条尺寸界线原点或<选择对象>：<u>(捕捉 P1 点)</u>

指定第二条尺寸界线原点：<u>(捕捉 P2 点)</u>

指定尺寸线位置或[多行文字(M)/文字(T)/角度(A)]：<u>T</u>↙

输入标注文字<当前值>：<u>(输入尺寸文字或按【Enter】键使用当前值。要包含当前值(例如：要添加前缀或后缀)，请用小于、大于号(<>)代表该当前值)</u>

指定尺寸线位置或[多行文字(M)/文字(T)/角度(A)]：(点取 P3 点)

标注文字=<当前值>

如果选择了"多行文字(M)"选项，将打开多行文字在位文字编辑器。在编辑窗口中用户可以修改或输入要标注的尺寸文字，最后单击"确定"按钮以确定所做的修改。

3.说明

①当使用选择对象的方法标注尺寸时，距离对象选择点近的那个端点为第一条尺寸界线的起点，另一端点为第二条尺寸界线的起点。

②当两尺寸界线间的距离放不下尺寸文字时，尺寸文字将会放到第二条尺寸界线的外侧。

③确定尺寸线通过的点一般用光标定点。移动光标时注意工具栏提示中坐标显示，使尺寸线与目标、尺寸线与尺寸线间的距离一致。

④指定两尺寸界线起点时应使用对象捕捉，使尺寸数字准确。

8.2.2 DIMLINEAR(线性尺寸)命令

用 DIMLINEAR(线性尺寸)命令标注尺寸线水平、尺寸线垂直或尺寸线倾斜一定角度的尺寸。与 DIMALIGNED(对齐尺寸)命令一样，同样能用指定两尺寸界线起点或选择对象的方法来标注尺寸。尺寸文字用测量值或由用户输入。标注倾斜对象的水平或垂直尺寸时，在两尺寸界线起点之间上下移动光标，可确定水平尺寸线位置，而左右移动光标，则可确定垂直尺寸线位置。DIMLINEAR(线性尺寸)命令与 DIMALIGNED(对齐尺寸)命令不同之处，在于 DIMLINEAR(线性尺寸)命令能够标注尺寸线与对象不平行的尺寸，如图8-19中的尺寸22。

1.命令输入方式

键盘输入：DIMLINEAR 或 DLI

工具栏："标注"工具栏→▐

菜单："标注(N)"→"线性(L)"

2.命令使用举例

例 1 标注图 8-19 所示图形的尺寸。尺寸 40 用指定两尺寸界线起点的方法注出，尺寸 20 和 22 用指定对象的方法注出。

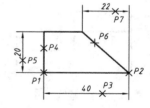

图 8-19 线性尺寸

命令：DLI↙

DIMLINEAR

指定第一条尺寸界线原点或<选择对象>：(捕捉 P1 点)

指定第二条尺寸界线原点：(捕捉 P2 点)

指定尺寸线位置或[多行文字(M)/文字(T)/角度(A)/水平(H)/垂直(V)/旋转(R)]：(点取 P3 点)

标注文字=40

命令：↙

DIMLINEAR

指定第一条尺寸界线原点或<选择对象>：↙

选择标注对象：(点取 P4 点)

指定尺寸线位置或[多行文字(M)/文字(T)/角度(A)/水平(H)/垂直(V)/旋转(R)]：(点取 P5 点)

标注文字=20

命令：↙

DIMLINEAR

指定第一条尺寸界线原点或<选择对象>：↙

选择标注对象：(点取 P6 点)

指定尺寸线位置或[多行文字(M)/文字(T)/角度(A)/水平(H)/垂直(V)/旋转(R)]：<u>H↙</u>
指定尺寸线位置或[多行文字(M)/文字(T)/角度(A)]：<u>T↙</u>
输入标注文字<22.2321>：<u>22↙</u>
指定尺寸线位置或[多行文字(M)/文字(T)/角度(A)]：<u>（点取 P7 点）</u>
标注文字=22.2321

例 2   标注尺寸线倾斜 30°的尺寸。要使尺寸线倾斜某个角度需要选择该命令中的"旋转(R)"选项。

命令：<u>DLI↙</u>
DIMLINEAR
指定第一条尺寸界线原点或<选择对象>：<u>（捕捉 P1 点）</u>
指定第二条尺寸界线原点：<u>（捕捉 P2 点）</u>
指定尺寸线位置或[多行文字(M)/文字(T)/角度(A)/水平(H)/垂直(V)/旋转(R)]：<u>R↙</u>
指定尺寸线的角度<当前值>：<u>30↙</u>
指定尺寸线位置或[多行文字(M)/文字(T)/角度(A)/水平(H)/垂直(V)/旋转(R)]：<u>（点取 P3 点）</u>
标注文字=<当前值>

8.2.3   DIMBASELINE(基线尺寸)命令

DIMBASELINE(基线尺寸)命令标注与前一个尺寸有共同的第一条尺寸界线且尺寸线平行的尺寸，如图 8-20 中的尺寸 40。共基线尺寸中，尺寸线间的距离由尺寸样式设置时确定的 "基线间距(A)"控制。该命令可连续标注若干个共基线尺寸，最后按【Esc】键或按两次【Enter】键结束。不仅长度尺寸可以共基线，而且角度尺寸也可以共基线。

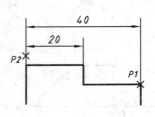

图 8-20   基线尺寸

1.命令输入方式
键盘输入：DIMBASELINE 或 DBA
工具栏："标注"工具栏→
菜单："标注(N)"→"基线(B)"

2.命令使用举例
例 1   如图 8-20 所示，尺寸 20 刚注出，接着注尺寸 40。

命令：<u>DBA↙</u>
DIMBASELINE
指定第二条尺寸界线原点或[放弃(U)/选择(S)]<选择>：<u>（捕捉 P1 点）</u>
标注文字=40
指定第二条尺寸界线原点或[放弃(U)/选择(S)]<选择>：<u>（按【Esc】键结束命令）</u>

例 2   如图 8-20 所示，尺寸 20 早已注出，又注过其他长度尺寸，再回过头来注尺寸 40。

命令：<u>DBA↙</u>
DIMBASELINE
指定第二条尺寸界线原点或[放弃(U)/选择(S)]<选择>：<u>↙</u>
选择基准标注：<u>（点取 P2 点）</u>
指定第二条尺寸界线原点或[放弃(U)/选择(S)]<选择>：<u>（捕捉 P1 点）</u>
标注文字=40
指定第二条尺寸界线原点或[放弃(U)/选择(S)]<选择>：<u>（按【Esc】键结束命令）</u>

例 3   如图 8-20 所示，尺寸 20 早已注出，又做过标注尺寸以外的操作，再回过头来注尺寸 40。

命令：<u>DBA↙</u>

DIMBASELINE
选择基准标注：<u>（点取 P2 点）</u>
指定第二条尺寸界线原点或[放弃(U)/选择(S)]<选择>：<u>（捕捉 P1 点）</u>
标注文字=40
指定第二条尺寸界线原点或[放弃(U)/选择(S)]<选择>：<u>（按【Esc】键结束命令）</u>

8.2.4　DIMCONTINUE(连续尺寸)命令

DIMCONTINUE(连续尺寸)命令用于标注连续尺寸，如图 8-21 中的尺寸 25。它是以尺寸 18 的第二条尺寸界线作为自己的第一条尺寸界线，并且两尺寸线位于同一直线上。角度尺寸也可标注连续尺寸。该命令可连续标注若干个连续尺寸，最后按【Esc】键或按两次【Enter】键结束命令。

1.命令输入方式
键盘输入：DIMCONTINUE 或 DCO
工具栏："标注"工具栏→🔲
菜单："标注(N)"→"连续(C)"

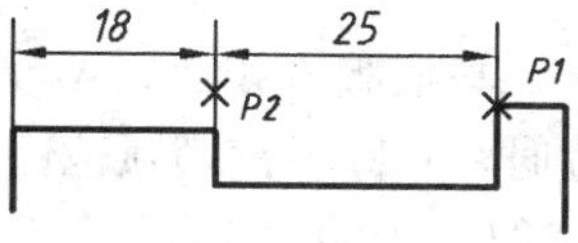

图 8-21　连续尺寸

2.命令使用举例
例 1　如图 8-21 所示，尺寸 18 刚注出，接着注尺寸 25。
命令：<u>DCO✓</u>
DIMCONTINUE
指定第二条尺寸界线原点或[放弃(U)/选择(S)]<选择>：<u>（捕捉 P1 点）</u>
标注文字=25
指定第二条尺寸界线原点或[放弃(U)/选择(S)]<选择>：<u>（按【Esc】键结束命令）</u>

例 2　如图 8-21 所示，尺寸 18 早已注出，又注过其他长度尺寸，再回过头来注尺寸 25。
命令：<u>DCO✓</u>
DIMCONTINUE
指定第二条尺寸界线原点或[放弃(U)/选择(S)]<选择>：<u>✓</u>
选择连续标注：<u>（点取 P2 点）</u>
指定第二条尺寸界线原点或[放弃(U)/选择(S)]<选择>：<u>（捕捉 P1 点）</u>
标注文字=25
指定第二条尺寸界线原点或[放弃(U)/选择(S)]<选择>：<u>（按【Esc】键结束命令）</u>

例 3　如图 8-21 所示，尺寸 18 早已注出，又做过标注尺寸以外的操作，再回过头来注尺寸 25。
命令：<u>DCO✓</u>
DIMCONTINUE
选择连续标注：<u>（点取 P2 点）</u>
指定第二条尺寸界线原点或[放弃(U)/选择(S)]<选择>：<u>（捕捉 P1 点）</u>
标注文字=25
指定第二条尺寸界线原点或[放弃(U)/选择(S)]<选择>：<u>（按【Esc】键结束命令）</u>

8.2.5　DIMDIAMETER(直径尺寸)和 DIMRADIUS(半径尺寸)命令

DIMDIAMETER(直径尺寸)和 DIMRADIUS(半径尺寸)命令用于标注圆或圆弧的直径、半径尺寸。它们的命令提示及选择项基本相同。在用光标确定尺寸线的位置时，光标移动，尺寸线跟着光标绕圆心转，同时尺寸文字也跟随光标移动。因此，用光标既能确定尺寸线的位置，又能确定尺寸文字是放在圆内还是放在圆外。各种形式的直径和半径尺寸如图 8-22 所示。

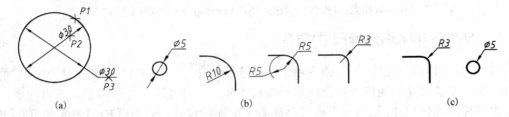

图 8-22　直径和半径尺寸
(a)较大直径尺寸；(b)小直径和小半径尺寸；(c)另一种小尺寸

与低版本相比，AutoCAD 2008 中的直径和半径尺寸有些不同：用光标确定尺寸线的位置时，光标不在圆弧范围内移动，AutoCAD 将会自动画出圆弧的延长线作为尺寸界线，如图 8-22(b)中的 *R*5 所示。

图 8-22(c)是修改了尺寸样式后才能得到的形式，其操作过程如下。

首先执行 DIMSTYLE(标注样式)命令，在"标注样式管理器"对话框中，单击"替代(O)..."按钮，显示"替代当前样式"对话框。在"调整"选项卡中的"优化(T)"区，单击"在尺寸界线之间绘制尺寸线(D)"选项使之关闭，再单击"确定"按钮。在"标注样式管理器"对话框中增加一个新样式为"<样式替代>"。最后单击"关闭"按钮结束对话框操作。然后执行标注尺寸命令。

1.命令输入方式

键盘输入：　DIMDIAMETER 或 DDI

　　　　　　DIMRADIUS 或 DIMRAD 或 DRA

工具栏："标注"工具栏→🔘、🔘

菜单："标注(N)"→"直径(D)"、"半径(R)"

2.命令使用举例

例　标注图 8-22(a)所示的尺寸。

命令：<u>DDI</u>↙

DIMDIAMETER

选择圆弧或圆：<u>(点取 P1 点)</u>

标注文字=30

指定尺寸线位置或[多行文字(M)/文字(T)/角度(A)]：<u>(点取 P2 点)</u>

命令：↙

DIMDIAMETER

选择圆弧或圆：<u>(点取 P1 点)</u>

标注文字=30

指定尺寸线位置或[多行文字(M)/文字(T)/角度(A)]：<u>(点取 P3 点)</u>

8.2.6　DIMCENTER(圆心标记)命令

DIMCENTER(圆心标记)命令将在圆弧或圆上绘制圆心标记或圆中心线(图 8-10)。圆心标记的形式和大小将通过 DIMSTYLE(标注样式)命令中的"修改标注样式"对话框设置。

1.命令输入方式

键盘输入：DIMCENTER 或 DCE

工具栏："标注"工具栏→

菜单："标注(N)"→"圆心标记(M)"

2.命令使用举例

　　例　绘制如图 8-23 所示圆的中心线。

绘制圆中心线按以下步骤进行。

图 8-23　圆中心线

①设置当前层为点画线层。

②执行 DIMSTYLE(标注样式)命令，显示"标注样式管理器"对话框(图 8-1)。单击"修改(M)…"按钮，显示与图 8-3 的"新建标注样式"对话框基本一样的"修改标注样式"对话框。在"符号和箭头"选项卡的"圆心标记"区(图 8-9)中，选择"标记(M)"按钮，在其右侧控件中输入中心线半长，即半径加 2～5 mm，然后单击"确定"按钮，再单击"关闭"按钮，圆心标记的形式和大小设置完成。

③执行画中心线命令。

　　命令：<u>DCE</u>↙
　　DIMCENTER
　　选择圆弧或圆：<u>(点取 P 点)</u>

④按第②步的顺序，将圆心标记的形式修改为"无"，避免影响以后的操作。

8.2.7　DIMARC(弧长尺寸)命令

　　DIMARC(弧长尺寸)命令用于标注整段圆弧或部分圆弧的弧长。弧长尺寸的尺寸线是圆弧。对于弧长尺寸的尺寸界线，当圆弧的圆心角小于 90°时，是过其两端点的平行线(图 8-24(a))；当圆弧的圆心角等于或大于 90°时，是过其两端点的径向线(图 8-24(b))；当圆弧的圆心角大于 90°时，还可以添加指向圆弧的箭头指引线，且指引线延长后过圆心(图 8-24(b))。

　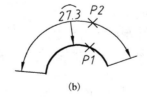　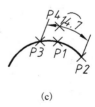

　　　(a)　　　　　　　　　　(b)　　　　　　　　　　(c)

图 8-24　弧长尺寸
(a)较小圆弧尺寸；(b)较大圆弧尺寸；(c)部分圆弧尺寸

1.命令输入方式

键盘输入：DIMARC 或 DAR

工具栏："标注"工具栏→

菜单："标注(N)"→"弧长(H)"

2.命令使用举例

　　例 1　标注圆弧的弧长(图 8-24(a))。

命令：<u>DAR</u>↙

DIMARC

选择弧线段或多段线弧线段：<u>（点取 P1 点）</u>

指定弧长标注位置或 [多行文字(M)/文字(T)/角度(A)/部分(P)]：<u>（点取 P2 点）</u>

标注文字=13.3

例 2　标注圆弧的弧长并加指引线（图 8-24(b)）。

命令：<u>DAR</u>↙

DIMARC

选择弧线段或多段线弧线段：<u>（点取 P1 点）</u>

指定弧长标注位置或 [多行文字(M)/文字(T)/角度(A)/部分(P)/引线(L)]：<u>L</u>↙

指定弧长标注位置或 [多行文字(M)/文字(T)/角度(A)/部分(P)/无引线(N)]：<u>（点取 P2 点）</u>

标注文字=27.3

例 3　标注圆弧的部分弧长（图 8-24(c)）。

命令：<u>DAR</u>↙

DIMARC

选择弧线段或多段线弧线段：<u>（点取 P1 点）</u>

指定弧长标注位置或 [多行文字(M)/文字(T)/角度(A)/部分(P)/引线(L)]：<u>P</u>↙

指定圆弧长度标注的第一个点：<u>（点取 P2 点）</u>

指定圆弧长度标注的第二个点：<u>（点取 P3 点）</u>

指定弧长标注位置或 [多行文字(M)/文字(T)/角度(A)/部分(P)]：<u>（点取 P4 点）</u>

标注文字=14.7

8.2.8　DIMANGULAR(角度尺寸)命令

DIMANGULAR(角度尺寸)命令用于标注两直线间的夹角、圆弧的圆心角、圆上任意两点间圆弧的圆心角以及由三点所确定的角度。用光标指定尺寸弧线的位置，同时也确定了标注角度的范围。使用"象限(Q)"选项也可以指定标注角度所在的象限。

1.命令输入方式

键盘输入：**DIMANGULAR** 或 **DAN**

工具栏："标注"工具栏→

菜单："标注(N)"→"角度(A)"

2.命令使用举例

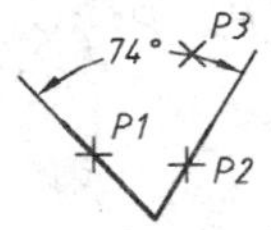

图 8-25　两直线间的夹角

例 1　标注两直线间的夹角（图 8-25）。

命令：<u>DAN</u>↙

DIMANGULAR

选择圆弧、圆、直线或<指定顶点>：<u>（点取 P1 点）</u>

选择第二条直线：<u>（点取 P2 点）</u>

指定标注弧线位置或[多行文字(M)/文字(T)/角度(A)/象限(Q)]：<u>（点取 P3 点）</u>

标注文字=74

例 2　过 3 点标注角度尺寸（图 8-26）。

命令：<u>DAN</u>↙

DIMANGULAR

选择圆弧、圆、直线或<指定顶点>：↙

指定角的顶点：<u>（点取 P1 点）</u>

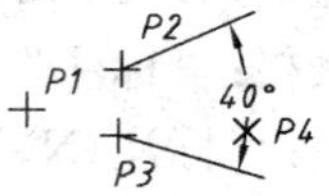

图 8-26　过 3 点标注角度尺寸

指定角的第一个端点：(点取 P2 点)
指定角的第二个端点：(点取 P3 点)
指定标注弧线位置或[多行文字(M)/文字(T)/角度(A)/象限(Q)]：(点取 P4 点)
标注文字=40

例 3　标注圆弧的圆心角(图 8-27)。

命令：DAN↙

DIMANGULAR

选择圆弧、圆、直线或<指定顶点>：(点取 P1 点).

指定标注弧线位置或[多行文字(M)/文字(T)/角度(A)/象限(Q)]：(点取
P2 点)

标注文字=70

图 8-27　圆弧的角度

例 4　标注圆上两点间的角度(图 8-28)。

命令：DAN↙

DIMANGULAR

选择圆弧、圆、直线或<指定顶点>：(点取 P1 点)

指定角的第二个端点：(点取 P2 点)

指定标注弧线位置或[多行文字(M)/文字(T)/角度(A)/象限(Q)]：(点取
P3 点)

标注文字=60

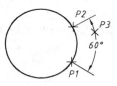

图 8-28　圆上的角度

8.2.9　DIMJOGGED(折弯半径尺寸)命令

DIMJOGGED(折弯半径尺寸)命令用于标注圆心不在图纸范围内的圆弧或圆的半径(图 8-29)。折弯半径尺寸的起点在距离圆心有一段长度的位置上。折弯的角度由"修改标注样式"对话框的"符号和箭头"选项卡中的"半径标注折弯(J)"下的数字控制，默认值为 45°。

1.命令输入方式

键盘输入：DIMJOGGED 或 DJO 或 JOG

工具栏："标注"工具栏→

菜单："标注(N)"→"折弯(J)"

2.命令使用举例

例　标注图 8-29 所示的折弯半径尺寸。

命令：DIMJOGGED↙

选择圆弧或圆：(点取 P1 点)

指定图示中心位置：(点取 P2 点)

标注文字 = 40

指定尺寸线位置或 [多行文字(M)/文字(T)/角度(A)]：(点取 P3 点)

指定折弯位置：(点取 P4 点)

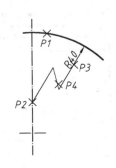

图 8-29　折弯半径尺寸

8.2.10　QDIM(快速标注)命令

使用 QDIM(快速标注)命令可以快速创建一系列尺寸标注。例如一系列基线尺寸、连续尺寸、直径尺寸、半径尺寸或不共基线但尺寸线平行的并列尺寸等。执行 QDIM(快速标注)命令后，选择一系列要标注尺寸的对象，再指定第一个尺寸线位置，所有尺寸即标注完成。用户还可以为一系列要标注的尺寸指定基准点，或者删除、增加标注点。

1.命令输入方式

键盘输入：QDIM

工具栏："标注"工具栏→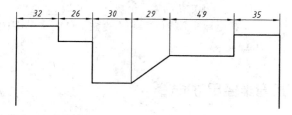

菜单："标注(N)"→"快速标注(Q)"

2.命令使用举例

例1 标注图 8-30 所示的连续尺寸。

命令：QDIM↙

关联标注优先级 = 端点

选择要标注的几何图形：(点取或用窗口选择要标注尺寸的对象)

选择要标注的几何图形：↙

指定尺寸线位置或 [连续(C)/并列(S)/基线(B)/坐标(O)/半径(R)/直径(D)/基准点(P)/编辑(E)/设置(T)]<连续>：↙

指定尺寸线位置或 [连续(C)/并列(S)/基线(B)/坐标(O)/半径(R)/直径(D)/基准点(P)/编辑(E)/设置(T)]<连续>：(指定一点)

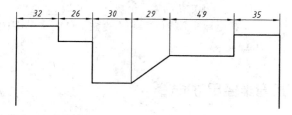

图 8-30   快速标注连续尺寸

例2 标注图 8-31(a)所示的并列尺寸。

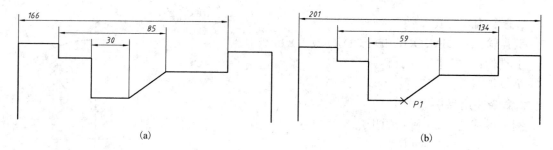

(a)   (b)

图 8-31   快速标注并列尺寸

(a)未删除标注点的并列尺寸；(b)删除标注点的并列尺寸

命令：QDIM↙

关联标注优先级 = 端点

选择要标注的几何图形：(点取或用窗口选择要标注尺寸的对象)

选择要标注的几何图形：↙

指定尺寸线位置或 [连续(C)/并列(S)/基线(B)/坐标(O)/半径(R)/直径(D)/基准点(P)/编辑(E)/设置(T)]<连续>：S↙

指定尺寸线位置或 [连续(C)/并列(S)/基线(B)/坐标(O)/半径(R)/直径(D)/基准点(P)/编辑(E)/设置(T)]<并列>：(指定一点)

例3 标注图 8-31(b)所示的并列尺寸。

命令：<u>QDIM</u>∠

关联标注优先级 = 端点

选择要标注的几何图形：<u>(点取或用窗口选择要标注尺寸的对象)</u>

选择要标注的几何图形：∠

指定尺寸线位置或 [连续(C)/并列(S)/基线(B)/坐标(O)/半径(R)/直径(D)/基准点(P)/编辑(E)/设置(T)] <连续>：<u>S</u>∠

指定尺寸线位置或 [连续(C)/并列(S)/基线(B)/坐标(O)/半径(R)/直径(D)/基准点(P)/编辑(E)/设置(T)] <并列>：<u>E</u>∠

指定要删除的标注点或 [添加(A)/退出(X)] <X> <并列>：<u>(点取 P1 点)</u>

指定尺寸线位置或 [连续(C)/并列(S)/基线(B)/坐标(O)/半径(R)/直径(D)/基准点(P)/编辑(E)/设置(T)] <并列>：<u>(指定一点)</u>

例 4　标注图 8-32(a)所示的基线尺寸。

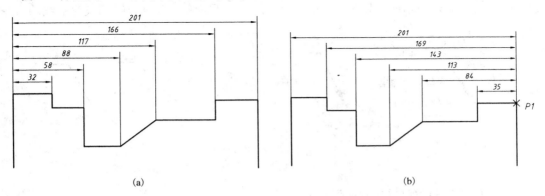

(a)　　　　　　　　　　　　　　　　(b)

图 8-32　快速标注基线尺寸

(a)未定基准点的基线尺寸；(b)重定基准点的基线尺寸

命令：<u>QDIM</u>∠

关联标注优先级 = 端点

选择要标注的几何图形：<u>(点取或用窗口选择要标注尺寸的对象)</u>

选择要标注的几何图形：∠

指定尺寸线位置或 [连续(C)/并列(S)/基线(B)/坐标(O)/半径(R)/直径(D)/基准点(P)/编辑(E)/设置(T)] <连续>：<u>B</u>∠

指定尺寸线位置或 [连续(C)/并列(S)/基线(B)/坐标(O)/半径(R)/直径(D)/基准点(P)/编辑(E)/设置(T)] <基线>：<u>(指定一点)</u>

例 5　标注图 8-32(b)所示的基线尺寸。

命令：<u>QDIM</u>∠

关联标注优先级 = 端点

选择要标注的几何图形：<u>(点取或用窗口选择要标注尺寸的对象)</u>

选择要标注的几何图形：∠

指定尺寸线位置或 [连续(C)/并列(S)/基线(B)/坐标(O)/半径(R)/直径(D)/基准点(P)/编辑(E)/设置(T)] <连续>：<u>B</u>∠

指定尺寸线位置或 [连续(C)/并列(S)/基线(B)/坐标(O)/半径(R)/直径(D)/基准点(P)/编辑(E)/设置(T)] < 基线>：<u>P</u>∠

选择新的基准点：<u>(点取 P1 点)</u>

指定尺寸线位置或 [连续(C)/并列(S)/基线(B)/坐标(O)/半径(R)/直径(D)/基准点(P)/编辑(E)/设

置(T)]<基线>：(指定一点)

8.3　引线的注法

在工程图上有许多需要加注释的元素，这就要用引线把注释和元素关联起来，比如零件序号、45°倒角、形位公差及各种说明等，如图 8-33 所示。一般引线如图 8-33(a)所示。引线起始端有箭头或圆点，或者什么都没有。引线可以是几段直线或样条曲线，国标上只用一段直线。基线是一水平短画，水平短画与文字之间称基线间距。说明用多行文字或图块注写。引线有多重引线、快速引线和引线。多重引线可以定义多重引线样式、标注多重引线、对齐多重引线等。快速引线可以用对话框设置引线样式并标注引线。引线则是在命令窗口设置引线样式并标注引线。快速引线还可以标注形位公差。下面介绍多重引线和快速引线的命令。

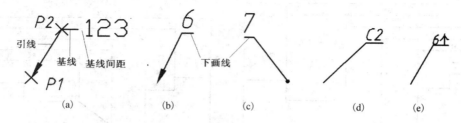

图 8-33　引线形式

(a)一般引线；(b)带箭头引线；(c)带圆点引线；(d)45°倒角引线；(e)直线引线

8.3.1　MLEADERSTYLE(多重引线样式)命令

MLEADERSTYLE(多重引线样式)命令用"多重引线样式管理器"对话框(图 8-34)设置多种形式的引线、设置当前样式、修改或删除样式等。

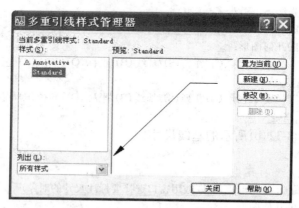

图 8-34　"多重引线样式管理器"对话框图

1.命令输入方式

键盘输入：MLEADERSTYLE 或 MLS

工具栏："多重引线"工具栏→

菜单："格式(O)"→"多重引线样式(I)..."

2.对话框说明

"多重引线样式管理器"对话框与图 8-1 所示的"标注样式管理器"对话框基本类似，其中各选项不再说明。

选择"新建(N)..."按钮同样显示与图 8-2 所示的"创建新标注样式"对话框类似的"创建新多重引线样式"对话框(图 8-35)，其中各选项也不再说明。在该对话框中输入新样式名，单击"继续(O)"按钮，显示"修改多重引线样式"对话框(图 8-36)。现在来说明这个对话框。

图 8-35 "创建新多重引线样式"对话框

(1)"引线格式"选项卡

"引线格式"选项卡用于设置引线的基本外观。

1)"基本"区 在该区设置引线的类型、颜色、线型和线宽。"类型(T)"控件中有"直线"、"样条曲线"和"无"可供选择，一般使用"直线"。"颜色(C)"、"线型(L)"、"线宽(I)"控件用于选择引线的颜色、线型和线宽，通常都选 ByLayer(随层)。

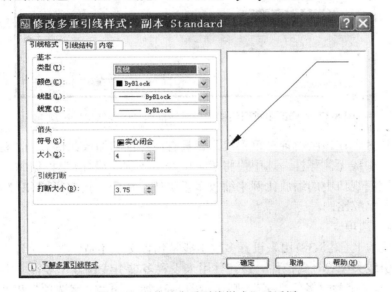

图 8-36 "修改多重引线样式"对话框

2)"箭头"区 在该区设置箭头的形式和大小。在"符号(S)"控件中查找需要的箭头形式。较常用的形式有"无"、"小点"、"实心闭合"等。在"大小(Z)"文本框中设置箭头的长短。

3)"引线打断"区 该区的"打断大小(B)"选项用于将折断标注添加到多重引线时，确定引线被断开的距离。

(2)"引线结构"选项卡

"引线结构"选项卡(图 8-37)用于设置引线由几段线组成以及每段线的倾斜角度。

1)"约束"区 在该区设置绘制引线需要的点数及每段线的倾斜角度。"最大引线点数(M)"复选框控制引线由几段线组成。选中该项时，右端的数字减一为线段数，否则可有任意段数线。一般使用一段直线，所以"最大引线点数(M)"为 2。"第一段角度(F)"、"第二段角度（S）"复选框控制每段线的倾斜角度。复选框打开时，右端文本框可输入角度。例如标注 45°倒角的引线必须是 45°，就是在这里设置的。

2）"基线设置"区　在该区设置有无基线和基线长短（图 8-33（a））。"自动包含基线（A）"复选框控制要不要添加基线。"设置基线距离（D）"复选框打开时，在下面的文本框中设置基线的长短。

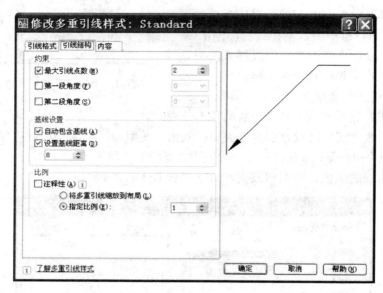

图 8-37　"修改多重引线样式"对话框的"引线结构"选项卡

3）"比例"区　在该区设置多重引线是否具有注释性和缩放比例。当"注释性（A）"复选框关闭时多重引线无注释性。选中"将多重引线缩放到布局（L）"按钮时，将根据模型空间视口和图纸空间视口中的缩放比例来缩放多重引线。选中"指定比例（E）"按钮时，在右端文本框中输入缩放比例。

（3）"内容"选项卡

"内容"选项卡（图 8-38）用来设置多重引线是包含文字还是包含"块"。

1）"多重引线类型（M）"控件　该控件用来设置多重引线包含"多行文字"或"块"或"无"。如果注释文字为"多行文字"，则显示图 8-38 所示的"文字选项"和"引线连接"选项区。如果多重引线包含"块"，则显示图 8-39 所示的"块选项"区。

2）"文字选项"区　在该区设置多行文字的属性。"默认文字（D）"文本框用于输入默认的说明，标注多重引线时将显示默认文字且不能修改。用右侧按钮（▭）可在多行文字"在位文字编辑器"中输入默认文字。"文字样式（S）"控件用于选择多行文字的样式。"文字角度（A）"控件用于选择多行文字是"保持水平"还是"始终正向读取"还是"按插入"。"文字颜色（C）"控件用于选择多行文字的颜色，一般用"ByLayer"。"文字高度（T）"控件用于确定多行文字的字高。"始终左对正（L）"复选框用于确定多行文字是否左对齐。"文字加框（F）"复选框用于确定是否对多行文字四周加框。

3）"引线连接"区　在该区设置多行文字与引线连接的方式。"连接位置-左"和"连接位置-右"控件用于选择多重引线在文字左侧或右侧时基线与文字的连接方式。通常选"第一行加下画线"。"基线间距(G)"控件确定文字与基线间的距离,一般为 0。

4)"块选项"区 在"块选项"区(图 8-39)设置插入到多重引线上块的式样、插入方式及颜色。"源块(S)"控件用于选择块的式样。式样有"详细信息标注"、"槽"、"圆"、"方框"、"正六边形"、"三角形"等,还可有用户定义的块。"附着(A)"控件确定插入块的方式。可以指定块的"中心范围"或"插入点"。"颜色(C)"控件确定插入块的颜色。

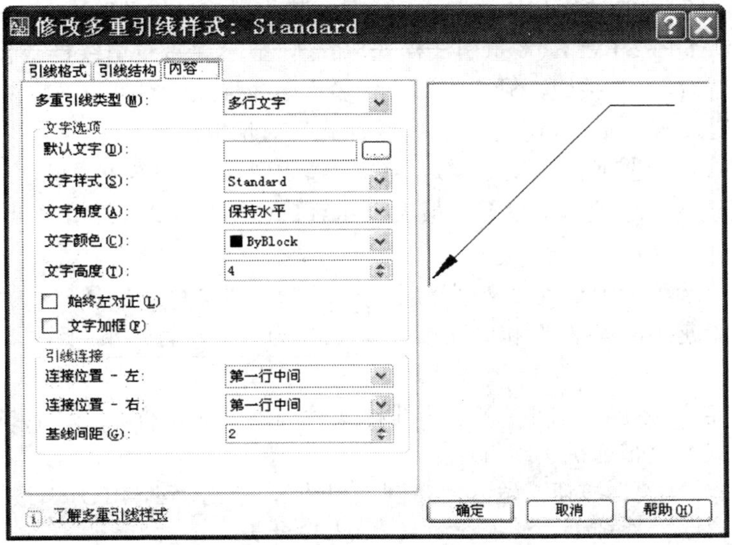

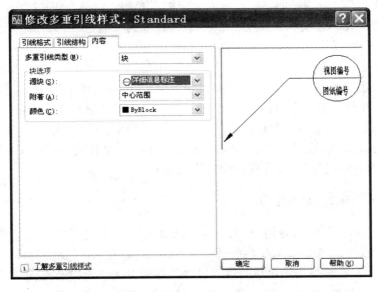

图 8-38 "修改多重引线样式"对话框的"内容"选项卡(一)

图 8-39 "修改多重引线样式"对话框的"内容"选项卡(二)

3.命令使用举例

例 设置符合机械工程图样使用的几种多重引线样式。

这里使用的引线一般由一段直线和字符的下画线组成,无基线,起始端有箭头或小圆点,或者什么都没有。工程图上使用的引线有两类：一类用于装配图上的零件序号，起始端有箭头或小圆点，字高为 5 mm 或 7 mm；另一类用于图样上的说明和标注 45° 倒角尺寸，起始端有小圆点或没有，字高为 3 mm。需要设置的多重引线样式是带箭头引线(图 8-33(b))、带圆点引线(图 8-33(c))、直线引线(图 8-33(e))和 45° 倒角引线(图 8-33(d))。

    设置这些多重引线样式的操作步骤如下。

    ①使用 NEW(新建)或 QNEW(快速新建)命令装入用户样板 A3.dwt。

    ②执行 MLEADERSTYLE(多重引线样式)命令，显示"多重引线样式管理器"对话框。

    ③单击"新建(N)…"按钮，显示"创建新多重引线样式"对话框，输入"带箭头引线"，单击"继续(O)"按钮，显示"修改多重引线样式"对话框。

    ④在"引线格式"选项卡中修改"颜色(C)"、"线型(L)"、"线宽(I)"控件均为 ByLayer。

    ⑤在"引线结构"选项卡中设置"最大引线点数(M)"为 2，关闭"自动包含基线(A)"复选框。

    ⑥在"内容"选项卡中设置"文字样式(S)"为 gb、"文字颜色(C)"为 ByLayer、"文字高度(T)"为 5、"连接位置-左"和"连接位置-右"为"第一行加下画线"、"基线间距(G)"为 0。

    ⑦单击"确定"按钮，返回"多重引线样式管理器"对话框。在"样式(S)"列表框中增加了一个新样式名"带箭头引线"。

    ⑧单击"新建(N)…"按钮，输入"带圆点引线"，单击"继续(O)"按钮。

    ⑨在"引线格式"选项卡，修改"符号(S)"控件为"小点"。

    ⑩单击"确定"按钮，在"样式(S)"列表框中增加了一个新样式名"带圆点引线"。

    ⑪单击"新建(N)…"按钮，输入"直线引线"，单击"继续(O)"按钮。

    ⑫在"引线格式"选项卡中修改"符号(S)"控件为"无"。

    ⑬在"内容"选项卡中设置"文字高度(T)"为 3。

    ⑭单击"确定"按钮，在"样式(S)"列表框中增加了一个新样式名"带圆点引线"。

    ⑮单击"新建(N)…"按钮，输入"45° 倒角引线"，单击"继续(O)"按钮。

    ⑯在"引线结构"选项卡中打开"第一段引线(F)"复选框，在右端控件中选择"45"。

    ⑰单击"确定"按钮，在"样式(S)"列表框中增加了一个新样式名"45° 倒角引线"。

    ⑱单击"关闭(C)"按钮，结束 MLEADERSTYLE(文字样式)命令。

    ⑲使用 SAVEAS(另存为)命令保存用户样板 A3.dwt。

8.3.2   MLEADER(多重引线)命令

    MLEADER(多重引线)命令用于创建多种形式的引线。首先确定要标注哪种形式引线，将这种样式引线设置为当前样式，然后执行 MLEADER(多重引线)命令标注引线，默认情况下以箭头端为起点。但在该命令中可重新设置以基线端或以文字为起点，还可以重新设置引线类型、基线长短、内容类型、最大节点数、第一个角度、第二个角度等。

1.命令输入方式

键盘输入：MLEADER 或 MLD

工具栏："多重引线"工具栏→ 🔍

菜单："标注(N)" → "多重引线(E)"

2.命令使用举例

例 1 标注图 8-40 所示倒角尺寸。

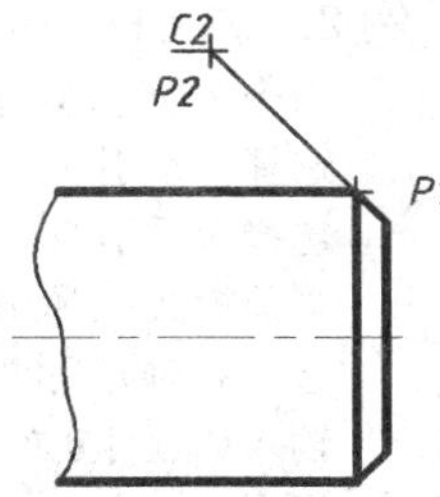

标注 45°倒角尺寸使用"45°倒角引线"样式和 MLEADER(多重引线)命令。

执行 MLEADERSTYLE(多重引线样式)命令,将"45°倒角引线"样式设置为当前样式。

命令:MLEADER↙

指定引线箭头的位置或 [引线基线优先(L)/内容优先(C)/选项(O)]<选项>:(捕捉 P1 点)

指定引线基线的位置:(点取 P2 点)

键入 C2,单击"确定"按钮。

例 2 以基线端为起点标注零件序号。

执行 MLEADERSTYLE(多重引线样式)命令,将"带圆点引线"样式设置为当前样式。

命令:MLEADER↙

指定引线箭头的位置或 [引线基线优先(L)/内容优先(C)/选项(O)]<选项>:L↙

指定引线基线的位置或 [引线基线优先(L)/内容优先(C)/选项(O)]<选项>:(点取一点)

指定引线箭头的位置:(点取一点)

键入零件序号,单击"确定"按钮。

图 8-40　45°倒角尺寸

8.3.3　MLEADERALIGN(多重引线对齐)命令

MLEADERALIGN(多重引线对齐)命令可以将没有对齐文字的多重引线对齐到一条线上,或使文字间的间隔均匀一致。圆点或箭头仍保留在原位置上。

1.命令输入方式

键盘输入:MLEADERALIGN 或 MLA

工具栏:"多重引线"工具栏→

2.命令使用举例

例 1 使用当前间距,将图 8-41(a)所示的多重引线在水平方向对齐。

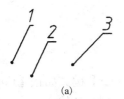 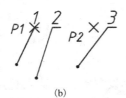 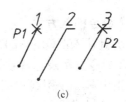

(a)　　　　　　　　　　(b)　　　　　　　　　　(c)

图 8-41　多重引线对齐

(a) 多重引线;(b) 水平方向对齐 ;(c) 均匀分布

命令:MLEADERALIGN↙

选择多重引线:(选择三组多重引线) 找到 3 个

选择多重引线:↙

当前模式: 使用当前间距

选择要对齐到的多重引线或 [选项(O)]:(选择最左面一组多重引线 P1)

指定方向:(点取 P2 点)

结果如图 8-41(b)所示。

例2　试将图 8-41(a)所示的多重引线在水平方向均匀分布对齐。

　　　命令：MLEADERALIGN↙

　　　选择多重引线：(选择三组多重引线) 找到 3 个

　　　选择多重引线：↙

　　　当前模式：　使用当前间距

　　　选择要对齐到的多重引线或 [选项(O)]：O↙

　　　输入选项 [分布(D)/使引线线段平行(P)/指定间距(S)/使用当前间距(U)] <使用当前间距>：D↙

　　　指定第一点或 [选项(O)]：(点取 P1 点)

　　　指定第二点：(点取 P2 点)

结果如图 8-41(c)所示。

8.3.4　QLEADER(快速引线)命令

　　QLEADER(快速引线)命令用于快速创建引线以及引线注释或形位公差。引线可以用直线或样条曲线来画。引线起始端可以画箭头、圆点等，也可不画。QLEADER(快速引线)命令还可设置引线与文字注释的相对位置、限制引线点的数目、指定第一段和第二段引线的角度等。引线格式和注释类型使用"引线设置"对话框(图 8-42)进行操作。

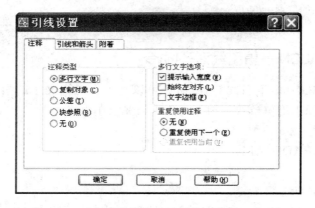

图 8-42　"引线设置"对话框的"注释"选项卡

1.命令输入方式

键盘输入：QLEADER 或 LE

2.命令提示及选择项说明

　　指定第一个引线点或[设置(S)]<设置>：　　输入起点或按【Enter】键。如按【Enter】键则显示"引线设置"对话框(图 8-42)，用以设置引线格式和注释类型。如输入一点，则为引线起点，其后的提示如下。

　　指定下一点：输入引线到点或按【Enter】键。这项提示将重复，直至"引线设置"对话框中设定的点数为止。引线格式和注释类型将使用对话框中的设置。如在某一次提示时按【Enter】键，则可输入注释文字，提示如下。

　　指定文字宽度 <0>：输入一个数作为注释文字的宽度。如果在"引线设置"对话框的"注释"选项卡中将"多行文字选项"区的"提示输入宽度(W)"选项关闭，则无该项提示。

　　输入注释文字的第一行 <多行文字(M)>：　　输入第一行文字或按【Enter】键。如按【Enter】键，则显示多行文字在位文字编辑器，可在编辑器中输入注释文字。如输入第一行文字，则可继续输入若干行文字，提示如下。

　　　　　输入注释文字的下一行：　　输入下一行文字或按【Enter】键结束命令。这项提示
　　　　将重复显示。

3.对话框说明

　　QLEADER(快速引线)命令使用"引线设置"对话框(图 8-42)设置注释文字的类型、是否重复注释、引线是用直线还是样条曲线、引线用几段线、引线起始端用何种箭头、引线末端与注释文字的相对位置等功能。

　　(1)"注释"选项卡

　　"注释"选项卡(图 8-42)用于设置注释文字类型，指定多行文字选项以及是否需要重复使用注释。

　　①"注释类型"区用于设置注释文字类型。选择"多行文字(M)"选项，将提示创建多行文字注释。选择"复制对象(C)"选项，将提示复制多行文字、单行文字、公差或块参照对象。选择"公差(T)"选项，将显示"形位公差"对话框，用于创建形位公差标注。选择"块参照(B)"选项，将提示插入一个图块。选择"无(N)"选项，将创建没有注释文字的引线。

　　②"多行文字选项"区指定多行文字选项。只有选定了多行文字注释类型时该区才可用。选择"提示输入宽度(W)"选项，将提示指定多行文字的宽度。选择"始终左对齐(L)"选项，将向左对齐多行文字。选择"文字边框(F)"选项，将在多行文字周围放置边框。

　　③"重复使用注释"区用于设置是否重复使用注释文字。选择"无(N)"选项，将不重复使用注释文字。选择"重复使用下一个(E)"选项，将使后续引线创建相同的注释文字。在选择"重复使用下一个(E)"选项之后，标注下一个引线时 AutoCAD 将自动选择"重复使用当前(U)"选项。

　　在这个选项卡中一般关闭"多行文字选项"区的"提示输入宽度(W)"选项，不需要输入文字行宽度。

　　(2)"引线和箭头"选项卡

　　"引线和箭头"选项卡(图 8-43)用于设置引线和箭头格式。

图 8-43　"引线设置"对话框的"引线和箭头"选项卡

　　①"引线"区用于设置引线格式。如选择"直线(S)"选项，则在指定点之间创建直线段；如选择"样条曲线(P)"选项，则使用指定的点作为控制点创建样条曲线。

②"箭头"区用于选择引线起始端的箭头类型，可以从控件中选择一种箭头。这些箭头与尺寸样式设置中的可用箭头一样。

③"点数"区用于设置画引线的点数。在提示输入注释文字之前，QLEADER（快速引线）命令将提示指定这些点。例如，如果设置点数为 3，则在输入 3 个点之后 QLEADER（快速引线）命令将自动提示输入注释文字。点数的多少应设置为要创建的引线段数加 1。如果选中了"无限制"按钮，QLEADER（快速引线）命令将一直提示指定下一点，直到按【Enter】键才结束下一点的输入。

④"角度约束"区用于设置画第一段与第二段引线的角度。如果需要，就在"第一段"或"第二段"控件中选择一个角度。当前角度是"任意角度"。注意这里设置的角度与画出引线的倾斜角度不一致，可能大一点，也可能小一点。

在这个选项卡中一般将画引线的点数设置为 2，引线起始端可以选择箭头或小圆点或无。

（3）"附着"选项卡

"附着"选项卡（图 8-44）用于设置引线和多行文字注释的附着位置。使用此选项卡可以将多行文字的附着位置设置到引线左边或引线右边，使引线末端位于注释文字的第一行顶部，或第一行中间，或多行文字中部，或最后一行中间，或最后一行底部，或最后一行加下画线。

在这个选项卡中一般选择"最后一行加下划线（U）"选项。

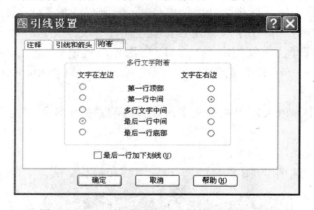

图 8-44　"引线设置"对话框的"附着"选项卡

4.命令使用举例

例 1　标注图 8-45 所示的形位公差。

　　命令：QLEADER↙

　　指定第一个引线点或[设置(S)]<设置>：↙

显示"引线设置"对话框。在"注释"选项卡中，选择"注释类型"区的"公差(T)"选项。在"引线和箭头"选项卡中，修改画引线的"点数"为 2，在"箭头"控件中选择"无"，然后单击"确定"按钮。

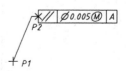

图 8-45　形位公差

　　指定第一个引线点或[设置(S)]<设置>：<u>（点取 P1 点）</u>

　　指定下一点：<u>（点取 P2 点）</u>

接着显示"形位公差"对话框（图 8-46）。单击"符号"下面的框格，显示"特征符号"

对话框（图 8-47），点取一个代号如"∥"，选择的"∥"代号显示在"符号"下面的框格中。再单击此框格可再次打开"特征符号"对话框，重新选择形位公差代号。在"公差 1"区中，单击左面的黑框可添加直径符号 ϕ；在中间的文本框中键入公差值 0.005；单击右面的黑框将显示"附加符号"对话框（图 8-48），点取一种代号如 Ⓜ，Ⓜ 显示在框格中。 在"基准 1"区左面的框格中输入基准代号（如 A），在右面黑框中也可添加附加符号，最后单击"确定"按钮，关闭对话框，形位公差标注成功，QLEADER（快速引线）命令结束。

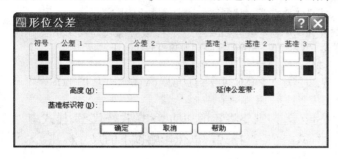

图 8-46　"形位公差"对话框

图 8-47　"特征符号"对话框　　　　　　图 8-48　"附加符号"对话框

8.4　特殊尺寸的注法

利用上述标注尺寸的命令可以标注出机械工程图样的绝大部分尺寸，但也有极少数尺寸无法标注出来，如尺寸公差、并列小尺寸等。以下介绍这些尺寸的标注方法。

8.4.1　标注尺寸公差

标注尺寸公差分两步操作。首先要输入公差值，然后用标注尺寸命令标注尺寸。如果是第一次标注尺寸公差，还要设置尺寸文字和公差文字的对齐方式。若标注的是不对称公差，则应把公差字高改为 0.7 倍。尺寸文字用测量值时则注出公差，否则将不能注出公差。因此，要求绘制的图形必须准确。若要标注下一个尺寸公差，则重复上述操作；不再标注尺寸公差时，要将标注尺寸公差功能关闭。尺寸公差还可以用 8.5.1 节例 4 的方法标注。

例　标注图 8-49 所示图形尺寸。

操作过程如下。

①执行 DIMSTYLE（标注样式）命令，显示"标注样式管理器"对话框。单击"替代（O）…"按钮，显示"替代当前样式"

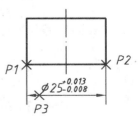

图 8-49　标注直径公差

对话框。在"公差"选项卡中，修改"方式(M)"选项为"极限偏差"。在"精度(P)"控件中选择"0.000"，在"上偏差(V)"文本框中输入 0.013，在"下偏差(W)"文本框中输入 0.008，修改"高度比例(H)"选项为 0.7，然后单击"确定"按钮。在"标注样式管理器"对话框中增加一个新样式为"<样式替代>"。最后单击"关闭"按钮结束。

②执行标注尺寸命令。

命令：<u>DAL</u>↙
DIMALIGNED
指定第一条尺寸界线原点或 <选择对象>：<u>(捕捉 P1 点)</u>
指定第二条尺寸界线原点：<u>(捕捉 P2 点)</u>
指定尺寸线位置或[多行文字(M)/文字(T)/角度(A)]：<u>T</u>↙
输入标注文字<25>：<u>%%C<></u>↙
指定尺寸线位置或[多行文字(M)/文字(T)/角度(A)]：<u>(点取 P3 点)</u>
标注文字=25

③如不再标注尺寸公差，则要将新增加的"<样式替代>"样式中"方式(M)"选项改为"无"，或者删除"<样式替代>"样式，以免影响以下的尺寸标注。

8.4.2　标注并列小尺寸

图 8-50　并列小尺寸

标注如图 8-50 所示并列小尺寸，需要改变箭头形式，再用尺寸标注命令标注尺寸。

首先改变箭头形式。执行 DIMSTYLE(标注样式)命令，在"标注样式管理器"对话框中，单击"替代(O)…"按钮，显示"替代当前样式"对话框。在"符号和箭头"选项卡中的"箭头"区，点取"第一个(T)"控件中的"小点"项，点取"第二个(D)"控件中的"实心闭合"项。在"调整"选项卡中的"调整选项(F)"区单击"文字和箭头"按钮，再单击"确定"按钮。在"标注样式管理器"对话框中增加一个新样式为"<样式替代>"。最后单击"关闭"按钮结束。

命令：<u>DLI</u>↙
DIMLINEAR
指定第一条尺寸界线原点或 <选择对象>：<u>(捕捉 P1 点)</u>
指定第二条尺寸界线原点：<u>(捕捉 P2 点)</u>
指定尺寸线位置或[多行文字(M)/文字(T)/角度(A)/水平(H)/垂直(V)/旋转(R)]：<u>(点取 P3 点)</u>
标注文字=2
命令：↙
DIMLINEAR
指定第一条尺寸界线原点或 <选择对象>：<u>(捕捉 P1 点)</u>
指定第二条尺寸界线原点：<u>(捕捉 P4 点)</u>
指定尺寸线位置或[多行文字(M)/文字(T)/角度(A)/水平(H)/垂直(V)/旋转(R)]：<u>(点取 P5 点)</u>
标注文字=3

最后，若不再标注类似尺寸，应将新增加的"<样式替代>"样式从"标注样式管理器"对话框中删除。

标注并列小尺寸还可使用其他方法。比如用原尺寸样式标注出两个小尺寸，它们箭头重叠，再用下面介绍的"特性"选项板来修改箭头。

8.5　尺寸编辑命令

如果标注的尺寸不合要求，可以使用尺寸编辑命令修改。

8.5.1　PROPERTIES(特性)命令

PROPERTIES(特性)命令已在 3.2.9 节中作过介绍，这里只对修改尺寸的特性作简单说明。

选择一个尺寸，执行该命令，即显示图 8-51 所示的"特性"选项板。在"基本"特性类下面可以修改尺寸所在的图层及颜色、线型等。其下是指定尺寸的特性，可在此修改尺寸的各项参数。窗口中的参数亮显时才能被修改，暗显的参数则不能被修改。经常使用"特性"选项板修改尺寸的例子如下。

例 1　将"箭头 1"改为"小点"或"无"。

在选定尺寸的"特性"选项板的"直线和箭头"特性类的"箭头 1"栏中，双击右端"实心闭合"，在列表中单击"小点"或"无"。

例 2　在线性尺寸上添加直径符号 ϕ 或改变数字。

在选定尺寸的"特性"选项板的"文字"特性类的"文字替代"栏中，输入"％％C ＜＞"或"％％C"加数字。

图 8-51　尺寸的"特性"选项板

"＜＞"表示测量值，即标注对象的实际长度。输入的数字与测量值可以相同也可以不同，AutoCAD 都认为用户改变了数字。

例 3　标注半线尺寸。半线尺寸是指只有一条尺寸界线、一个箭头、大半段尺寸线、完整尺寸数字的尺寸。

首先标注完整的线性尺寸，再选中该尺寸，单击右键选"特性(S)"，显示"特性"选项板。在"直线和箭头"特性类的"尺寸线 1"或"尺寸线 2"栏中，双击右端"开"，在列表中单击"关"，则隐藏第一段或第二段尺寸线。在"尺寸界线 1"或"尺寸界线 2"栏中，双击右端"开"，在列表中单击"关"，则隐藏第一段或第二段尺寸界线。

例 4　在已标注的尺寸上添加尺寸公差。

添加尺寸公差在选定尺寸的"特性"选项板的"公差"特性类中进行。在"显示公差"栏中选择"对称"或"极限偏差"，在"公差下偏差"或"公差上偏差"栏中键入下或上偏差值，在"公差精度"栏中选择"0.000"。如果是"极限偏差"，还要在"公差文字高度"栏中输入 0.7。

8.5.2　DIMEDIT(尺寸编辑)命令

DIMEDIT(尺寸编辑)命令的功能是用新尺寸文字替换原尺寸文字，改变尺寸文字的旋转角度，使尺寸界线倾斜一个角度，恢复尺寸原样。

1.命令输入方式

键盘输入：DIMEDIT 或 DED

工具栏："标注"工具栏→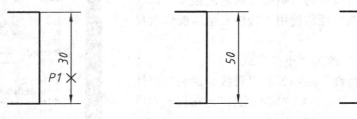

菜单："标注(N)"→"倾斜(Q)"

2.命令使用举例

例1 修改图 8-52 中的尺寸文字为 50，结果如图 8-53 所示。

命令：<u>DED</u>↙

DIMEDIT

输入标注编辑类型[默认(H)/新建(N)/旋转(R)/倾斜(O)] <默认>：<u>N</u>↙

在"多行文字编辑器"对话框中，将文字改为 50，点取"确定"按钮。

选择对象：<u>(点取 P1 点)</u> 找到 1 个

选择对象：↙

例2 将图 8-52 中的尺寸界线倾斜 15°，结果如图 8-54 所示。

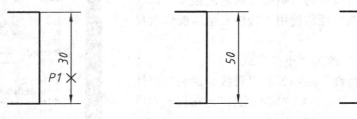

图 8-52　例题图　　　图 8-53　修改后的尺寸　　　图 8-54　尺寸界线倾斜

命令：<u>DED</u>↙

DIMEDIT

输入标注编辑类型[默认(H)/新建(N)/旋转(R)/倾斜(O)] <默认>：<u>O</u>↙

选择对象：<u>(点取 P1 点)</u> 找到 1 个

选择对象：↙

输入倾斜角度(按 ENTER 表示无)：<u>15</u>↙

8.5.3　DIMTEDIT(修改尺寸文字位置)命令

DIMTEDIT(修改尺寸文字位置)命令用于修改尺寸文字的位置。当用户选择要修改的尺寸后，移动光标时尺寸文字和尺寸线便跟随光标移动。在适当位置单击左键，就确定了尺寸文字和尺寸线的位置。

1.命令输入方式

键盘输入：DIMTEDIT

工具栏："标注"工具栏→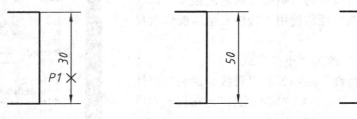

菜单："标注(N)"→"对齐文字(X)"

2. 命令使用举例

例1 修改尺寸文字的位置。

命令：<u>DIMTED</u>↙

DIMTEDIT

选择标注：<u>(选择要修改的尺寸)</u>

指定标注文字的新位置或[左(L)/右(R)/中心(C)/默认(H)/角度(A)]：　<u>(指定一点为尺寸文字的新</u>

位置或输入选择项)

例 2　调整图 8-55(a)所示尺寸线间的距离为"自动"。

命令：<u>DIMSPACE</u>↙

选择基准标注：<u>(点取 P1 点)</u>

选择要产生间距的标注：<u>(点取 P2 点)</u>找到 1 个

选择要产生间距的标注：<u>(点取 P3 点)</u>找到 1 个，总计 2 个

选择要产生间距的标注：↙

输入值或 [自动(A)] <自动>：↙

结果如图 8-55(c)所示。

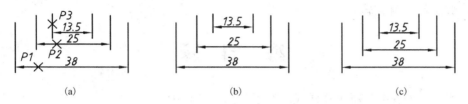

图 8-55　调整尺寸线间距

(a)原图；(b)指定间距；(c)"自动间距"

8.5.4　DIMBREAK(折断尺寸)命令

工程图上常遇到尺寸线与尺寸界线相交的情况(图 8-56)，这就需要将尺寸界线断开。以前的版本对于这种情况要进行两次操作：首先用 EXPLODE(分解)命令打散尺寸，再用 BREAK(打断)命令打断尺寸线。现在使用 DIMBREAK(折断尺寸)命令一次就可完成。DIMBREAK(折断尺寸)命令可以自动打断尺寸界线或者指定两点打断尺寸界线(手动)，还可以复原被打断的尺寸界线。

1.命令输入方式

键盘输入：DIMBREAK

工具栏："标注"工具栏→

菜单："标注(N)"→"标注打断(K)"

2.命令使用举例

例　处理图 8-56(a)所示尺寸线与尺寸界线相交问题。

命令：<u>DIMBREAK</u>↙

选择标注或 [多个(M)]：<u>(点取 P1 点)</u>

选择要打断标注的对象或 [自动(A)/恢复(R)/手动(M)] <自动>：↙

结果如图 8-56(b)所示。

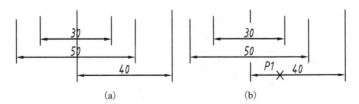

图 8-56　打断尺寸界线

(a)原图；(b) 打断尺寸界线

3.说明

"选择标注或 [多个(M)]"选项要求用户选择一个或几个要被打断的尺寸。"选择要打断标注的对象"一般不用再选了。

8.5.5　翻转箭头

标注好的尺寸,有的觉得箭头向内或向外不合适,需要处理一下才好。现在可以使用**翻转箭头**的命令。执行该命令的方式:首先点取要翻转箭头的尺寸,然后单击右键,在**快捷菜单**中点取"翻转箭头(F)"选项即可。该命令执行一次,可翻转一个箭头。选择点靠近哪一个箭头,哪个箭头就翻转。

练 习 题

8.1　将 8.1.2 节设置新尺寸样式的例子加入到样板中。

8.2　将以前画过的图(图 6-32、图 6-33)分别标注尺寸,如有形位公差也一并加上。

8.3　将图 3-30、图 3-45、图 3-46、图 3-47、图 6-17 放大一倍后标注尺寸。

8.4　将图 4-23 缩小成 1/50 后标注尺寸。

第 9 章　图块与属性

本章介绍定义图块、插入图块及使用属性定义的方法。

9.1　图块

图块是定义好的并赋予名称的一组对象。可以将已绘制好的图中的一组对象定义为图块，也可以单独画出一组对象来定义图块。图块可以按给定的比例和旋转角度插入到图中任意指定的位置。一组对象一旦被定义为图块，AutoCAD 就把它当作一个对象来处理。通过拾取图块内的任一对象，可以实现对整个图块的各种处理。例如，对图块使用 MOVE（移动）、EARSE（删除）、LIST（列表）等命令时，就像对一条直线所做的处理那样。

图块可以由绘制在几个图层（每个图层上的线型、颜色、线宽都为 ByLayer（随层））上的若干对象组成，图块中保留图层的信息。插入时，图块内的每个对象仍在它原来的图层上画出，只有 0 层上对象在插入时被放置在当前层上，线型、颜色、线宽也随当前层而改变。如需要就将必须随当前层改变线型、颜色、线宽的对象画在 0 层上，再定义为图块。或者将每个图层上的线型、颜色、线宽都设为 ByBlock（随块）。但一般不这样做，因为绘制要定义为图块的图形时，就考虑到应与其他图形的线型、颜色相一致，插入时就不用顾及当前层，并且便于打印机打印。

在绘图过程中，使用图块有下列优点。

1) 提高绘图速度　在设计与绘图中，经常要重复绘制一些图形。把重复出现的图形定义为图块，只需画一次，以后再遇到这样的图形，只需把图块插入到指定位置，就像用绘图命令画一个对象那样容易，而不必每次都重复绘制图块中的每一个对象。这样做，大大提高了绘图速度。图形愈复杂，重复图形愈多，这个优点就愈突出。

2) 建立图形库　工程设计中，除了有各种各样的重复图形外，还有许多通用或标准的零部件，这些都可以定义成图块。这些图块可构成一个图形库，供设计和绘图时随时调用。例如，图 9-1 所示螺纹孔的投影在机械工程图样中重复率很高，将其定义为图块，不同直径的内螺纹只用一个命令即可绘成，非常简便。

3) 便于修改　绘制的图形往往要修改。例如建筑立面图中要更换房子的窗户。这样的窗户有很多个，逐个修改既繁琐又费时，可先将窗户定义为图块，再插入图中。改换窗户时只要修改这个图块并再定义一次，图上所有与该图块相关的部分就自动修改了。

图 9-1　内螺纹

4）缩短文件长度　AutoCAD 要记录每个对象的信息，即对象的名称、大小、位置等。因此，在图中绘制每一个对象都要增加图形文件的长度。例如，绘制一张办公室的平面图，若将所有的桌子、椅子一条线一条线地绘制，必然使图形文件增大许多。如果使用图块，那么只有一张桌子和一把椅子的所有对象信息记录在图形文件中，各个位置上的桌子、椅子仅记录其作为一个图块对象的信息。这样大大地缩短了图形文件的长度，节省了存储空间。

5）可以赋予属性　属性是对图块的文字说明。属性值可随引用图块的环境不同而改变。如图 9-1 所示的螺纹孔，除使用尺寸说明螺纹的种类、直径的大小、孔的深度外，也可以用属性来描述这些参数。

6）用于拼画图形　可将多个简单的图形拼画成复杂的图形。例如，在绘制机械工程产品或部件的装配图时，就可以使用零件图上的视图来拼画。这种方法要求先画零件图，再把零件图与装配图上相同的视图定义为图块并保存，然后把各个图块拼在一起，稍作修改，便完成装配图的绘制。

9.1.1　BLOCK(创建块)命令

BLOCK（创建块）命令使用“块定义”对话框（图 9-2）将一组对象定义为图块。这一组对象可以是图形中的一部分，也可单独画出。定义图块应首先输入块名，再指定插入基点，然后选择要定义为图块的对象。这一组对象可以保留或删除或转换为图块。定义的图块仅存在于当前图形信息中，随当前图形一起存储，只能在这个图形中插入。

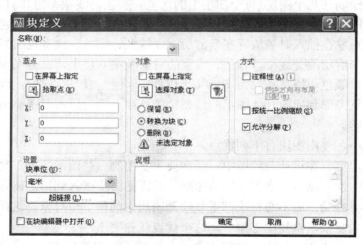

图 9-2　“块定义”对话框

1.命令输入方式

键盘输入：**BLOCK** 或 **B**

工具栏：“绘图”工具栏→

菜单：“绘图（D）”→“块（K）”→“创建（M)...”

2.对话框说明

（1）“名称（N）”控件

在该控件中输入图块名或点取已有的图块名。

（2）"基点"区

在该区指定插入基点。当"在屏幕上指定"复选框选中时，该区下方各选项不可用，对话框关闭后将提示用户在当前图形上指定插入基点。当未选中"在屏幕上指定"复选框时，用户可以单击"拾取点(K)"（⊞）按钮，暂时关闭对话框，回到图上选择一点，点坐标显示在对话框中。或者在下面的"X"、"Y"、"Z"文本框中直接键入基点的坐标。默认的插入基点是(0，0，0)。

（3）"设置"区

在该区用"块单位(U)"控件确定图块的插入单位，用"超链接(L)…"按钮将图块与某个超链接相关联。

（4）"对象"区

在该区指定将要组成图块的对象，确定所选对象在创建图块后是保留、删除还是转换为图块。

1）"在屏幕上指定"复选框　用该复选框确定是在关闭对话框前或后来选择对象。当选中"在屏幕上指定"复选框时，该区下方各选项不可用，对话框关闭后将提示用户在当前图形上选择构成图块的对象。

2）"选择对象(T)"（⊞）按钮　用该按钮去选择构成图块的对象。单击该按钮，对话框暂时消失，在图上选择对象，按【Enter】键结束，重显对话框，所选对象的数目显示在该区下方。

3）"快速选择"（⚡）按钮　点取该按钮可用快速选择方式选取构成图块的对象。

4）"保留(R)"按钮　选择该按钮将使所选对象保持原状。

5）"转换为块(C)"按钮　选择该按钮将把所选对象转换为图块，否则所选对象保持原状。

6）"删除(D)"按钮　选择该按钮将在块定义成功后删除所选对象。

（5）"方式"区

1）"注释性(A)"复选框　"注释性(A)"复选框用于确定图纸空间图块是否具有注释性。选中该项使图纸空间图块具有注释性，同时"使块方向与布局匹配(M)"复选框可用。

2）"按统一比例缩放(S)"按钮　选择该按钮将使图块在插入时只能以 X、Y、Z 方向相同的比例缩放。

3）"允许分解(P)"按钮　选择该按钮将使图块在插入后可以被分解。

（6）"说明"区

"说明"区用于输入对该图块的描述。

（7）"在块编辑器中打开(O)"按钮

选择该按钮后，单击"确定"按钮，将打开"块编辑器"对话框，为图块添加动态行为。

3.命令使用举例

例　将图 9-3 所示图形定义为图块。

命令：**B**✓

在"块定义"对话框的"名称(N)"控件中键入块名 Q1，在"基点"区单击"拾取点(K)"（⊞）按钮，暂时关闭对话框。

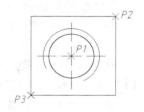

图 9-3　定义图块

　　指定插入基点：(捕捉交点 P1)

　　在"对象"区单击"选择对象(T)"（命令按钮，暂时关闭对话框。

　　　　选择对象：W↙

　　　　指定第一个角点：(点取 P2 点)

　　　　指定对角点：(点取 P3 点) 找到 4 个

　　　　选择对象：↙

　　在"对象"区确定所选对象在创建图块后是"保留(R)"、"删除(D)"，还是"转换为块(C)"，最后单击"确定"按钮。

图 9-4   "写块"对话框

9.1.2   WBLOCK(写图块)命令

　　WBLOCK(写图块)命令使用"写块"对话框(图 9-4)将图形或图块以图形文件形式存入磁盘。

　　1.命令输入方式

　　键盘输入：WBLOCK 或 W

　　2.对话框说明

　　(1)"源"区

　　在"源"区确定是把已定义的图块写成文件，还是保存全图，或者将某些对象先定义为块再存盘。

　　1)"块(B)"按钮　　选择该按钮将把已定义的图块写成文件，在右侧列表框中确定要写的图块名。用户可以在列表框中键入图块名，或者在控件中点取一图块名。

　　2)"整个图形(E)"按钮　　选择该按钮将把当前全部图形写成文件。

　　3)"对象(O)"按钮　　选择该按钮将先把对象定义为图块再写成图块文件。该选项下方的"基点"、"对象"选项区可以操作。这两个选项区与 BLOCK(创建块)命令里"块定义"对话框(图 9-2)中的选项区相同。

　　(2)"目标"区

　　在该区确定输出文件的位置、名称以及插入单位。

　　1)"文件名和路径(F)"控件　　在该控件中指定文件保存的路径和文件名，也可用右侧的浏览按钮，在浏览文件夹对话框中查找盘符、文件夹。文件名可以与块名相同。

　　2)"插入单位(U)"控件框　　在该控件框中指定当新文件作为块插入时所使用的单位。

　　3.命令使用举例

　　例 1　　将 9.1.1 节定义的图块 Q1 写入文件 Q2。

　　　　命令：W↙

　　在"源"区选择"块(B)"按钮，并在控件中点取 Q1。在"目标"区的"文件名和路径(F)"文本框中输入自己的文件夹名和文件名 Q2，单击"确定"按钮。

　　例 2　　将当前全部图形写入磁盘文件 Q3。

　　　　命令：W↙

在"源"区选择"整个图形(E)"按钮。在"目标"区的"文件名和路径(F)"文本框中键入自己的文件夹名和文件名 Q3，单击"确定"按钮。

例 3　若图块 Q1 未定义，则将图 9-3 用 WBLOCK(写图块)命令同时执行定义图块和写图块的操作。

　　　　命令：<u>W↙</u>

在"源"区选择"对象(O)"按钮。在"目标"区的"文件名和路径(F)"文本框中键入自己的文件夹名和文件名 Q4，单击"基点"区的"拾取点(K)"(🔲)按钮，暂时关闭对话框。

　　　　指定插入基点：<u>(捕捉交点 P1)</u>

在"对象"区单击"选择对象(T)"(🔲)命令按钮，暂时关闭对话框。

　　　　选择对象：<u>W↙</u>

　　　　指定第一个角点：<u>(点取 P2 点)</u>

　　　　指定对角点：<u>(点取 P3 点)</u> 找到 4 个

　　　　选择对象：<u>↙</u>

在"对象"区确定所选对象在创建图块后是"保留(R)"、"删除(D)"，还是"转换为块(C)"，最后单击"确定"按钮。

9.1.3　INSERT(插入)命令

INSERT(插入)命令使用"插入"对话框(图 9-5)将已定义的图块或图形文件按指定的比例、旋转角插入图中指定位置，还可以插入镜像的图形。插入后的图形可以成为图块，也可以分解。在对话框中指定图块名或图形文件名。插入点、比例因子和旋转角既可在对话框中输入，也可在屏幕上指定。

图 9-5　"插入"对话框

1.命令输入方式

键盘输入：INSERT 或 I

工具栏："绘图"工具栏→🔲

菜单："插入(I)"→"块(B)..."

2.对话框说明

(1)"名称(N)"控件

在列表中确定要插入的图块名。用户可以在列表框中键入图块名或图形文件名，或者在控件中点取一图块名。

（2）"浏览（B）…"按钮

使用"浏览（B）…"按钮，在"选择图形文件"对话框中查找要插入的图形、图块文件名。文件所在路径在下一行"路径"提示的右面显示。

（3）"插入点"区

在该区确定图块的插入点。定义图块时的基点与该点对齐。

1）"在屏幕上指定（S）"复选框　确定是否在屏幕上指定参数。打开复选框时，该区内的其他选项不可用，需要关闭对话框，然后在屏幕上指定插入点。关闭复选框时，可在区内键入插入点坐标。

2）"X"、"Y"、"Z"文本框　在各文本框内分别键入插入点的 X、Y、Z 坐标。

（4）"缩放比例"区

在该区确定插入图块的 X、Y、Z 方向的缩放比例因子。若某方向的缩放比例为负值，则插入以该方向垂线为镜像线的镜像图形。区内的多数选项与上一区相同，而最下面一项是上一区所没有的，即"统一比例（U）"复选框。复选框打开时，可为 X、Y、Z 方向指定同一个比例因子。

（5）"旋转"区

在该区确定插入图块的旋转角度。当关闭"在屏幕上指定（C）"复选框时，在"角度（A）"文本框内键入角度。打开复选框时，需要关闭对话框，然后在屏幕上指定角度。

（6）"块单位"区

在该区显示插入图块的单位、图块单位与图形单位的比例因子。

（7）"分解（D）"复选框

确定是否将图块分解后再插入。打开复选框时将插入分解的图块，否则插入的是图块整体。

3.命令使用举例

例1　将 9.1.1 节中定义的 Q1 图块插入在（100，100）处，X 与 Y 的比例因子为 0.5。

命令：I↙

在"名称（N）"控件框中选择 Q1。在"插入点"区，关闭"在屏幕上指定（S）"复选框，在"X"、"Y"文本框内分别键入 100。在"缩放比例"区的"X"文本框内键入 0.5，最后单击"确定"按钮。

例2　将 9.1.2 节中保存的 Q2 图块文件按原大插入图中。

命令：I↙

使用"浏览（B）…"按钮，在"选择图形文件"对话框中查找图块文件名 Q2。在"插入点"区，打开"在屏幕上指定（S）"复选框。在"缩放比例"区的"X"文本框内键入 1，使用"统一比例（U）"，最后单击"确定"按钮。

指定插入点或[基点（B）/比例（S）/X/Y/Z/旋转（R）]：（用光标指定一点）

例3　以坐标系原点为插入点插入一个图形文件。

命令：I↙

使用"浏览（B）…"按钮，在"选择图形文件"对话框中查找图形文件名。在"插入点"区，关闭"在屏幕上指定（S）"复选框，在"X"、"Y"文本框内分别键入 0。在"缩放比例"区的"X"文本框内键入 1。打开"分解（D）"复选框，单击"确定"按钮。

9.1.4　BASE(基点)命令

如将图形文件作为图块插入当前图中，原图形文件在未指定插入基点时，插入基点为坐标系原点。如果认为坐标系原点作为插入基点不合适，可以用 BASE(基点)命令指定一个新的插入基点。其步骤是首先打开原图形文件，然后用 BASE(基点)命令定义一个新的插入基点，再重存一下图形。BASE(基点)命令也可以用于改变已有图块的插入基点。

1.命令输入方式

键盘输入：BASE

菜单："绘图(D)"→"块(K)"→"基点(B)"

2.命令使用举例

例　在图形上设置一插入基点。

　　命令：BASE↙

　　输入基点<0.0000, 0.0000, 0.0000>：(指定一点)

9.1.5　EXPLODE(分解)命令

EXPLODE(分解)命令将复杂对象分解为各个组成部分。复杂对象包括图块、多段线、多线、填充图案、尺寸等。图块分解为定义图块前的图形。二维多段线分解为直线和圆弧，并失去宽度、切线方向等信息。填充图案分解为一条条直线。尺寸分解为一条条直线、箭头、文字。多线被分解为一条条直线。等等。

1.命令输入方式

键盘输入：EXPLODE 或 X

工具栏："修改"工具栏→

菜单："修改(M)"→"分解(X)"

2.命令使用举例

例　命令：EXPLODE↙

　　选择对象：(选择要分解的对象)

　　选择对象：

9.1.6　修改插入的图块

当要修改已插入图中的多个相同图块时，只需修改一个图块，再做简单的操作即可。修改的步骤如下。

①在绘图区域内空白处插入一个分解的图块，或者分解一个已有的图块。

②修改插入的图形。

③用 BLOCK(创建块)命令重新定义同名的图块。由于与已有图块同名，所以会显示 AutoCAD 对话框，要确定重新定义。图块定义结束后，重新生成当前图形，显示被修改后的图形。

9.1.7　单位图块

单位图块也称 1×1 图块。它是在一个单位边长的正方形内绘制图形，并定义为图块。

以后插入该图块时，X 与 Y 方向的比例因子便是这个图形的实际大小。例如图 **9-1** 所示的螺纹孔投影，若按大径为一个单位绘制后定义为图块，那么以后需要画多大直径的螺纹孔都可以使用这个图块。

再比如，构造一个 1×1 的正方形块，用它既可画正方形，又可画矩形。输入的 X 比例因子成为矩形的宽，Y 比例因子成为矩形的高。

9.1.8　图块应用举例

现在绘制图 **9-6** 所示的椅子和餐桌。绘制过程是：先画出椅子(图 9-6(a))并定义为图块后，画出餐桌，再把椅子图块插入并阵列(图 9-6(b))，然后修改椅子，最后存图。椅子用细实线画轮廓放在"文字"层上，餐桌用粗实线画轮廓放在"粗实线"层上。操作过程如下。(以下操作中的坐标输入都是在命令窗口进行的，即要关闭"动态输入"功能。)

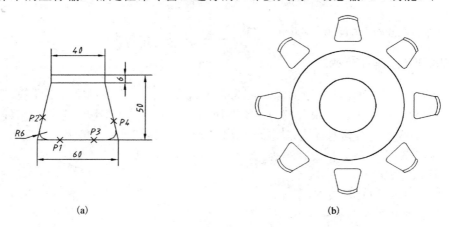

(a)　　　　　　　　　　　　　　　　　(b)

图 9-6　椅子和餐桌
(a)椅子；(b)结果

1.画椅子和餐桌

单击"图层"工具栏中图层控件，再单击"文字"层名。

　　命令：<u>LINE</u>↙
　　指定第一点：<u>100,100</u>↙
　　指定下一点或[放弃(U)]：<u>@60,0</u>↙
　　指定下一点或[放弃(U)]：<u>@–10,44</u>↙
　　指定下一点或[闭合(C)/放弃(U)]：<u>@–40,0</u>↙
　　指定下一点或[闭合(C)/放弃(U)]：<u>C</u>↙
　　命令：↙
　　LINE
　　指定第一点：<u>110,144</u>↙
　　指定下一点或[放弃(U)]：<u>@0,6</u>↙
　　指定下一点或[放弃(U)]：<u>@40,0</u>↙
　　指定下一点或[闭合(C)/放弃(U)]：<u>@0,–6</u>↙
　　指定下一点或[闭合(C)/放弃(U)]：↙
　　命令：<u>FILLET</u>↙
　　当前设置：模式=修剪，半径=10.0000

选择第一个对象或[放弃(U)/多段线(P)/半径(R)/修剪(T)/多个(M)]：<u>R✓</u>

指定圆角半径<10.0000>：<u>6✓</u>

选择第一个对象或[放弃(U)/多段线(P)/半径(R)/修剪(T)/多个(M)]：<u>M✓</u>

选择第一个对象或[放弃(U)/多段线(P)/半径(R)/修剪(T)/多个(M)]：<u>（点取 P1 点）</u>

选择第二个对象，或按住 Shift 键选择要应用角点的对象：<u>（点取 P2 点）</u>

选择第一个对象或[放弃(U)/多段线(P)/半径(R)/修剪(T)/多个(M)]：<u>（点取 P3 点）</u>

选择第二个对象，或按住 Shift 键选择要应用角点的对象：<u>（点取 P4 点）</u>

选择第一个对象或[放弃(U)/多段线(P)/半径(R)/修剪(T)/多个(M)]：<u>✓</u>

命令：<u>B✓</u>　　　　　　　　　　　　　　　　　　　　　　　（建立椅子图块）

在"块定义"对话框的"名称(N)"列表框中键入块名 CHAIR，在"基点"区的"X"、"Y"文本框内分别键入 130、100。在"对象"区选择"删除(D)"，单击"选择对象(T)"（🔲）按钮。

选择对象：<u>W✓</u>

指定第一个角点：<u>90,90✓</u>

指定对角点：<u>170,160✓</u>　找到 9 个

选择对象：<u>✓</u>

单击"确定"按钮。

单击"图层"工具栏中图层控件，再单击"粗实线"层名。

命令：<u>CIRCLE✓</u>　　　　　　　　　　　　　　　　　　　　　　　（画餐桌）

指定圆的圆心或[三点(3P)/两点(2P)/相切、相切、半径(T)]：<u>200,150✓</u>

指定圆的半径或[直径(D)]：<u>60✓</u>

命令：<u>✓</u>

CIRCLE

指定圆的圆心或[三点(3P)/两点(2P)/相切、相切、半径(T)]：<u>@✓</u>

指定圆的半径或[直径(D)]<60.0000>：<u>30✓</u>

命令：<u>I✓</u>　　　　　　　　　　　　　　　　　　　　　　　　（插入椅子）

在"插入"对话框的"名称(N)"控件中选择 CHAIR。在"插入点"区关闭"在屏幕上指定(S)"复选框，在"X"、"Y"文本框内分别键入 200、220。在"缩放比例"区的"X"文本框内键入 0.5。最后单击"确定"按钮。

命令：<u>ARRAY✓</u>　　　　　　　　　　　　　　　　　　　　　　（阵列椅子）

在"阵列"对话框中，单击"环形阵列(P)"按钮，点取"选择对象(S)"（🔲）按钮，选中刚插入的图块后按【Enter】键。在"中心点"右端的"X"、"Y"文本框内分别键入 200、150，在"项目总数(I)"文本框内键入 8，然后单击"确定"按钮。

2.修改椅子后存图

椅子靠背是直线，现要改为圆弧，须插入一个原大的椅子来修改。可是已画好的餐桌和椅子已占满了绘图区，故将餐桌所在图层"粗实线"关闭。将分解的椅子插在餐桌位置上，插入的椅子已不再是图块了。可以擦除椅背两条线，再画圆弧，然后再重新定义椅子图块，所有椅子即被修改，最后保存图形。其操作如下。

单击"图层"工具栏中图层控件，单击"文字"层名；再单击该控件，单击"粗实线"层中的灯泡(💡)图标，关闭该层。

命令：<u>I✓</u>

在"名称(N)"控件框中选择 CHAIR。在"插入点"区关闭"在屏幕上指定(S)"复选

框，在"X"、"Y"文本框内分别键入 200、100。在"缩放比例"区的"X"文本框内键入 1。
打开"分解(D)"复选框，最后单击"确定"按钮。

    命令：<u>ERASE</u>↙   （擦除椅背）

    选择对象：<u>200,144</u>↙ 找到 1 个

    选择对象：<u>200,150</u>↙ 找到 1 个，总计 2 个

    选择对象：↙

    命令：<u>ARC</u>↙   （改画圆弧）

    指定圆弧的起点或[圆心(C)]：<u>220,144</u>↙

    指定圆弧的第二点或[圆心(C)/端点(E)]：<u>220,150</u>↙

    指定圆弧的端点：<u>180,144</u>↙

    命令：↙

    ARC

    指定圆弧的起点或[圆心(C)]：<u>220,150</u>↙

    指定圆弧的第二点或[圆心(C)/端点(E)]：<u>200,156</u>↙

    指定圆弧的端点：<u>180,150</u>↙

    命令：<u>B</u>↙   （重新定义椅子图块）

在"块定义"对话框的"名称(N)"列表框中输入块名 CHAIR，在"基点"区的"X"、
"Y"文本框内分别键入 200、100。在"对象"区选择"删除(D)"，单击"选择对象(T)"
(🖾) 按钮。

    选择对象：<u>W</u>↙

    指定第一个角点：<u>160,90</u>↙

    指定对角点：<u>240,170</u>↙找到 9 个

    选择对象：↙

单击"确定"按钮，在显示的 AutoCAD 对话框中再单击"是"按钮。

单击"图层"工具栏中图层控件，单击"粗实线"层中的灯泡(💡)图标，打开该层。

    命令：<u>W</u>↙   （存图）

在"源"区选择"整个图形(E)"按钮。在"目标"区的"文件名和路径(F)"文本框中
键入自己的文件夹名和文件名 TABLE，再单击"确定"按钮。

9.2   属 性

    属性是对图块或图形的文字说明，与图块或图形一起存储。属性包括属性标记和属性值。
属性标记、输入提示等内容是在作属性定义时写入图中的。属性定义只作一次，可同时定义
多个属性。属性值是在插入附加了属性的图块或图形文件时按提示输入的。每插入一个图块
或图形就要输入一次属性值。所以，几个插入的图块或图形具有的属性值都不一样。例如，
零件序号、代号、名称、数量、材料等是零件的属性，而一个具体零件的序号、代号、名称、
数量、材料等就是这个零件的属性值。另外，属性可以显示也可以不显示。

    对图块或图形附加属性须经下列步骤：

    ①绘制图形；

    ②使用 ATTDEF(属性定义)命令建立属性定义；

    ③将图形和属性一起定义为图块，或用存图命令保存；

④插入图块或图形文件，并按提示输入相应的属性值。

本节介绍建立和编辑属性的命令、方法等。

9.2.1　ATTDEF(属性定义)命令

ATTDEF(属性定义)命令使用"属性定义"对话框(图 9-7)建立属性定义。属性定义用来描述属性模式、属性标记、输入提示、属性值、插入点以及属性的文字选项等。

1.命令输入方式

键盘输入：ATTDEF 或 ATT

菜单："绘图(D)"→"块(K)"→"定义属性(D)..."

2.对话框说明

(1)"模式"区

在"模式"区设置插入块时与块关联的属性值选项。

1)"不可见(I)"复选框　插入图块后是否显示属性值。打开复选框时不显示属性值，关闭时显示。

2)"固定(C)"复选框　在插入块时属性值是否为固定常数。打开复选框时为固定常数，不显示输入提示。关闭时需输入属性值。

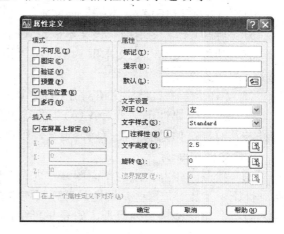

图 9-7　"属性定义"对话框

3)"验证(V)"复选框　在插入块时是否校验输入的属性值。复选框打开时校验，将提示用户再次确认属性值是否正确。复选框关闭时不校验。

4)"预置(P)"复选框　在插入包含预置属性值的块时是否使用预设的属性值。复选框打开时用默认值作属性值，否则显示输入提示。

5)"锁定位置(K)"复选框　用该复选框确定图块中的属性位置是否固定，一般固定。如果不固定，则属性位置可改变，并且可以调整多行属性的大小。

6)"多行(U)"复选框　用该复选框确定图块中的属性是否使用多行文字。选定此选项后，可以指定属性的边界宽度。

(2)"属性"区

在"属性"区设置属性标记、键入提示和默认值。

1)"标记(T)"文本框　键入属性标记，用于标识图形中属性位置。

2)"提示(M)"文本框　指定输入属性值时的提示语句。如不指定则用属性标记作提示。如果属性模式中"固定(C)"项打开，则该项不可用。

3)"默认(L)"文本框　指定默认属性值。利用右端的"插入字段"按钮(⊟)在此插入某一个字段。

(3)"插入点"区

在"插入点"区指定插入点位置。选中"在屏幕上指定(O)"复选框时，可以在图上指定点，否则在文本框中键入坐标值。

(4) "文字设置" 区

在 "文字设置" 区设置属性文字的对齐方式、样式、字高和旋转角。

1) "对正(J)" 控件   该控件设置属性文字的对齐方式。

2) "文字样式(S)" 控件   该控件设置属性文字的样式。

3) "注释性(N)" 复选框   "注释性(N)" 复选框用于确定属性是否具有注释性。如果选定此选项，则属性将与块的方向相匹配。

4) "文字高度(E)" 文本框   该文本框设置属性文字的字高。

5) "旋转(R)" 文本框   该文本框设置属性文字的旋转角。

6) "边界宽度(W)" 文本框   当选中 "模式" 区的 "多行(U)" 复选框时，在此设置多行文字的边界宽度。

(5) "在上一个属性定义下对齐(A)" 复选框

"在上一个属性定义下对齐(A)" 复选框确定是否将属性定义放置在上一个属性定义下方并与其对齐。如果以前没有属性定义，则该项不可用。

3. 命令使用举例

例   绘制一张办公室的平面图。室内布置四张写字台，每张写字台上有编号、姓名、职务、性别、年龄等，这些是属性。再分别规定它们的属性标记、输入提示、默认值、可见性、插入点等。将这些项目列成表，如表 9-1 所示。

表 9-1

标记	提示	默认	可见性	插入点	字高	文字样式
编号	请输入编号	01		120, 144	7	HZ
姓名				120, 125	10	HZ
职务	请输入职务			176, 125	10	HZ
性别		男		120, 109	7	HZ
年龄				176, 109	7	HZ

(1) 绘制 120×60 的矩形表示写字台

用 NEW(新建) 或 QNEW(快速新建) 命令装入 A3 样板。将 "粗实线" 层设置为当前层。以下输入绝对坐标需先关闭动态输入(关闭状态栏中的 "DYN" 按钮)。

命令：<u>LINE</u>↙

指定第一点：<u>100,100</u>↙

指定下一点或[放弃(U)]：<u>220,100</u>↙

指定下一点或[放弃(U)]：<u>220,160</u>↙

指定下一点或[闭合(C)/放弃(U)]：<u>100,160</u>↙

指定下一点或[闭合(C)/放弃(U)]：<u>C</u>↙

(2) 使用 ATTDEF(属性定义) 命令建立属性定义

① 将 "文字" 层设置为当前层。

② 执行 ATTDEF(属性定义) 命令，按表 9-1 分别键入属性定义，结果如图 9-8 所示。

图 9-8   写字台平面图

(3) 定义图块

使用 BLOCK(创建块)命令定义图块。图块名为 DESK，插入点在(100，100)，打开"删除(D)"按钮。

(4) 绘制 390×270 的矩形表示办公室

设置"粗实线"层为当前层。

命令：<u>LINE</u>↙

指定第一点：<u>10，10</u>↙

指定下一点或[放弃(U)]：<u>400，10</u>↙

指定下一点或[放弃(U)]：<u>400，280</u>↙

指定下一点或[闭合(C)/放弃(U)]：<u>10，280</u>↙

指定下一点或[闭合(C)/放弃(U)]：<u>C</u>↙

(5) 插入图块和输入属性值

用 INSERT(插入)命令插入 DESK 图块。插入比例、旋转角均用默认值。在工具栏提示中输入属性值。插入点及属性值如表 9-2 所示，结果如图 9-9 所示。

表 9-2

插入点	编　号	姓　名	职　务	性　别	年　龄
60，170	01	王强	主任	男	35
230，170	02	李敏	副主任	女	28
60，60	03	张山	职员	男	29
230，60	04	杨玉	职员	女	22

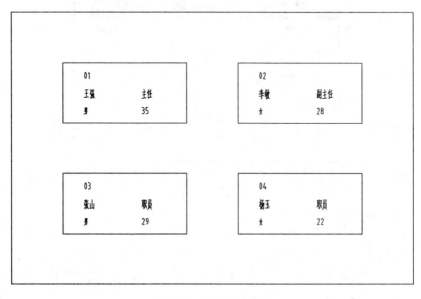

图 9-9　办公室平面图

9.2.2　编辑属性

编辑属性包括修改属性定义和修改属性特性。编辑属性可以使用 PROPERTIES（特性）或 DDEDIT（文字编辑）命令进行。

如果修改了属性定义，必须重新定义修改了属性定义的图块。重新定义带属性定义的图块的步骤如下：

①插入一个分解的带属性定义的图块；

②使用 PROPERTIES（特性）修改属性定义；

③用 BLOCK（创建块）或 WBLOCK（写块）命令重新定义该图块。

例　修改前例中 DESK 图块，将"年龄"属性修改为不可见，即打开"不可见"模式。

命令：<u>INSERT</u>↙

显示"插入"对话框。在"名称（N）"控件框中指定块名 DESK，打开"分解（D）"复选框，再单击"确定"按钮。

点取"年龄"属性，执行 PROPERTIES（特性）命令，显示"特性"选项板，将"其他"属性类的"不可见"选项改为"是"，然后关闭"特性"选项板。

命令：<u>BLOCK</u>↙

在"块定义"对话框的"名称（A）"列表框中指定块名 DESK，在"基点"区指定插入基点，在"对象"区选择要被定义为新块的对象并选择"删除（D）"项，最后单击"确定"按钮。

修改属性特性使用"特性"选项板非常方便，这里不再详细说明。DDEDIT（文字编辑）命令使用"增强属性编辑器"对话框（图 9-10）修改属性特性。对话框中用三个选项卡分别显示所选图块的所有属性特性，并都可作修改。执行该命令的方式如下。

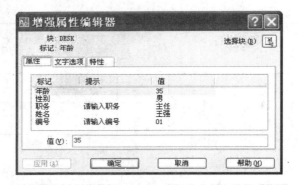

图 9-10　"增强属性编辑器"对话框

键盘输入：**DDEDIT** 或 **ED**

工具栏："文字"工具栏→

菜单："修改（M）"→"对象（O）"→"文字（T）"→"编辑（E）…"

快捷菜单：　选择属性对象，在绘图区域单击右键，然后选择"编辑属性（U）…"

定点设备：双击文字对象

9.2.3 图块属性应用举例

例 绘制一幅 A3 图框格式和标题栏（图 9-11），并定义图名、图号、材料、重量、比例等属性。标题栏格式和尺寸如图 7-8 所示。

①用 NEW（新建）或 QNEW（快速新建）命令装入样板 A3.DWT。

②绘制边框、图框和标题栏。在"粗实线"层上画粗实线，在"细实线"层上画细实线，边框左下角为(0，0)。

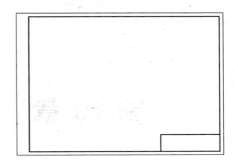

图 9-11 A3 图框与标题栏

③在"文字"层上写不带括号的文字。对齐方式用"中间(M)"。"天津大学"的字高为 7，其他字高为 5。

④用 ATTDEF 命令定义带括号文字及重量、比例等属性。属性如表 9-3 所示。

表 9-3

标记	值	插入点	字高	文字样式	对齐方式
图名		395，22.5	7	HZ	中间
图号		395，10.5	7	HZ	中间
材料		352，31.5	10	HZ	中间
重量		368.5，18.5	5	HZ	中间
比例	1∶1	345.5，18.5	5	HZ	中间

⑤用 WBLOCK 或 SAVEAS 命令存图，文件名为 A3.dwg。

当画好图形、注上尺寸后，最后插入图框、标题栏，同时输入图名、图号、材料、重量、比例等，完成全图。

练 习 题

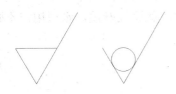

图 9-12 粗糙度符号

9.1 将图 9-12 所示粗糙度符号分别定义为图块，并在第 3 章和第 6 章练习题上添加粗糙度代号。图中三角形边长为 5。

9.2 参照 9.2.3 节例子创建 A2、A1、A0 图幅格式，并分别存储。

9.3 将以前所画的图分别加上图框、标题栏，构成一幅完整的图样。

第 10 章　绘制机械工程图

本书前半部分介绍了绘制平面图形的方法和各种命令，其中主要是机械图样的画法。在这一章中将说明绘制零件图和装配图的具体方法和步骤。

10.1　绘制零件图的步骤

绘制零件图的一般步骤如下。

①加载样板。样板中应包括图层设置、文字样式、尺寸样式及各种符号（如表面粗糙度符号）等内容。

②按 1：1 绘制视图。无论零件大小，一律按原大画图，然后再用 SCALE（比例缩放）命令放大或缩小视图。如果零件太大，在选定的图纸范围内按 1：1 画不下所有视图，则要改变图形界限。画完图后再缩小图形，并改回原选定的图纸范围。有时图形可能不在图纸范围内，需再将图形平移进来。

③标注尺寸。如果图形经过放大或缩小，则先要改变测量单位比例因子再标注尺寸。

④标注表面粗糙度，书写技术要求。

⑤插入图框标题栏并填写标题栏。图框标题栏是事先画好并保存的图形文件。图框按标准图幅格式绘制，一种图幅保存为一个图形文件。插入时用多大图幅就插入哪一个文件。

⑥保存图形到用户文件夹下。

绘制零件图还有另一种方法，就是按 1：1 绘制视图，不再放大或缩小。而在插入图框标题栏时，通过缩放图框标题栏来适合视图。标注的尺寸、表面粗糙度和文字大小要按相同的比例缩放。打印图形时要按相反的比例缩放输出。

上述两种方法各有优缺点。前一种方法应该说是比较好的，但以后改图稍有不便；后一种方法对于改图来说较为方便，但缩放比例的计算、标注尺寸等就比较麻烦。希望用户不断总结经验，找出适合自己的方法。

10.2　绘制装配图的步骤

绘制装配图须在完成零件图之后进行。因为装配图上许多零件的投影与零件图的视图基本相同，所以将这些零件的视图拼到一起，再加以适当修改就成了装配图的视图。这种绘制装配图的方法称为拼画装配图。在拼画装配图之前，首先要对零件图进行处理，将拼画装配图所需的视图做成图块保存起来，以便拼画装配图时使用。对于投影轮廓简单的零件和标准件，在拼画装配图时可随时添加其投影。由于装配图的投影较多，随时关闭或打开某些图层，将使各种操作变得十分方便。

拼画装配图的一般步骤如下。

①打开一个零件图，关闭尺寸、文字、表面粗糙度等所在图层，使用 WBLOCK（写块）命令将拼画装配图时需要的视图制成图块文件。必须注意插入基点的选择。这个基点必须是该视图在装配图中的定位点。重复上述操作，直至完成所有图块的制作。

②加载一个样板。

③依次插入图块。首先插入主要零件，再插入与主要零件相连的其他零件。或者不用图块来操作，而是在两张图之间用复制的方法解决。

④修剪被遮挡的投影。要修剪多余的投影，先要将插入的图块分解。注意随时放大要修剪部分的图形，以便于操作。从插入第二个图块起，最好每插入一个图块即做修剪处理。否则，多个图块重叠在一起，将很难分清谁覆盖谁、哪些投影应被删除。

⑤当有内外螺纹重叠时，应注意修剪掉内螺纹的小径线上重叠部分。在选择重叠在一起的对象时使用循环选择方式，即按住【Ctrl】键点取对象。另外还要修剪内螺纹的剖面线，即首先分解剖面线，然后再修剪。

⑥修改剖面线的方向或间距。由于画零件图时不可能考虑到画装配图的需要，到画装配图时才发现相邻零件剖面线相同。此时可用 HATCHEDIT（图案编辑）或 PROPERTIES（特性）命令进行修改。

⑦添加简单零件或未作图块零件的投影。适当使用用户坐标系（定义新原点）可使画图简便。

⑧添加标准件的投影。绘制有外螺纹的标准件，最好先在空白处画好投影，再平移到预定位置。

⑨整理点画线。几个零件的视图重叠在一起，有些点画线也会重叠。点画线只能有一条，多余的必须删除。

⑩插入图框标题栏，平移各视图，使各视图在图框内布置匀称。

⑪绘制零件序号和指引线。一般不使用 LEADER（引线）或 QLEADER（快速引线）命令画指引线，因为要求序号均匀、准确定位较难实现。建议按下述方法进行：首先画一段长约 10 mm 的水平线，在其上方写一字高为 5 或 7 的数字（如 1），然后在水平或垂直方向作阵列，再用 DDEDIT（文字编辑）命令修改数字，最后用直线连接水平线和相应零件，并用 DONUT（圆环）命令在斜线末端画圆点。

⑫绘制零件明细栏。先画出第一栏并写好文字，再作阵列，然后用 DDEDIT（文字编辑）命令修改每一格内文字。

⑬最后写技术要求，填写标题栏，保存图形。

练 习 题

10.1　绘制图 10-1 所示各零件图。

10.2　由图 10-1 所示零件图拼画图 10-2 所示装配图。

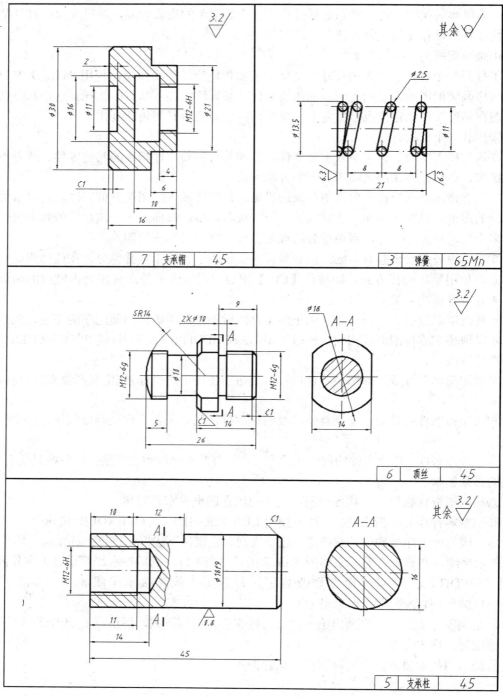

(a)

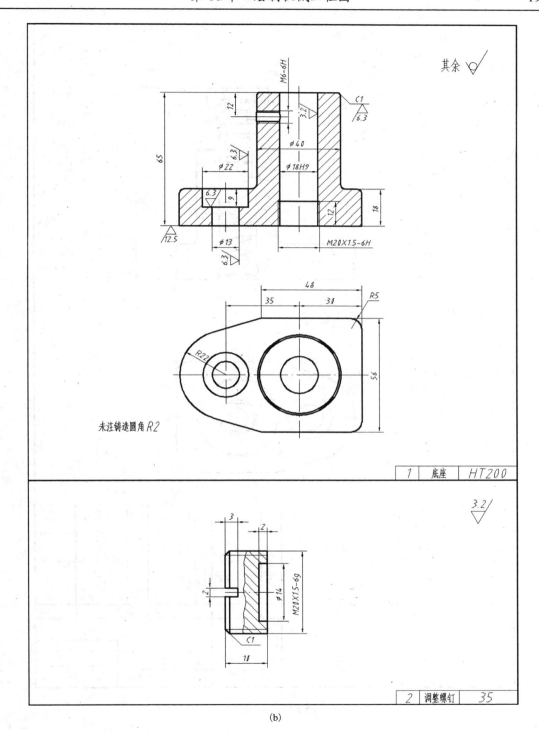

(b)

图 10-1　零件图

(a) 零件图 1；(b) 零件图 2

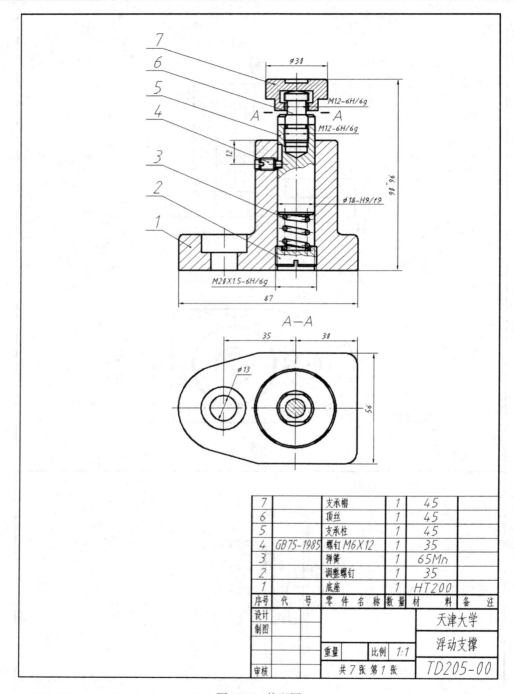

7		支承帽	1	45	
6		顶丝	1	45	
5		支承柱	1	45	
4	GB75-1985	螺钉 M6X12	1	35	
3		弹簧	1	65Mn	
2		调整螺钉	1	35	
1		底座	1	HT200	
序号	代 号	零 件 名 称	数量	材 料	备 注
设计				天津大学	
制图					
		重量	比例	1:1	浮动支撑
审核		共7张 第1张		TD205-00	

图 10-2　装配图

第 11 章　工作空间与打印

11.1　工作空间

　　AutoCAD 是一款功能强大的图形设计软件。它不仅包括设计二维工程图样所有要求的功能，还能创建非常完美的三维模型。绘制二维图形和创建三维模型所需要的环境、命令是不一样的，所以要根据不同的任务划分工作空间。工作空间就是面向某个任务所需要的绘图环境、工具栏、选项板和面板的集合。当使用某个工作空间时，只会显示与任务相关的绘图环境、工具栏、选项板和面板。AutoCAD 2008 已定义了三个基于任务的工作空间，即"二维草图与注释"、"三维建模"、"AutoCAD 经典"。用户可以轻松地在三个工作空间之间切换。

　　"AutoCAD 经典"工作空间(图 11-1(a))就是 AutoCAD 较低版本的用户界面加上"工具板选项板"。

　　"二维草图与注释"工作空间(图 11-1(b))与"AutoCAD 经典"工作空间不同的是增加了一个"面板"，减少了工具栏的显示。工具栏上有关二维绘图的命令被集合到"面板"上。

　　"三维建模"工作空间(图 11-1(c))显示了一个三维空间的场景和一个"面板"。这个"面板"集合了三维建模的一系列命令。

　　"AutoCAD 经典"与"二维草图与注释"这两个空间主要用于二维图形的设计。在这两个工作空间中用户又可以在两个环境中进行绘图和设计，即模型空间("模型"选项卡)和图纸空间("布局 1"、"布局 2"选项卡)。图纸空间的建立为图形的布局提供了丰富的手段。将绘图区域或图纸划分为若干个矩形(从 2004 版本开始增加了多边形)区域称为多视口。图形输出通常是指利用绘图仪或打印机等输出设备将图形画在绘图纸上。图形输出的过程称为打印或出图。出图时可以仅包含一个视图，也可以包含多个复杂的视图。

　　前面介绍的绘制工程图样的方法、步骤都是在模型空间完成的，以后打印图形也是从模型空间打印。这就是使用 AutoCAD 的传统方法创建图形。而 AutoCAD 推荐的创建图形方法是：首先在模型空间按 1：1 绘制图形，再进入图纸空间进行尺寸、公差、技术要求等标注，最后加入标题栏。打印图形也从图纸空间进行。对于初学者还是使用传统方法创建图形为好。本章对工作空间只作一些初步介绍，使读者有初步的认识。

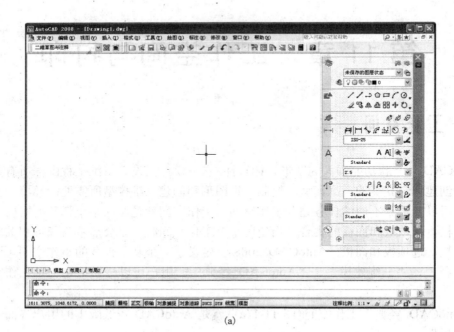

(a)

(b)

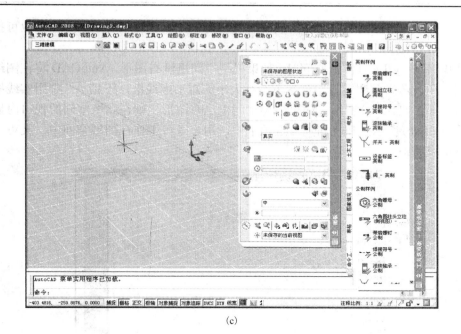

(c)

图 11-1　工作空间
(a) "AutoCAD 经典"；(b) "二维草图与注释"；(c) "三维建模"

11.1.1　模型空间和图纸空间

1. 模型空间

　　模型空间是用户建立模型、完成绘图和设计工作所处的环境。模型就是用户所画的图形，可以是二维的，也可以是三维的。创建和编辑图形的大部分工作都是在模型空间中完成。AutoCAD 图形窗口底部"模型"选项卡所代表的图形窗口表示模型空间。在默认情况下，AutoCAD 使用单一视口的模型空间，此视口充满整个绘图区域。但在模型空间中，用户可以创建多个不重叠的视口(平铺视口)以显示模型的不同视图。

2. 图纸空间

　　图纸空间用于规划出图布局及注释。图纸空间就像一张图纸，打印之前可以在上面排列图形。用户可以在图纸空间建立多个视口，以便显示模型的不同视图。每个视口中的图形可以独立编辑、设置不同的图层、给出不同的注释。在图纸空间中，视口被作为对象来看待，可以进行编辑，如移动、复制、删除和改变大小等。这样用户就可以在同一图纸上进行不同图形的放置和绘制，从而建立合理的布局。AutoCAD 图形窗口底部"布局"选项卡所代表的图形窗口一般表示图纸空间。默认情况下，AutoCAD 包括两个图纸空间，即"布局 1"和"布局 2"，如图 11-2(a)所示。

　　应当注意，用户在图纸空间中绘制的图形或标注的注释对模型空间不会产生影响。

3. 模型空间与图纸空间的切换

　　系统变量 TILEMODE 用于控制模型空间与图纸空间的切换。当 TILEMODE 为 1(ON)时，将切换到模型空间；当 TILEMODE 为 0(OFF)时，将切换到图纸空间。此外，通过单击 AutoCAD 绘图区域底部的"模型"和"布局" 选项卡，或者状态栏上的"模型"按钮和"图纸"按钮，也可以进行模型空间与图纸空间的切换。**MSPACE** 和 **PSPACE** 命令也可执行此功能。

　　当从模型空间切换到图纸空间时，如果模型空间里没有图形，**AutoCAD** 将在图纸空间显示一张图纸和表示当前配置打印设备下图纸大小的矩形虚线框，还显示一个用实线框表示的单一视口，如图 11-2(a)所示。如果模型空间里已有图形，则在图纸空间的视口内显示原图形，如图 11-2(b)所示。在"布局"选项卡中，用户既可工作在图纸空间中，又可工作在视口内的模型空间中。

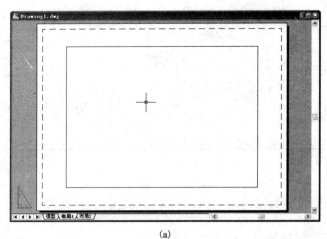

(a)

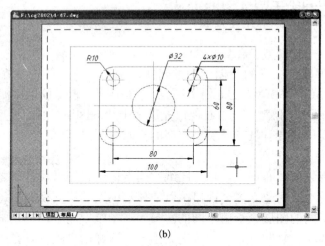

(b)

图 11-2　图纸空间
(a) 图纸空间；(b) 图纸空间中的单一视口

11.1.2　多视口

1.概念

　　在显示窗口内绘制图形，只能看见全部或局部，不能全部和局部兼顾。构造三维模型时，也只能从某一个方向观察，不能从几个方向同时观察一个立体。**AutoCAD** 设计的多视口解决了这一问题。多视口是将显示窗口划分为一个或多个矩形(从 2004 版本开始增加了多边形)

区域，该矩形区域称视口。视口内显示全部或部分图形。各视口间的图形既互相联系，又可单独操作。在任一视口里所做的修改都反映在所有视口中。多视口中只有一个是活动视口，也称当前视口。所有操作都在当前视口中进行。任何时候都可以在这些视口之间，包括在执行命令的过程中切换当前视口。例如在执行命令的过程中可从一个视口向另一个视口画图。切换当前视口只要单击一个视口区域即可。用户可以为每个视口设置相同的缩放比例，使图形显示的大小一样。

　　每个视口中的坐标系都由 UCSVP 系统变量控制。当一个视口的 UCSVP 设为 0 时，该视口的坐标系总是与其他视口的坐标系一致，不能修改；当一个视口的 UCSVP 设为 1 时，可以设置新的坐标系，而与其他视口的坐标系不一致。

　　视口分为平铺视口和浮动视口。

　　在模型空间（"模型"选项卡）中，一个接一个紧紧相连的多个视口称平铺视口（图 11-3）。平铺视口可创建 2～4 个，大小可以相同或不同。

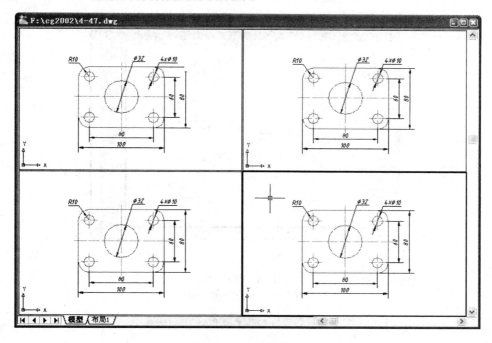

图 11-3　平铺视口

　　在图纸空间（"布局"选项卡）中，多个视口可以互相重叠、分离，也可以平铺，这样的视口称浮动视口。可以创建 1～4 个平铺的或多个重叠或分离的浮动视口配置（图 11-4）。平铺的视口与模型空间（"模型"选项卡）的平铺视口一样有不同的配置方式。浮动视口是对象，可以用编辑命令修改。浮动视口内的图形一般不能编辑，除非是在图纸空间画的图形。要在浮动视口中处理图形，可从图纸空间切换到模型空间。在浮动视口中切换模型空间或图纸空间，单击状态栏的"模型"或"图纸"按钮即可。

　　2.VPORTS（视口）命令

　　使用 VPORTS（视口）命令将整个绘图区域划分为一个或多个视口。在模型空间和图纸空间里分别执行 VPORTS（视口）命令所弹出的"视口"对话框（图 11-5）基本相同，只有个别选项有差别。–VPORTS（视口）命令具有相同的功能，只不过是在命令行中进行操作。

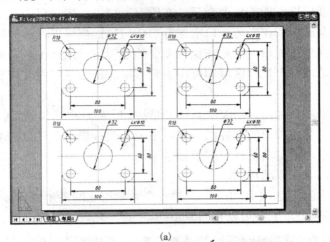

(a)

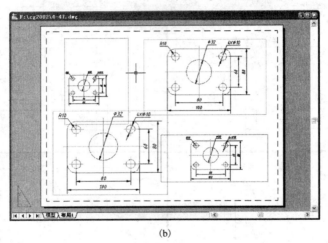

(b)

图 11-4　浮动视口

(a)平铺；(b)重叠和分离

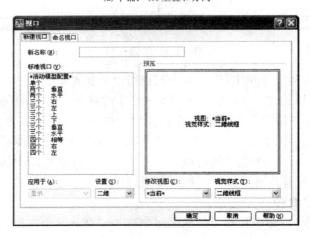

图 11-5　"视口"对话框

(1)命令输入方式

键盘输入：**VPORTS**

菜单："视图(V)"→"视口(V)"→"新建视口(E)…"

(2)对话框说明

对话框中有两个选项卡，"新建视口"选项卡和"命名视口"选项卡。下面主要介绍"新建视口"选项卡。

1)"新名称(N)"文本框　"新名称(N)"文本框为新创建的平铺视口配置指定名称。如果不键入名称，则新创建的视口配置只被使用而不被保存。未保存的视口配置不能在布局中使用。在图纸空间的"视口"对话框里，此处是显示"当前名称"项，无文本框。

2)"标准视口(V)"列表框　"标准视口(V)"列表框列出可用的标准视口配置。

3)"预览"框　"预览"框显示选定视口配置的预览图像，以及在配置中被分配到每个独立视口的默认视图。

4)"应用于(A)"控件　"应用于(A)"控件将平铺的视口配置应用到整个"显示"窗口或"当前视口"。在图纸空间的"视口"对话框中，此处是"视口间距"文本框，由用户指定要配置的浮动视口间距。

5)"设置(S)"控件　"设置(S)"控件指定使用"二维"或"三维"设置。如果选择二维，则在所有视口中使用当前视图来创建新的视口配置；如果选择三维，一组标准正交三维视图将被应用到视口配置中。一组标准正交三维视图包括"主视图"、"俯视图"、"右视图"和"东南等轴测视图"。

6)"修改视图(C)"控件　"修改视图(C)"控件使用从列表中选择的视口配置来代替选定的视口配置。可以选择已命名的视口配置。如果已选择三维设置，用户也可以从标准视口配置列表中选择某个视口。

7)"视觉样式(T)"控件　"视觉样式(T)"控件将从列表中选择的视觉样式应用到视口。

如果是在模型空间中创建平铺视口，则对话框操作结束后即显示平铺视口。如果是在图纸空间中创建浮动视口，则对话框操作结束后，还将在命令窗口显示下面的提示。

选项卡索引 <0>：　0

指定第一个角点或[布满(F)]<布满>：　输入 F 或按【Enter】键，将整个图纸或显示窗口划分为选定的标准视口。如指定一点，则提示"指定对角点："，要求指定另一点。AutoCAD 将以两点所确定的矩形区域划分为选定的标准视口。如此操作几次，即可创建多个重叠或分离的浮动视口配置。

(3)命令使用举例

例 1　将图 12-26 放置在模型空间的 4 个平铺的视口中，并在每个视口里分别显示主视图、俯视图、左视图和正等轴测图。

①打开图 12-26。

②点取"视图(V)"下拉菜单→指向"视口(V)"→单击"新建视口(E)…"，弹出"视口"对话框(图 11-5)。点取"标准视口"列表框中的"四个：相等"选项，再单击"确定"按钮。也可以不用"视口"对话框操作，而直接点取"视口(V)"级联菜单中的"四个视口(4)"项。

③在左上视口内单击，成为当前视口。

④点取"视图(V)"下拉菜单→指向"三维视图(3)"→单击"主视(F)"。

　　⑤分别在左下、右上视口内做③～④的操作，设置为俯视、左视观察方向。

　　⑥分别在左上、左下、右上视口内做 ZOOM（缩放）操作，缩放比例为3。结果如图 11-6 所示。

　　⑦试着修改图形，如删除一对象，观察各视口内图形的变化。

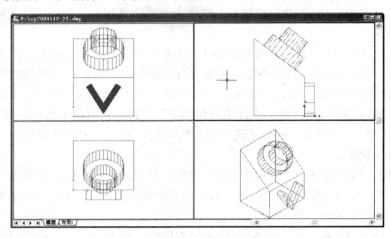

图 11-6　平铺视口

　　例 2　将图 6-32 放置在图纸空间的 4 个平铺的浮动视口中，并在每个视口里分别显示主视图、俯视图、左视图和全图。

　　①打开图 6-32。

　　②单击绘图区域底部的"布局 1"或状态栏的"模型"按钮，此时显示单一视口。

　　③用 ERASE（删除）命令删除视口。

　　④单击"视图（V）"下拉菜单→指向"视口（V）"→指向"四个视口（4）"并单击→输入矩形区域的第一个角点→输入矩形区域的第二个角点。或者不选矩形区域，而选择"布满"项。

　　⑤单击状态栏的"图纸"按钮，各视口进入模型空间。

　　⑥在左上视口内单击，成为当前视口。用 ZOOM（缩放）命令的窗口方式放大主视图范围。

　　⑦分别在左下、右上视口内做上一步操作，显示为俯视图范围、左视图范围。

　　⑧单击状态栏的"模型"按钮，恢复图纸空间，结果如图 11-7 所示。

　　例 3　将图 6-32 放置在 4 个大小不等、重叠或分离的浮动视口中，并在每个视口里分别显示图形的不同部分。图纸大小为 300×200。

　　①打开图 6-32。

　　②点取"工具（T）"下拉菜单→指向"选项（N）…"并单击。

　　③点取"显示"选项卡。在"布局元素"区关闭"显示可打印区域（B）"、"显示图纸背景（K）"二个选项，再点"确定"按钮。

　　④点取绘图区域底部的"布局 1"或状态栏的"模型"按钮，此时显示单一视口，用 ERASE（删除）命令删除视口。

　　⑤用 LIMITS（图形界限）命令设置图纸大小为 300×200，再用 ZOOM（缩放）命令的"全部（A）"选择项显示全图纸。

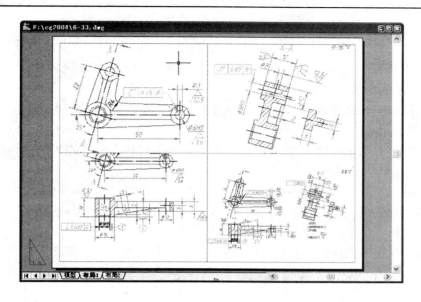

图 11-7　平铺的浮动视口

⑥点取"视图(V)"下拉菜单→指向"视口(V)"→单击"一个视口(1)"→输入矩形区域的第一个角点→输入矩形区域的第二个角点。

⑦重复上一步操作，在空白处设置另一个视口。再重复操作两次，在空白处设置第三、第四个视口。

⑧单击状态栏的"图纸"按钮，各视口进入模型空间。

⑨分别单击某一视口，用 ZOOM(缩放)命令的窗口方式放大部分图形。

⑩单击状态栏的"模型"按钮，恢复图纸空间，结果如图 11-8 所示。

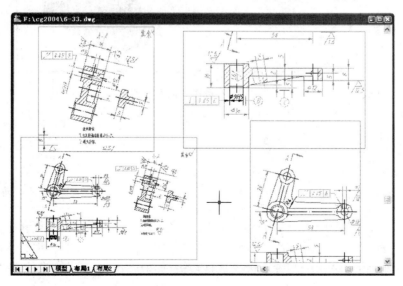

图 11-8　浮动视口

例 4　将图 3-47 和其三维模型合并放在 297×210 图纸上。

①打开或绘制三维模型。

②点取"工具(T)"下拉菜单→指向"选项(N)…"并单击。

③点取"显示"选项卡，在"布局元素"区关闭"显示可打印区域(B)"、"显示图纸背景(K)"选项，再单击"确定"按钮。

④点取绘图区域底部的"布局 1"或状态栏的"模型"按钮，此时显示单一视口。

⑤用 ERASE(删除)命令删除视口。

⑥用 LIMITS(图形界限)命令设置图纸大小为 297×210，再用 ZOOM(缩放)命令的"全部(A)"选择项显示全图纸。

⑦用"插入"命令插入图 3-47，将未使用过的层设置为当前层。

⑧点取"视图(V)"下拉菜单→指向"视口(V)"→单击"一个视口(1)"→在右下方输入矩形区域的第一个角点→输入矩形区域的第二个角点。

⑨调整各视图的位置使之分布匀称，再关闭视口所在层，结果如图 11-9 所示。

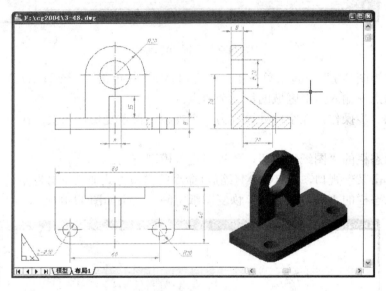

图 11-9　在图纸空间布置图形

11.2　打　印

11.2.1　输出设备的配置

画好图形后，应选择适当的输出设备以便将屏幕上或文件中的图形打印在图纸上。AutoCAD 允许配置多个输出设备，如绘图仪、打印机等。通常，打印机在 Windows 系统下设置，绘图仪在 AutoCAD 中配置。极少数打印机(如 HP 激光打印机)也能在 AutoCAD 中配置。下面着重讨论绘图仪的配置。

①选择"文件(F)"下拉菜单的"绘图仪管理器(M)…"，显示 Windows 浏览器窗口(图11-10)。

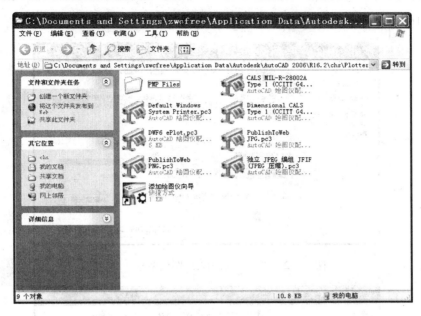

图 11-10　Windows 浏览器窗口

②双击"添加绘图仪向导"图标，显示"添加绘图仪-简介"对话框。浏览说明后按"下一步"按钮可打开"添加绘图仪-开始"对话框，如图 11-11 所示。

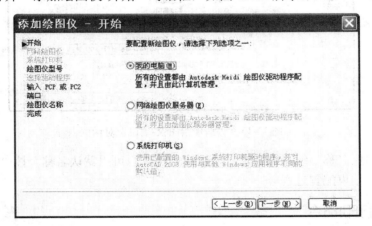

图 11-11　"添加绘图仪-开始"对话框

③在"添加绘图仪-开始"对话框中，选择"我的电脑(M)"按钮，表示将要配置一个连接到本机的绘图仪，然后按"下一步"按钮，打开图 11-12 所示的"添加绘图仪-绘图仪型号"对话框。

④在"生产商(M)"列表框中选择合适的生产商(如 HP)，然后在"型号(D)"列表框中选择相应的绘图仪型号，如 DesignJet 750C C3196A。按"下一步"按钮，显示"添加绘图仪-输入 PCP 或 PC2"对话框。此对话框不需操作，按"下一步"按钮，出现"添加绘图仪-端口"对话框(图 11-13)。

⑤在"端口"列表框中选择所需设置的绘图仪端口，如 COM2。按"下一步"按钮显示

"添加绘图仪-绘图仪名称"对话框。

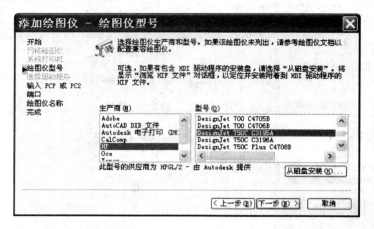

图 11-12　　"添加绘图仪-绘图仪型号"对话框

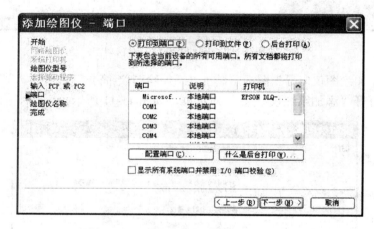

图 11-13　　"添加绘图仪-端口"对话框

⑥在"绘图仪名称"编辑框中输入绘图仪名称，也可用默认名称。按"下一步"按钮及"完成"按钮，结束配置过程。

11.2.2　PLOT(打印)命令

PLOT(打印)命令用于将图形输出到绘图仪、打印机或者文件中。PLOT(打印)命令执行后，如果是在模型空间打印图形，则显示图 11-14 所示的"打印-模型"对话框。如果是在布局空间打印图形，则显示与"打印-模型"对话框类似的"打印-布局"对话框。这里只介绍"打印-模型"对话框。

1. **命令输入方式**

键盘输入：PLOT 或 PRINT

工具栏："标准"工具栏→

菜单："文件(F)"→"打印(P)..."

图 11-14　"打印-模型"对话框

2.对话框说明

"打印-模型"对话框用于指定打印设备、打印设置及打印图形。

(1)"页面设置"区

"页面设置"区中的"名称(A)"控件中显示所有命名或已保存的页面设置。可以选择一个命名页面设置作为当前页面设置的基础，或者选择"添加(A)..."按钮，添加新的命名页面设置。若已打印过图形，则控件中就会有"<上一次打印>"选项。使用该选项可以连续打印具有相同打印设置的图形。

(2)"打印机/绘图仪"区

在"打印机/绘图仪"区，"名称(M)"控件用于选择当前的图形输出设备。当前输出设备的型号显示在控件下方。"特性(R)..."按钮使用"绘图仪配置编辑器"来编辑和查看当前打印机的配置、端口、设备和文档设置。"打印到文件(F)"按钮确定是否将图形打印输出到文件中，其文件类型为.plt。局部预览区域用于显示打印图形有效区域在图纸中的位置、大小，而不显示图形。区域中长方形框表示指定的绘图纸的大小，阴影部分代表打印图形的范围。当光标移至预览区时，在工具栏提示中显示"图纸尺寸"和"可打印区域"的大小。如果在图纸边框处显示粗线条（屏幕上为红色），说明要打印的图形范围超出了可打印区域。

(3)"图纸尺寸(Z)"区

"图纸尺寸(Z)"区用于选择打印图纸的大小。控件中显示选定的打印设备可用的标准图纸尺寸，从中选择一种。

(4)"打印份数(B)"区

"打印份数(B)"区确定打印同一图形的份数。在编辑框中输入或用上、下箭头选择数字。

(5) "打印区域"区

"打印区域"区用于控制图形要打印的部分。在"打印范围(W)"控件中选择一种选择图形的方法：窗口、范围、图形界限、显示。

1) "窗口"选项   选择了"窗口"选项，将显示"窗口(O)<"按钮。单击该按钮，暂时关闭"打印-模型"对话框，在绘图区域指定窗口的两个对角点来确定要打印的区域。

2) "范围"选项   该选项打印当前空间中的所有几何图形。

3) "图形界限"选项   该选项可打印出由 LIMITS(界限)命令所定义的整个绘图区域中的图形，而不管当前屏幕显示的内容是什么。

4) "显示"选项   打印"模型"空间当前视口中的视图。

(6) "打印比例"区

"打印比例"区用于指定打印设备所打印图形中的某一线性距离与屏幕上所画图形中和它对应的线性距离的比。

1) "布满图纸(I)"复选框   使用该复选框确定是否设定打印比例。复选框打开(默认)时不需设定打印比例，AutoCAD 将根据图纸和图形的大小自动调整打印比例，并使得所打印图形刚好充满图纸。换言之，当图形大而绘图纸小时，将缩小打印图形；当图形小而绘图纸大时，将放大打印图形。复选框关闭后，使用下面的"比例(S)"选项设定打印比例。

2) "比例(S)"控件   用户既可通过选择控件中的选项又可通过修改下方编辑框中的数值设定打印比例。在等号左边的编辑框中设定打印图形的毫米或英寸数，在下方的编辑框中设定屏幕显示图形的单位数。当用户希望打印不需要特定比例的图形时，可从控件中选择"自定义"项，在下方编辑框中输入打印比例。"缩放线宽(L)"复选框确定是否按打印比例缩放线宽。复选框关闭时按设定的线宽进行打印，而与打印比例无关。

(7) "打印偏移(原点设置在可打印区域)"区

"打印偏移(原点设置在可打印区域)"区用于确定打印图形范围与图纸上可打印区域左下角点间的偏移量。AutoCAD 根据偏移量确定图形在图纸上的位置。在"X"、"Y"编辑框中分别输入 X、Y 方向的偏移量。一般使用默认值。"居中打印(C)"复选框用于自动计算图纸中心的 X 和 Y 坐标，将打印图形置于图纸正中间。

(8) "预览(P)…"按钮

"打印-模型"对话框左下角的"预览(P)…"按钮用于按图纸中打印出来的样式显示图形，还能对显示图形进行动态平移和缩放。单击右键可选择"退出"或"打印"。

(9) "应用到布局(T)"按钮

"应用到布局(T)"按钮可将"打印-模型"对话框的设置应用到布局中。

(10) "更多选项(Alt+>)"(⊙)按钮

单击"更多选项(Alt+>)"(⊙)按钮，将扩展"打印-模型"对话框，从而显示其他选项(图11-15)。

(11) "打印样式表(笔指定)(G)"区

"打印样式表(笔指定)(G)"区用于显示、选择或编辑当前的打印样式表，或者创建新的打印样式表。控件中提供了当前可用的打印样式表的列表。一般选用 acad.ctb(彩色打印)或 monochrome.ctb(黑白打印)打印样式表。这两种打印样式表都将按对象线宽打印。列表中的"新建…"选项用于创建新的打印样式表。"编辑…"(⊘)按钮用于编辑当前打印样式表。

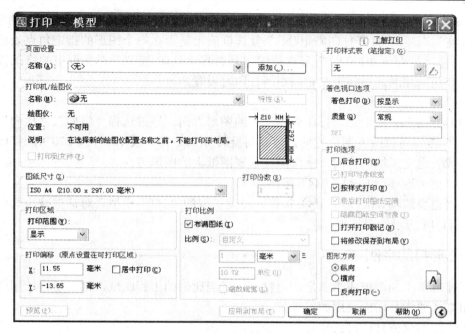

图 11-15　扩展的"打印-模型"对话框

（12）"着色视口选项"区

"着色视口选项"区用于指定着色和渲染的打印方式，并确定它们的分辨率大小和 DPI 值。DPI 是指每英寸可打印的点数。

1）"着色打印（D）"控件　控件中有"按显示"、"线框"、"消隐"、"三维线框"、"三维隐藏"、"概念"、"真实"和"渲染"八个选项。"按显示"选项将按屏幕上显示的图形打印。其他七个选项都不考虑图形在屏幕上的显示方式，而按选项给定的方式打印图形。"线框"选项将打印出对象的线框图形，"消隐"选项将打印出消隐的图形，"渲染"选项将打印出渲染的三维对象。"三维线框"、"三维隐藏"、"概念"和"真实"则是按各自的视觉样式打印图形。屏幕上的显示方式是：线框、消隐、渲染及各种视觉样式。

2）"质量（Q）"控件　该控件用于指定上述"概念"、"真实"或"渲染"打印时的分辨率。在控件中："草稿"选项是按线框打印；"预览"选项是将打印分辨率设置为打印设备分辨率的四分之一，DPI 最大值为 150；"普通"选项是将打印分辨率设置为打印设备分辨率的二分之一，DPI 最大值为 300；"演示"选项是将打印分辨率设置为打印设备的分辨率，DPI 最大值为 600；"最大值"选项是将打印分辨率设置为打印设备的分辨率，无最大值；"自定义"选项是将打印分辨率设置为 DPI 文本框中用户指定的分辨率，最大可为打印设备的分辨率。

3）"DPI（I）"文本框　此文本框由用户指定打印分辨率，最大可为打印设备的分辨率。只有在"质量（Q）"控件中选择了"自定义"选项后，此文本框才可用。

（13）"打印选项"区

"打印选项"区指定线宽、打印样式及当前打印样式表的一些相关选项。"后台打印"复选框确定是否在后台处理打印。"打印对象线宽"复选框确定是否按设定的对象线宽打印图形。如果选定了"按样式打印（E）"选项，则"打印对象线宽"复选框不可用。"按样式打印(E)"复选框确定是否使用对象的打印样式进行打印。如果选择该选项，也将自动选择"打印对象线宽"选项。"打开打印戳记(N)"复选框确定是否在每个图形的指定角点处放置打印戳记。"将修改保存到布局(V)"复选框确定是否将"打印-模型"对话框中的修改设置保存到布局。其他暗显的选项属于在布局空间打印时设置。

(14)"图形方向"区

"图形方向"区用于确定打印到图纸上的图形方向。通过选择"纵向"、"横向"或"反向打印(-)"按钮可以改变图形方向，以获得旋转 0°或 90°或 180°或 270°的打印图形。图纸图标代表选定图纸的方向，字母图标代表图纸上的图形方向。

(15)"更少选项(Alt+<)"（⊘）按钮

单击"更少选项(Alt+<)"（⊘）按钮，将使扩展的"打印-模型"对话框减少其他选项，收缩为图 11-14 所示的对话框。

11.2.3 图形打印举例

为了使屏幕上的图形成为满足一定精度、适当比例的工程图纸，都要通过绘图仪或打印机打印出来。通常打印应采用如下步骤。

①确认绘图仪或打印机已打开并处于待机状态。

②执行 PLOT(打印)命令。

③选择适当的打印设备。

④选择纸张大小、图形范围、打印比例等。

⑤预览打印图形，如果效果不令人满意，则应重新修改打印设置；如果效果令人满意，则开始打印输出。

下面以图 11-16 所示图形为例，说明从模型空间打印图形的全过程。假设图形已显示在屏幕上，并且打印机已处于准备绘图状态且为默认设置。其步骤如下。

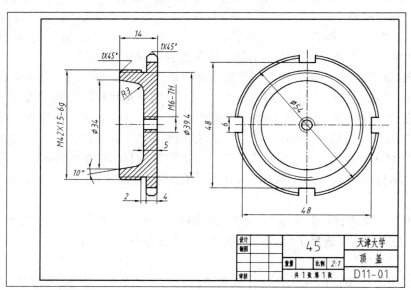

图 11-16　图例

①启动 PLOT(打印)命令显示"打印-模型"对话框。在"绘图仪/打印机"区的"名称(M)"控件中选择一种打印设备。

②在"图纸尺寸(Z)"控件中选择 A4 纸。

③在"打印区域"区的"打印范围(W)"控件中选择"窗口",单击"窗口(O)<"按钮,在"指定第一个角点:"提示下输入"0,0";在"指定对角点:"提示下输入"140,90"。此步操作表示将把区域 140×90 中的图形输出。

④在"打印比例"区,关闭"布满图纸(I)"复选框,在"比例(S)"控件中选择"2:1",即将图形放大一倍输出。

⑤单击"更多选项(Alt+>)"(⊙)按钮,在"图形方向"区选择"横向(N)"。

⑥单击"预览(P)..."按钮,将出现一个"预览作业进度"对话框,它表示 AutoCAD 正在生成图形。接着 AutoCAD 显示打印图形(图 11-17),仔细观察图形是否正确,然后单击右键显示快捷菜单。如预览图形有问题,则选择"退出"选项退出打印预览,回到"打印-模型"对话框,修改打印设置;如预览图形正确,则选择"打印"选项开始打印。也可以"平移"、"缩放"预览图形。还可以不去预览图形,直接单击"打印-模型"对话框中"确定"按钮,开始打印。当命令行出现"命令:"时,表示打印工作完成。

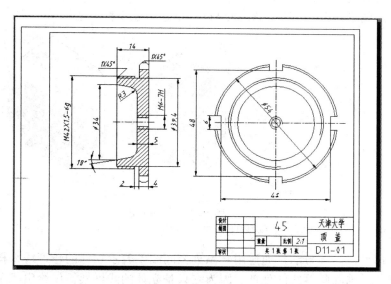

图 11-17 打印预览

第 12 章   创建三维图形

前面讲述的计算机绘图都是在 *XY* 平面内进行的，即在二维平面上作图。大多数工程图样都用二维图形表示，而且人们也已习惯用二维图形表示空间立体的形状。但是，三维图形具有较强的立体感和真实感，能更清晰地、全面地表达构成空间立体各组成部分的形状以及它们之间的相对位置。进行设计时，设计人员往往首先是从构思三维立体模型开始，再用二维图形表达出自己的设想。现在，计算机辅助设计与绘图软件能提供三维空间作图环境，使得三维绘图就像二维绘图那样容易、方便。AutoCAD 软件除具备二维绘图功能外，还提供了三维绘图的环境。AutoCAD 不仅能绘制立体图形，还能在立体表面着色，产生具有不同明暗程度且色彩逼真的立体模型。

绘制三维图形有多种方法，AutoCAD 提供了下述 3 种方法。

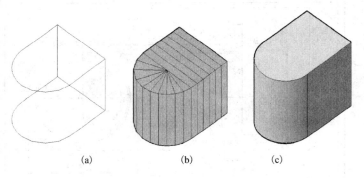

图 12-1   立体模型
(a)线框模型；(b)表面模型；(c)实体模型

①线框模型法。该方法是通过用一系列空间线条表示物体的轮廓线来构成三维图形。计算机不能对其做消除隐藏线的处理。因为它只是立体的线框架，仅给出线条的信息，没有面的信息，所以有时不能唯一地确定形体，对曲面表达也不完善。但这种方法绘图简单，存储三维模型的信息量少，绘制或显示图形迅速。线框模型如图 12-1(a)所示。

②表面模型法。该方法是用若干不同表面围成的一个三维模型，各表面均不透明，能准确地表达三维模型的形状，可从任一方向观察模型，并能消除被遮挡部分(消隐)，还可以描述表面的颜色和纹理。表面模型如图 12-1(b)所示。

③实体模型法。该方法是用几种基本实体模型按一定关系组合成组合实体，并采用并、交、差运算构成复杂的三维模型。AutoCAD 的实体造型(AME)技术即采用这种方法构造三维模型。实体模型如图 12-1(c)所示。

本章主要介绍绘制正等轴测图、表面模型、实体模型及观察三维模型的有关命令和方法。

12.1　正等轴测图

　　轴测图是用平行投影方法获得的一种立体图。它能同时看到立体的三个方向投影形状，所以有较强的立体感。AutoCAD 提供了一种正等轴测图的绘图方法。它实际上是在二维方式下绘制的，即用二维图形表示三维立体，所以不是真正的三维图形。

　　正等轴测图的轴测轴如图 12-2(a)所示。它是空间三个互相垂直的坐标轴投影在正等轴测图上，成为三个轴测轴。其中 Z 轴为竖直方向放置，X、Y 轴分别与 WCS 的 X 坐标轴正向成 30°、150°。各坐标轴上的同一单位长度在沿着对应的各轴测轴方向上均相等。使用上述方法绘制的立体图即为正等轴测图。一个正立方体的正等轴测图如图2-2(b)所示。它的各表面分别平行于 XOY、YOZ 和 XOZ 平面。AutoCAD 将空间平行于 XOY 的正等轴测平面(即包含 30°

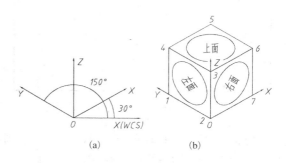

图 12-2　轴测轴和正等轴测图
(a)轴测轴；(b)正等轴测图

和 150° 轴测轴的平面 3456)称为"上"面；平行于 YOZ 平面的正等轴测平面(即包含 90° 和 150° 轴测轴的正等轴测平面 1234)称为"左"面；平行于 XOZ 的正等轴测平面(即包含 30° 和 90° 轴测轴的平面 2367)称为"右"面。

　　利用 AutoCAD 绘制正等轴测图，首先要建立一个正等轴测平面的工作方式，选取一个等轴测平面，打开"正交"方式，控制"橡皮筋线"与轴测轴方向平行，这样使用二维绘图等命令就可以方便地绘制正等轴测图。

12.1.1　正等轴测方式

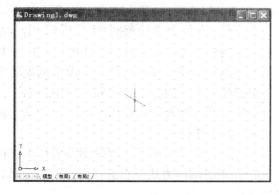

图 12-3　正等轴测左面方式

　　打开正等轴测方式，使用 5.3 节中介绍的 DSETTINGS(草图设置)命令，弹出图 5-6 的"草图设置"对话框。在"捕捉和栅格"选项卡的"捕捉类型和样式"区中，打开"等轴测捕捉(M)"复选框，再单击"确定"按钮，就进入图 12-3 所示的正等轴测方式。要想关闭正等轴测方式，则关闭"等轴测捕捉(M)"复选框即可。

　　在正等轴测方式下有三个正等轴测平面。它们是"左"、"上"、"右"。图 12-3 为正等轴测左面方式，图 12-4 为正等轴测上面方式，图 12-5 为正等轴测右面方式。从图中可看到十字光标和栅格发生了变化，不再互相垂直，而是转换为与各轴测轴平行的方向。

十字光标在左面内成为 90° 和 150° 线，在上面内成为 30° 和 150° 线，在右面内成为 30° 和 90° 线。栅格也变成与各十字光标平行。当"正交"方式打开时，在不同的面上用光标定点画出的直线平行于各自的光标线。

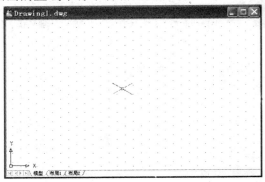 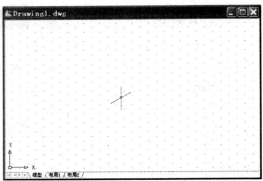

图 12-4   正等轴测上面方式   图 12-5   正等轴测右面方式

    绘制正等轴测图时，要在三个面上分别画出立体的轮廓。绘图区域内只能显示一个轴测平面。要在某一轴测平面上作图，首先必须使其成为当前轴测平面。转换正等轴测平面的方法有以下两种：

    ①使用【F5】键，将按"左"、"上"、"右"的顺序轮换；

    ②从键盘输入 ISOPLANE 命令后，显示"输入等轴测平面设置[左(L)/上(T)/右(R)]<上>:"提示，选择某一平面或按【Enter】键选择默认平面。

12.1.2   绘制正等轴测图

    绘制正等轴测图时，不仅要打开正等轴测方式，而且还要打开"正交"方式，将捕捉间距设置为 1，这样便于作图。输入点坐标，最好使用相对极坐标。因为在正等轴测方式下水平线或垂直线不再与坐标轴平行或垂直，而是与十字光标的两条线即轴测轴平行。各轴测平面上的椭圆使用画椭圆命令 ELLIPSE(椭圆)进行。在正等轴测方式下，该命令增加了"等轴测圆(I)"选项，用于在正等轴测方式下绘制椭圆。需要输入的参数是圆心坐标和半径或直径。下面举例说明绘制正等轴测图的方法和步骤。例中点的坐标都是用键盘输入，若使用光标进行"动态输入"则更简便。

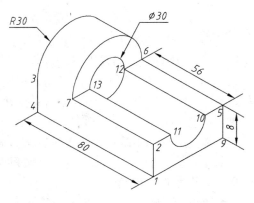

图 12-6   正等轴测图

    绘制图 12-6 所示正等轴测图的作图过程是：在正等轴测方式下首先画出下部长方体，再画出四个椭圆，然后修剪掉多余部分，并添加缺少的投影。

    第一步，执行 DSETTINGS(草图设置)命令，打开"等轴测捕捉(M)"方式。默认的轴测平面是"左"。开始画长方体(图 12-7)。

命令:<u>LINE✓</u>

指定第一点:<u>200,100✓</u>　　　　　　　　　　　　　　　　　　　　　(1 点)

指定下一点或[放弃(U)]:<u>@8<90✓</u>　　　　　　　　　　　　　　　　(2 点)

指定下一点或[放弃(U)]:<u>@80<150✓</u>　　　　　　　　　　　　　　　(3 点)

指定下一点或[闭合(C)/放弃(U)]:<u>@8<-90✓</u>　　　　　　　　　　　　(4 点)

指定下一点或[闭合(C)/放弃(U)]:<u>C✓</u>

按一下【F5】键，轴测平面转换为"上"。

命令:<u>✓</u>

LINE 指定第一点:<u>END✓</u> 于 <u>(捕捉 2 点)</u>

指定下一点或[放弃(U)]:<u>@60<30✓</u>　　　　　　　　　　　　　　　(5 点)

指定下一点或[放弃(U)]:<u>@56<150✓</u>　　　　　　　　　　　　　　　(6 点)

指定下一点或[闭合(C)/放弃(U)]:<u>@60<210✓</u>　　　　　　　　　　　(7 点)

指定下一点或[闭合(C)/放弃(U)]:<u>✓</u>

命令:<u>✓</u>

LINE

指定第一点:<u>(捕捉 3 点)</u>

指定下一点或[放弃(U)]:<u>@60<30✓</u>　　　　　　　　　　　　　　　(8 点)

指定下一点或[放弃(U)]:<u>✓</u>

按一下【F5】键，轴测平面转换为"右"。

命令:<u>✓</u>

LINE

指定第一点:<u>(捕捉 1 点)</u>

指定下一点或[放弃(U)]:<u>@60<30✓</u>　　　　　　　　　　　　　　　(9 点)

指定下一点或[放弃(U)]:<u>(捕捉 5 点)</u>

指定下一点或[闭合(C)/放弃(U)]:<u>✓</u>

结果如图 12-7 所示。

第二步，画椭圆(图 12-8)。

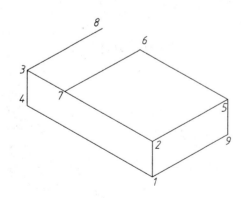

图 12-7　画长方体

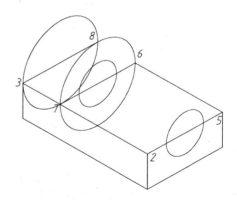

图 12-8　添加椭圆

命令:<u>ELLIPSE✓</u>

指定椭圆轴的端点或[弧(A)/中心点(C)/等轴测圆(I)]:<u>I✓</u>

指定等轴测圆的圆心:<u>(捕捉直线 38 的中点)</u>

指定等轴测圆的半径或[直径(D)]:<u>30✓</u>

命令:<u>✓</u>

ELLIPSE
指定椭圆轴的端点或[弧(A)/中心点(C)/等轴测圆(I)]:I↙
指定等轴测圆的圆心:(捕捉直线 67 的中点)
指定等轴测圆的半径或[直径(D)]:30↙
命令:↙
ELLIPSE
指定椭圆轴的端点或[弧(A)/中心点(C)/ 等轴测圆(I)]:I↙
指定等轴测圆的圆心:@ ↙
指定等轴测圆的半径或[直径(D)]:15↙
命令:↙
ELLIPSE
指定椭圆轴的端点或[弧(A)/中心点(C)/等轴测圆(I)]:I↙
指定等轴测圆的圆心:(捕捉直线 25 的中点)
指定等轴测圆的半径或[直径(D)]:15↙

结果如图 12-8 所示。

第三步，用 TRIM(修剪)命令修剪掉两大椭圆的下半部分、右面小椭圆的上半部分、两小椭圆内部 10 到 11 和 12 到 13 之间的直线，擦除直线 38，结果如图 12-9 所示。

第四步，添加直线(图 12-10)。按两次【F5】键，将轴测平面转换为"上"。

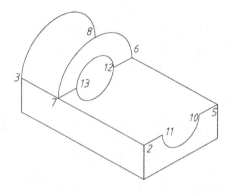

图 12-9　修剪椭圆

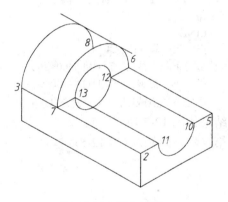

图 12-10　添加直线

命令:LINE↙
指定第一点:(捕捉 10 点)
指定下一点或[放弃(U)]:(捕捉 12 点)
指定下一点或[放弃(U)]: ↙
命令:↙
LINE
指定第一点:(捕捉 11 点)
指定下一点或[放弃(U)]:(捕捉 13 点)
指定下一点或[放弃(U)]: ↙

两大椭圆弧的公切线不能准确作出，只能先作一条 150° 的斜线，再平移到与椭圆弧相切位置。经过上述操作后的结果如图 12-10 所示。

第五步，修剪椭圆、椭圆弧、切线、直线上的多余部分，完成正等轴测图(图 12-6)。

12.2　简单立体图的绘制

AutoCAD 可以用二维图形沿高度方向延伸一个厚度的方法产生三维立体。如图 12-11 所示，将屏幕（XY 平面）显示的 L 形二维图形沿着 Z 坐标方向拉伸一个高度 Z，形成三维立体，再从选定的视点来观察，即可获得它的三维立体图。这种图形的上、下部分形状和大小均相同。它是在二维基础上，再沿 Z 方向拉伸构造出来的，所以被称为二维半立体图。这种图只能用于表达所有水平截面相同的立体。这一节介绍创建这类立体的方法。

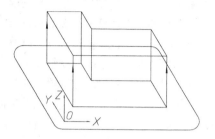

图 12-11　简单立体图的形成

12.2.1　标高和厚度

将立体上某个平行于 XY 坐标平面的平面选为基面（图 12-12(a)），圆柱的底面在基面上，则基面与 XY 平面间 Z 向距离称为标高，也就是 Z 坐标。一般二维对象放置在基面上。从基面开始沿 Z 坐标轴方向可以设置对象的厚度，即将二维对象拉伸为三维立体。向上延伸厚度为正，向下延伸厚度为负。使用 PROPERTIES（特性）命令，可以在"特性"选项板中改变 Z 坐标值和厚度。也可以用系统变量 ELEVATION 和 THICKNESS 分别设置当前标高和对象厚度。可被拉伸的对象有直线、圆、圆弧、二维多段线、文字等。直线、圆弧、零宽度的二维多段线被拉伸为面，圆和有宽度的二维多段线被拉伸为体。三维平面、三维多段线、三维多边形网格、文字等不能被拉伸。

现在举例说明标高和厚度的应用。

例 1　绘制一个圆柱，标高为 70，厚度为 40，圆心在 (100,100)，半径为 20，如图 12-12(a) 所示。

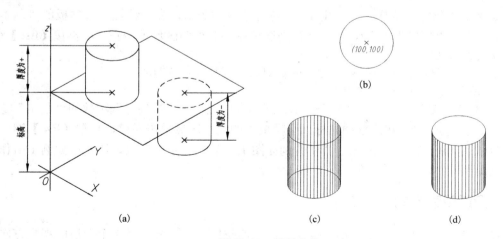

(a)　　　　　　　　　　(c)　　　　　　　　　　(d)

图 12-12　简单立体
(a) 标高和延伸厚度；(b) 圆柱俯视图；(c) 立体图；(d) 消隐后的立体图

    命令:CIRCLE↙

    指定圆的圆心或[三点(3P)/两点(2P)/相切、相切、半径(T)]:100,100↙

    指定圆的半径或[直径(D)]:20↙

点取"修改(M)"菜单→"特性(P)",选择刚画的圆,在"特性"选项板的"基本"特性类下,修改"厚度"为40。在"几何图形"特性类下修改"圆心 Z 坐标"为70。移动光标到选项板外的绘图区域单击左键,再按【Esc】键。

屏幕显示结果如图 12-12(b)所示。这实际是一个轴线为铅垂方向放置的圆柱俯视图,看不出高度方向的大小。若要得到该圆柱的立体图,须用下节介绍的 VPOINT(视点)命令设置视点,进行观察,结果如图 12-12(c)所示。

例 2   绘制图 12-13 所示的立体图。其中圆柱高 40,半径 10,矩形高 20,底面都在 XY 平面内。

    命令:LINE↙

    指定第一点:50,50↙

    指定下一点或[放弃(U)]:100,50↙

    指定下一点或[放弃(U)]:100,90↙

    指定下一点或[闭合(C)/放弃(U)]: 50,90↙

    指定下一点或[闭合(C)/放弃(U)]:C↙

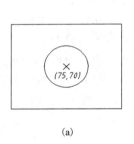
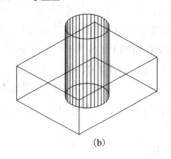
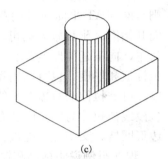

(a)   (b)   (c)

图 12-13   绘制立体图

(a)俯视图; (b)立体图; (c)消隐后的立体图

点取"修改(M)"菜单→"特性(P)",选择刚画的矩形,在"特性"选项板的"基本"特性类下,修改"厚度"为20。移动光标到选项板外的绘图区域单击左键,再按【Esc】键。

    命令:CIRCLE↙

    指定圆的圆心或[三点(3P)/两点(2P)/相切、相切、半径(T)]:75,70↙

    指定圆的半径或[直径(D)]:10↙

点取"修改(M)"菜单→"特性(P)",选择刚画的圆,在"特性"选项板的"基本"特性类下,修改"厚度"为40。移动光标到选项板外的绘图区域单击左键,再按【Esc】键。上述操作的结果如图 12-13(a)所示。若要看到如图 12-13(b)所示的效果,还要做如例 1 所作的设置视点操作。

12.2.2   设置观察方向

要观察 AutoCAD 的三维图形,如上节产生的拉伸立体,须选择一个合适的观察方向。观察方向可以由空间的一点与坐标系原点的连线确定。空间的点称视点,连线称为视线。视点仅确定方向,不确定观察者的位置。视线上任一点都可作为视点,如图 12-14 中的点 A、

A1、A2 等。观察方向还可由方位角 α 和俯仰角 β 确定(图 12-14)。方位角是视线在 XY 平面上的投影与 X 轴正方向的夹角。俯仰角是视线与 XY 平面的夹角。视点的 X 坐标的正、负决定右、左或东、西方位；Y 坐标的正、负决定后、前或北、南方位；Z 坐标的正、负决定上、下。下面分别说明设置视点和设置视线的方法。

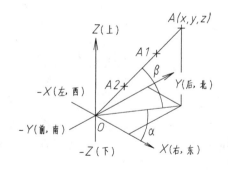

图 12-14　视点

1.设置视点

设置视点有两种途径：一是从键盘输入空间点坐标；二是使用坐标球确定空间点位置。这两种途径都需要执行 VPOINT(视点)命令。输入 VPOINT(视点)命令，可由键盘输入 VPOINT 或–VP，或者从菜单选择"视图(V)"→"三维视图(D)"→"视点(V)"菜单项。

(1)输入视点坐标

执行 VPOINT(视点)命令，即可从键盘键入视点坐标。操作如下：

　　命令:<u>VPOINT</u>✓

　　当前视图方向: VIEWDIR=0.0000,0.0000,1.0000

　　指定视点或[旋转(R)]<显示坐标球和三轴架>:<u>(输入三维点坐标)</u>

输入的三维坐标一般用 0、1 或–1 分别表示 X、Y、Z 坐标值，当然也可用任意值。但这种表示使输入特别简便，而且使用户容易想象视点的空间位置。这种表示的结果将产生一些特殊视点。关于特殊视点将在下面说明。

(2)使用坐标球

使用坐标球确定视点，操作如下：从菜单选择"视图(V)"→"三维视图(D)"→"视点(V)"菜单项。

执行上述操作后绘图区域内的图形暂时消失，而显示图 12-15 所示的画面。其中右上方图形为坐标球，中央图形为三轴架。移动鼠标，坐标球上的小十字光标也跟着移动。同时三轴架也随着绕 Z 轴作相应转动，并与坐标球上小十字光标所在位置相一致。状态栏内显示小十字光标的 X、Y 坐标。当选定合适位置后，单击左键确定一个视点，屏幕被刷新并显示按选定视点所观察到的三维立体图。

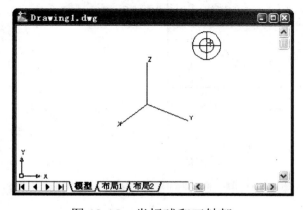

图 12-15　坐标球和三轴架

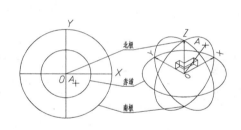

图 12-16　坐标球

坐标球是一个球的俯视投影的示意图，如图 12-16 左图所示。小十字光标 *A* 在坐标球上移动，即相当于在球面上移动(图 12-16 右图)。圆心表示北极(0,0,1)，它相当于将视点放在 *Z* 轴上，可得到立体的俯视图。外圆表示南极(0,0,−1)，内圆表示赤道(*m*,*n*,0)。小十字光标若在内、外圆的环形区内，则相当于视点在下半球；若在小圆内，则相当于视点在上半球。球心为世界坐标系原点。

若不想使用坐标球和三轴架来设置视点，可再按【Enter】键，使用默认的视点。

图 12-17 是从一些特殊位置的视点①～⑪来观察 L 形立体的立体图。图中给出每个特殊视点的三维坐标和小十字光标在坐标球内的相应位置。图中用点线表示 *Z* 轴，说明是从 *XY* 平面下方观察立体。

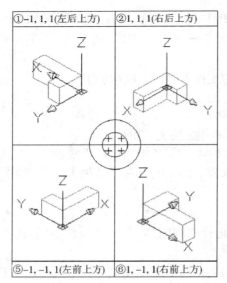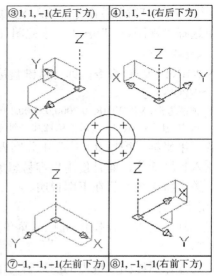

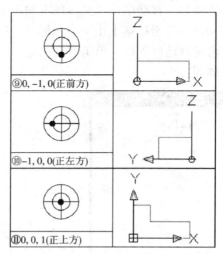

图 12-17　从各视点观察的立体图

(a)视点在上半球；(b)视点在下半球；(c)特殊视点

2.设置视线

设置视线也有两种方法:一是从键盘输入视线的方位角和俯仰角；二是用对话框来操作。

(1)键盘输入

从键盘输入视线方向可用 VPOINT(视点)命令中的"旋转(R)"选项，其操作如下。

命令:<u>VPOINT</u>↙
 当前视图方向: VIEWDIR=0.0000,0.0000,1.0000
 指定视点或[旋转(R)] <显示坐标球和三轴架>:<u>R</u>↙
 输入 XY 平面中与 X 轴的夹角<270>:<u>(输入方位角)</u>
 输入与 XY 平面的夹角<90>:<u>(输入俯仰角)</u>

(2)使用对话框

键盘输入 DDVPOINT 或 VP，或者选择菜单"视图(V)"→"三维视图(D)"→"视点预置(I)..."，将显示图 12-18 所示的"视点预置"对话框。对话框中左边的图形确定方位角，右边的图形确定俯仰角。图形上的黑针指示新角度，灰针指示当前角度。对话框中默认状态时黑针与灰针重叠，只显示黑针。通过选择内部圆或半圆中的一点来指定一个角度。如果选择了内部圆或半圆以外的一点，那么就显示一个该区域的角度。将光标指在某一角度上单击左键,即可确定角度值,同时显示在下方的"X 轴(A):"或"XY 平面(P):"文本框中，也可在文本框中直接输入角度值。对话框上方的"绝对于 WCS(W)"和"相对于

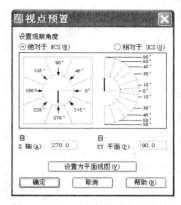

图 12-18　"视点预置"对话框

UCS(U)"两个单选按钮，用于选择设置的观察方向是相对于世界坐标系,还是当前用户坐标系;"设为平面视图(V)"按钮则用于设置 *XY* 平面视图，即"X 轴(A)"为 270°，"XY 平面(P)"为 90°。

3.菜单和工具栏

设置观察方向的下拉子菜单如图 12-19 所示。子菜单中列出设置观察方向和特殊视点的菜单项。"视图"工具栏一般不显示，需要经过打开操作，才能在用户界面上显示。各菜单项的说明与相应的工具栏列于表 12-1 中。

4.应用举例

在前一节中产生的拉伸立体还只是其俯视图，如图 12-12(b)、图 12-13(a)所示。须用上述方法设置一个观察方向，如左前上方(−1，−1,1)，方可显示出图 12-12(c)、图 12-13(b)所示的图形。

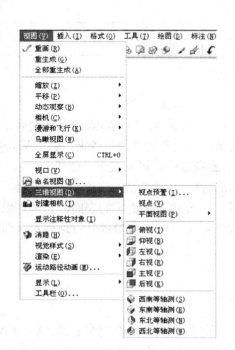

图 12-19　"三维视图"下拉子菜单

表 12-1

菜 单 项	说　明	工具栏
视点预置(I)...	DDVPOINT 命令	
视点(V)	VPOINT 命令	
平面视图(P)	设置 XY 平面视图	
俯视(T)	正上方(0,0,1)	
仰视(B)	正下方(0,0,-1)	
左视(L)	正左方(-1,0,0)	
右视(R)	正右方(1,0,0)	
主视(F)	正前方(0,-1,0)	
后视(K)	正后方(0,1,0)	
西南等轴测(S)	左前上方(-1,-1,1)或西南方	
东南等轴测(E)	右前上方(1,-1,1)或东南方	
东北等轴测(N)	右后上方(1,1,1)或东北方	
西北等轴测(W)	左后上方(-1,1,1)或西北方	

12.2.3　HIDE(消隐)命令

　　使用 VPOINT(视点)命令或 DVIEW(动态观察)命令(参见 12.7.1 节)观察立体图时，将显示所有线条，其中包括不可见的线条。这些线条重叠在一起使图形很不清晰，缺乏真实感，甚至会出现表达不确切的情况。HIDE(消隐)命令用于隐藏那些不可见线条，使其不显示。这样可使立体图更加清晰，富有较强的立体感。HIDE(消隐)命令认为圆、二维填充、宽线、面域、宽多段线、三维面、多边形网格和非零厚度对象的拉伸边是不透明的表面，它们可以隐藏对象。如果进行了拉伸操作，则圆、二维填充、宽线和宽多段线被当做具有顶面和底面的实体对象。执行 HIDE 命令的方式如下。

　　键盘输入:HIDE 或 HI

　　工具栏:"渲染"工具栏→

　　菜单:"视图(V)"→"消隐(H)"

　　启动 HIDE(消隐)命令后，用户无须任何操作，绘图区域内的图形会暂时隐藏。AutoCAD开始对所有对象做消隐运算。当消隐运算完成后，在绘图区域内重画消隐后的图形。全部过程大约需要几秒到几分钟，图形愈复杂，时间愈长。同时将当前视口中的视觉样式设置为"三维隐藏"。

消隐图形只是给出显示效果，不能被保存。保存的仍是未经消隐的图形。

使用 REGEN(重生成)命令可将消隐后的图形恢复为未消隐的图形。REGEN(重生成)命令用来重新生成当前图形。执行 REGEN(重生成)命令的方式如下。

键盘输入:REGEN 或 RE

菜单:"视图(V)"→"重生成(G)"

对图 12-12(c)、12-13(b)做消隐处理后显示为图 12-12(d)、图 12-13(c)。

12.3　用户坐标系

AutoCAD 使用笛卡儿直角坐标系，由标准样板提供。这种坐标系称为世界坐标系，即 WCS。AutoCAD 在启动后所用的就是世界坐标系。它以绘图区域为 XY 平面，X 轴水平向右，Y 轴垂直向上，坐标原点通常在绘图区域的左下角点，Z 轴指向操作者。

用户坐标系是由用户定义的坐标系，简称为 UCS。用户坐标系的原点可为前一个坐标系中的任一点，坐标轴可任意倾斜，但仍保持互相垂直。在构造较复杂立体时，使用用户坐标系非常方便。例如，在图 12-20 所示立体的倾斜顶面上画一个圆，采用左下角的世界坐标系就很难实现，而用 UCS 命令，将坐标原点移到倾斜顶面上的一个角点 O1，并将 X、Y 轴分别与两边对齐，则在此 XY 平面中，将很方便地画出该圆。大多数 AutoCAD 的几何编辑命令依赖于 UCS 的位置和方向。新建对象将绘制在当前 UCS 的 XY 平面上。

AutoCAD 的坐标系属于右手坐标系，按右手规则(图 12-21)可确定 3 个坐标轴的方向，即右手的拇指、食指和中指分别代表 X、Y、Z 轴的正方向，如图 12-21(a)所示。确定坐标系或图形旋转方向的右手规则为:伸出右手握住旋转轴，大拇指指向旋转轴的正向，其余 4 指则指向正旋转方向，如图 12-21(b)所示。

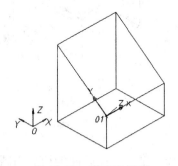

图 12-20　用户坐标系

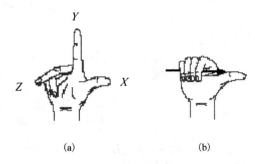

图 12-21　右手规则

(a)坐标系；(b)旋转方向

12.3.1　UCS(用户坐标系)命令

UCS(用户坐标系)命令有多种定义用户坐标系的方式，并且能将其存储、删除、转换等，还可以提供 UCS 的有关信息。

1.命令输入方式

键盘输入:UCS

工具栏：UCS 工具栏→ L

菜单:"工具(T)"→"新建 UCS(W)"

2.命令提示及选择项说明

当前 UCS 名称: *世界*

指定 UCS 的原点或 [面(F)/命名(NA)/对象(OB)/上一个(P)/视图(V)/世界(W)/X/Y/Z/Z轴(ZA)] <世界>: 输入一点或输入选择项或按【Enter】键。

指定 UCS 的原点 可使用一点、两点或三点定义一个新的 UCS。如果指定单个点，指定点即为新 UCS 的原点，如图 12-22(a)所示，点 1 为新原点。新 UCS 的 X、Y 和 Z 轴的方向不变。

指定 X 轴上的点或 <接受>: 输入一点或按【Enter】键。输入点为第二点，新 UCS 将绕新原点旋转，使 X 轴正半轴通过该点。如果按【Enter】键则结束命令，接受一点定义一个新的 UCS。

指定 XY 平面上的点或 <接受>: 输入一点或按【Enter】键。输入点为第三点，新 UCS 将绕 X 轴旋转，使 XY 平面的 Y 轴正半轴包含该点。再由 XY 平面根据右手规则确定 Z 轴，如图 12-22(c)所示。指定的 3 个点不能在同一条直线上。这是建立新 UCS 的一种较灵活的方式。如果按【Enter】键则结束命令，接受两点定义一个新的 UCS。

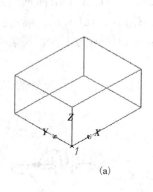 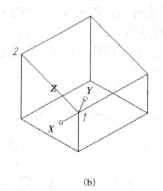 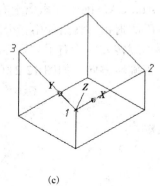

(a) (b) (c)

图 12-22 建立 UCS 方式

(a)指定新原点；(b)指定 Z 轴；(c)指定 3 点

面(F) 将 UCS 与选定实体对象的面对齐。要选择一个面，在此面的边界内或面的边上单击即可，被选中的面将加亮显示。用"下一个(N)"选项将选中与其相连的另一面。如加亮表面就是要选的面，则按【Enter】键确定。UCS 的 X 轴将与找到的第一个面上的最近的边对齐。或者用"X 轴反向(X)"或"Y 轴反向(Y)"选项将 UCS 绕 X 轴或 Y 轴旋转 180°。

命名(NA) 按名称恢复或删除已存储的一个 UCS，或命名保存当前 UCS，或列出当前已定义的 UCS 的名称。

对象（OB）　定义一个新的 UCS 与指定对象对齐。其中新 Z 轴平行于目标原 Z 轴（即新 XY 平面平行于目标原 XY 平面）。新原点与 X 轴将根据目标的不同类型来确定。例如:对直线是以距对象选择点最近的端点为新原点，直线为 X 轴；对圆是以圆心为新原点，X 轴通过对象选择点；对圆弧是以圆弧的圆心为新原点，X 轴通过距对象选择点最近的弧端点等。

上一个（P）　恢复上次使用的 UCS，并可以重复连续使用，逐步返回到以前用过的 UCS。AutoCAD 保留创建的最后 10 个坐标系。

视图（V）　建立一个使新 XY 平面垂直于视线（即平行于屏幕）的新 UCS，其原点保持不变。

世界（W）　将世界坐标系设置为当前坐标系即恢复世界坐标系。

X/Y/Z　绕某个指定的坐标轴旋转当前坐标系来建立一个新的 UCS。

Z 轴（ZA）　以指定的新原点和正 Z 轴上一点为新 Z 轴来定义一个新的 UCS，如图 12-22（b）所示。点 1 为新原点，点 1 到点 2 为新 Z 轴。

3.菜单和工具栏

UCS 命令的子菜单如图 12-23 所示。UCS 工具栏如图 12-24 所示。

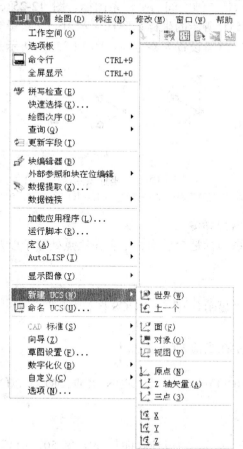

图 12-23　UCS 命令子菜单

图 12-24 UCS 浮动工具栏

工具栏的意义按顺序是:UCS、世界 UCS、上一个 UCS、面 UCS、对象 UCS、视图 UCS、原点 UCS、Z 轴矢量 UCS、三点 UCS、X 轴旋转 UCS、Y 轴旋转 UCS、Z 轴旋转 UCS、应用 UCS。

12.3.2 坐标系图标

1.坐标系图标

AutoCAD 提供的坐标系图标用在坐标系转换过程中，指明当前坐标系的原点位置及 X、Y、Z 轴方向等。坐标系图标(图 12-25)中的符号含义如下。

□　坐标系图标中有方框时为世界坐标系；无方框时为用户坐标系。

+　表示坐标系原点。当图标不在原点位置显示时，则无符号"+"。

图 12-25(a)、(b)所示是二维空间的坐标系图标。图 12-25(c)、(d)、(e)所示是三维空间的坐标系图标。图 12-25(f)所示的坐标系图标显示为一支断铅笔，它表示 XY 平面与屏幕垂直。要改变这种状态，须重新设置观察方向。图 12-25(g)所示是图纸空间的坐标系图标。

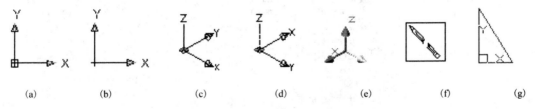

(a)	(b)	(c)	(d)	(e)	(f)	(g)

图 12-25 坐标系图标

(a)世界坐标系；(b)用户坐标系；(c)三维俯视图标；(d)三维仰视图标；(e)着色图标；(f)特殊图标；(g)图纸空间的坐标系图标

2.UCSICON(坐标系图标)命令

该命令用于控制坐标系图标是否显示、是否在原点处显示以及坐标系图标的显示特性。

(1)命令输入方式

键盘输入:UCSICON

菜单:"视图(V)"→"显示(L)"→"UCS 图标(U)"

(2)命令使用举例

例　将坐标系图标显示在当前 UCS 原点上。

命令:UCSICON↙
输入选项[开(ON)/关(OFF)/全部(A)/非原点(N)/原点(OR)/特性(P)]<开>:OR↙

12.3.3 绘图举例

例　绘制图 12-26 所示图形。四棱柱底面长 60，宽 50，前高 40，后高 80。大、小圆柱直径分别为 40、25，高度均为 15。V 形棱柱宽 6，高 10。

绘制三维图形时，一般先设置一个观察方向，绘图时就能看到立体图形，很直观。

绘制图 12-26 所示图形时，首先画出四棱柱，再画出圆柱，最后画 V 形棱柱。绘制四棱柱使用的 3DFACE(三维面)命令将在 12.4.3 节中介绍。

1.绘制四棱柱

命令:<u>VPOINT</u>⤸　　　　　　　　　　　　　　(设置视点)

当前视图方向: VIEWDIR=0.0000,0.0000,1.0000

指定视点或[旋转(R)] <显示坐标球和三轴架>:<u>-1, -1,1</u>⤸

命令:<u>UCS</u>⤸

当前 UCS 名称: *世界*

指定 UCS 的原点或 [面(F)/命名(NA)/对象(OB)/上一个(P)/视图(V)/世界(W)/X/Y/Z/Z 轴(ZA)] <世界>:<u>100,100</u>⤸

指定 X 轴上的点或 <接受>:⤸

命令:<u>3DFACE</u>⤸　　(构造下、后、上、前四个面)

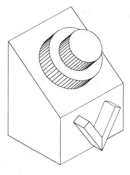

图 12-26　组合立体

指定第一点或[不可见(I)]:<u>0,0</u>⤸　(图 12-27(a))　　　　(1 点)

指定第二点或[不可见(I)]:<u>@60,0</u>⤸　　　　　　　　　　(2 点)

指定第三点或[不可见(I)] <退出>:<u>@0,50</u>⤸　　　　　　　(3 点)

指定第四点或[不可见(I)] <创建三侧面>:<u>@-60,0</u>⤸　　　(4 点)

指定第三点或[不可见(I)] <退出>:<u>@0,0,80</u>⤸　　　　　　(5 点)

指定第四点或[不可见(I)] <创建三侧面>:<u>@60,0</u>⤸　　　(6 点)

指定第三点或[不可见(I)] <退出>:<u>60,0,40</u>⤸　　　　　　(7 点)

指定第四点或[不可见(I)] <创建三侧面>:<u>0,0,40</u>⤸　　　(8 点)

指定第三点或[不可见(I)] <退出>:<u>(捕捉拾取点 1)</u>

指定第四点或[不可见(I)] <创建三侧面>:<u>(捕捉拾取点 2)</u>

指定第三点或[不可见(I)] <退出>:⤸

命令:<u>　</u>⤸　　　　　　　　　　　　　　　　　(构造左面)

3DFACE

指定第一点或[不可见(I)]:<u>(捕捉拾取点 1)</u>

指定第二点或[不可见(I)]:<u>(捕捉拾取点 4)</u>

指定第三点或[不可见(I)] <退出>:<u>(捕捉拾取点 5)</u>

指定第四点或[不可见(I)] <创建三侧面>:<u>(捕捉拾取点 8)</u>

指定第三点或[不可见(I)] <退出>:⤸

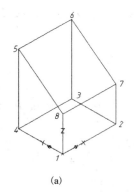

(a)

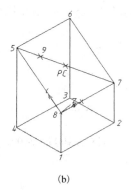

(b)

图 12-27　四棱柱及坐标系

(a)四棱柱；(b)设用户坐标系

命令: ↙　　　　　　　　　　　　　　　　　　　　　　　　　　　　　　　(构造右面)

3DFACE

指定第一点或[不可见(I)]:(捕捉拾取点 2)

指定第二点或[不可见(I)]:(捕捉拾取点 3)

指定第三点或[不可见(I)] <退出>:(捕捉拾取点 6)

指定第四点或[不可见(I)] <创建三侧面>:(捕捉拾取点 7)

指定第三点或[不可见(I)] <退出>:↙

2.绘制斜圆柱

命令:UCS↙

当前 UCS 名称: *没有名称*

指定 UCS 的原点或[面(F)/命名(NA)/对象(OB)/上一个(P)/视图(V)/世界(W)/X/Y/Z/Z 轴(ZA)]<世界>:(捕捉拾取点 8)(图 12-27(b))

指定 X 轴上的点或 <接受>:(捕捉拾取点 7)

指定 XY 平面上的点或 <接受>:(捕捉拾取点 5)

命令:LINE↙　　　　　　　　　　　　　　　　　　　　　　　　　　　(画辅助直线)

指定第一点:(捕捉拾取点 5)

指定下一点或[放弃(U)]:(捕捉拾取点 7)

指定下一点或[放弃(U)]:↙

命令:CIRCLE↙　　　　　　　　　　　　　　　　　　　　　　　　　　(画大圆柱)

指定圆的圆心或[三点(3P)/两点(2P)/相切、相切、半径(T)]:MID↙ 于 (拾取辅助线 57 上一点, 得圆心 PC)

指定圆的半径或[直径(D)]:20↙

命令:ERASE↙

选择对象:(拾取点 9) 找到 1 个

选择对象:↙

命令:CIRCLE↙　　　　　　　　　　　　　　　　　　　　　　　　　　(画小圆柱)

指定圆的圆心或[三点(3P)/两点(2P)/相切、相切、半径(T)]:CEN↙ 于 (拾取刚画的圆)

指定圆的半径或[直径(D)] <20.0000>:12.5↙

点取"修改(M)"菜单→"特性(P)",选择大圆,在"特性"选项板的"基本"特性类下,修改"厚度"为 15。移动光标到选项板外的绘图区域按左键,再按【Esc】键。选择小圆,在"特性"选项板的"基本"特性类下,修改"厚度"为 15,在"几何图形"特性类下,修改"圆心 Z 坐标"为 15。移动光标到选项板外的绘图区域按左键,再按【Esc】键。结果如图 12-28(a)所示。

3.绘制 V 形棱柱

命令:UCS↙

当前 UCS 名称: *没有名称*

指定 UCS 的原点或[面(F)/命名(NA)/对象(OB)/上一个(P)/视图(V)/世界(W)/X/Y/Z/Z 轴(ZA)]<世界>:ZA↙

指定新原点或[对象(O)]<0,0,0>:(捕捉拾取点 1)(图 12-28(a))

在正 Z 轴范围上指定点<0.0000,-18.7409,-2.4261>:(捕捉拾取点 4)

命令:↙

UCS

当前 UCS 名称: *没有名称*

指定 UCS 的原点或[面(F)/命名(NA)/对象(OB)/上一个(P)/视图(V)/世界(W)/X/Y/Z/Z 轴(ZA)]<世界>:Y↙

指定绕 Y 轴的旋转角度<0>:180↙

上述操作中通过连续建立两个 UCS，得到图 12-28(b)所示的 UCS，这样做的目的是为了说明用 UCS 命令建立 UCS 的各种方式。实际上直接选取点 1、2、8 后，即可得到该 UCS。

命令:PLINE↙

指定起点:15,32↙　　　　　　　　　　　　　　　　　　　　　　　　　　　　(10 点)

当前线宽为 0.0000

指定下一点[圆弧(A)/半宽(H)/长度(L)/放弃(U)/宽度(W)]:W↙

指定起点宽度<0.0000>:6↙

指定端点宽度<6.0000>:↙

指定下一点[圆弧(A)/闭合(C)/半宽(H)/长度(L)/放弃(U)/宽度(W)]:30,8↙　　(画线 10 到 11)

指定下一点[圆弧(A)/闭合(C)/半宽(H)/长度(L)/放弃(U)/宽度(W)]:45,32↙　　(画线 11 到 12)

指定下一点[圆弧(A)/闭合(C)/半宽(H)/长度(L)/放弃(U)/宽度(W)]:↙

点取"修改(M)"菜单→"特性(P)"，选择刚画的多段线，在"特性"选项板的"基本"特性类下，修改"厚度"为 10。移动光标到选项板外的绘图区域单击左键，再按【Esc】键。结果如图 12-28(c)所示。

命令:HIDE↙

显示结果如图 12-26 所示。

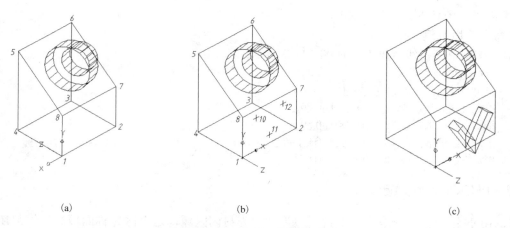

(a)　　　　　　　　　　　　(b)　　　　　　　　　　　　(c)

图 12-28　带斜圆柱的四棱柱

(a)画圆柱并设新用户坐标系；(b)设另一坐标系并画 V 形棱柱；(c)结果

12.4　表面模型

表面模型的各表面是平面或曲面。由若干个小平面连在一起的图形称为网格(图 12-29)。AutoCAD 用网格近似地表示曲面。由网格曲面可以拟合为光滑曲面。网格的密度或小平面的数量用 $M \times N$ 阶矩阵来定义。M 为行，N 为列。若曲面的某一边或某一方向为 M，则与之相连的另一边或另一方向就为 N。M、N 的大小可由用户定义。M、N 越大，网格越密，则越能逼真地表示曲面，当然生成曲面的时间就越长。

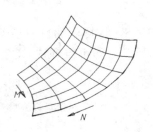

图 12-29　网格曲面

网格曲面在 M、N 方向上可以都闭合，如球面、圆环面等；也可以在一个方向上闭合，另一个方向上打开，如圆柱面、圆锥面等；还可以在两个方向上都打开，如圆弧面、图 12-29 所示曲面等。

网格曲面可以用 PEDIT（多段线编辑）命令编辑。

本节介绍建立曲面的各种命令和构造表面模型的方法。

下面的例子是在"模型空间"中操作的，而且是从键盘输入坐标。这样就要关闭"DYN"模式，不使用"动态输入"。

当然也可以使用"动态输入"，但要注意动态显示的数字和这里叙述的坐标之间的关系，还要打开"捕捉"模式，设置捕捉间距为 1。

12.4.1　3DPOLY(三维多段线)命令

3DPOLY（三维多段线）命令在三维空间中建立一条全由直线段构成的空间折线或封闭空间多边形。

1.命令输入方式

键盘输入:3DPOLY 或 3P

菜单:"绘图(D)" → "三维多段线(3)"

2.命令使用举例

例　绘制空间折线 ABCD，如图 12-30 所示。

命令:<u>3DPOLY</u>↙
指定多段线的起点:<u>20,10,30</u>↙
指定直线的端点或[放弃(U)]:<u>10,40,20</u>↙
指定直线的端点或[放弃(U)]:<u>50,30,50</u>↙
指定直线的端点或[闭合(C)/放弃(U)]:<u>40,20,10</u>↙
指定直线的端点或[闭合(C)/放弃(U)]:<u>　</u>↙

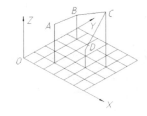

图 12-30　空间折线

12.4.2　REGION(面域)命令

REGION（面域）命令是将二维封闭边界创建为封闭区域，这个区域称面域。二维封闭边界是由直线、多段线、圆弧、椭圆弧、样条曲线组成的首尾相连的封闭图形，或者是圆、椭圆、正多边形、圆环等对象。封闭边界的边不能交叉。新创建的面域将放置在当前图层上，随当前层的线型和颜色显示。执行这个命令的方式如下。

键盘输入:REGION 或 REG

工具栏:"绘图"工具栏→▣

菜单:"绘图(D)" → "面域(N)"

执行这个命令的提示只有"选择对象:"。用户可选择多个封闭边界，AutoCAD 将建立多个面域。

12.4.3　3DFACE(三维面)命令

3DFACE（三维面）命令用于生成一个由 3 条边线或 4 条边线构成的三维面。它可以为三维面的每一个角点指定不同的 Z 坐标,但如果这样做,那么该三维面就不能被拉伸。还可以使三维面的边不可见(Invisible),用于构造多于 4 边的三维面。

1.命令输入方式

键盘输入:3DFACE 或 3F

菜单:"绘图(D)"→"建模(M)"→"网格(M)"→"三维面(F)"

2.命令使用举例

例　绘制一四棱台立体图(图12-31(a))。图中点的坐标如下:$A(20,50,0)$,$B(60,50,0)$,$C(60,20,0)$,$D(20,20,0)$,$E(30,30,30)$,$F(50,30,30)$,$G(50,40,30)$,$H(30,40,30)$。

根据创建 6 个三维面的次序不同,构造四棱台立体图可有两种方法:一是先建立下、前、上、后 4 个面,再建立左面和右面;二是先建立下底面和上底面,再修改上底面的标高,然后改造左、前、右、后 4 个面。

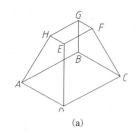
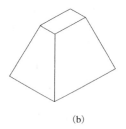

(a)　　　　　　　　　　　　　　　(b)

图 12-31　四棱台立体图

(a)四棱台;(b)结果

1) 第一种方法

命令:<u>3DFACE</u>⤶

指定第一点或[不可见(I)]:<u>20,50</u>⤶

指定第二点或[不可见(I)]:<u>60,50</u>⤶

指定第三点或[不可见(I)]<退出>:<u>60,20</u>⤶

指定第四点或[不可见(I)]<创建三侧面>:<u>20,20</u>⤶　　　　　　　　　　(构造平面 $ABCD$)

指定第三点或[不可见(I)]<退出>:<u>30,30,30</u>⤶

指定第四点或[不可见(I)]<创建三侧面>:<u>50,30,30</u>⤶　　　　　　　　(构造平面 $CDEF$)

指定第三点或[不可见(I)]<退出>:<u>50,40,30</u>⤶

指定第四点或[不可见(I)]<创建三侧面>:<u>30,40,30</u>⤶　　　　　　　　(构造平面 $EFGH$)

指定第三点或[不可见(I)]<退出>:<u>20,50</u>⤶

指定第四点或[不可见(I)]<创建三侧面>:<u>60,50</u>⤶　　　　　　　　　　(构造平面 $GHAB$)

指定第三点或[不可见(I)]<退出>:⤶

命令:⤶

3DFACE

指定第一点或[不可见(I)]:<u>20,50</u>⤶　(或捕捉点 A)

指定第二点或[不可见(I)]:<u>20,20</u>⤶　(或捕捉点 D)

指定第三点或[不可见(I)]<退出>:<u>30,30,30</u>⤶　(或捕捉点 E)

指定第四点或[不可见(I)]<创建三侧面>:<u>30,40,30</u>⤶　(或捕捉点 H)　　　(构造平面 $ADEH$)

指定第三点或[不可见(I)]<退出>:⤶

命令:⤶

3DFACE

    指定第一点或[不可见(I)]:<u>60,50</u>↙（或捕捉点 B）

    指定第二点或[不可见(I)]:<u>60,20</u>↙（或捕捉点 C）

    指定第三点或[不可见(I)]<退出>:<u>50,30,30</u>↙（或捕捉点 F）

    指定第四点或[不可见(I)]<创建三侧面>:<u>50,40,30</u>↙（或捕捉点 G）   （构造平面 *BCFG*）

    指定第三点或[不可见(I)]<退出>:↙

    命令:<u>VPOINT</u>↙

    当前视图方向: VIEWDIR=0.0000,0.0000,1.0000

    指定视点或[旋转(R)]<显示坐标球和三轴架>:<u>−1, −1, 1</u>↙

    命令:<u>HIDE</u>↙

显示结果如图 12-31(b)所示。

2) 第二种方法

    命令:<u>3DFACE</u>↙

    指定第一点或[不可见(I)]:<u>20,50</u>↙

    指定第二点或[不可见(I)]:<u>60,50</u>↙

    指定第三点或[不可见(I)]<退出>:<u>60,20</u>↙

    指定第四点或[不可见(I)]<创建三侧面>:<u>20,20</u>↙   （构造平面 *ABCD*）

    指定第三点或[不可见(I)]<退出>:↙

    命令:↙

    3DFACE

    指定第一点或[不可见(I)]:<u>30,30</u>↙

    指定第二点或[不可见(I)]:<u>50,30</u>↙

    指定第三点或[不可见(I)]<退出>:<u>50,40</u>↙

    指定第四点或[不可见(I)]<创建三侧面>:<u>30,40</u>↙   （构造平面 *EFGH*）

    指定第三点或[不可见(I)]<退出>:↙

点取"修改(M)"菜单→"特性(P)",选择刚画的三维面,在"特性"选项板的 "几何图形"特性类下修改"顶点 Z 坐标"为 30。移动光标到选项板外的绘图区域单击左键,再按【Esc】键。

    命令:<u>3DFACE</u>↙

    指定第一点或[不可见(I)]:<u>20,50</u>↙（或捕捉点 A）

    指定第二点或[不可见(I)]:<u>30,40,30</u>↙（或捕捉点 H）

    指定第三点或[不可见(I)]<退出>:<u>50,40,30</u>↙（或捕捉点 G）

    指定第四点或[不可见(I)]<创建三侧面>:<u>60,50</u>↙（或捕捉点 B）   （构造平面 *AHGB*）

    指定第三点或[不可见(I)]<退出>:<u>60,20</u>↙（或捕捉点 C）

    指定第四点或[不可见(I)]<创建三侧面>:<u>50,30,30</u>↙（或捕捉点 F）   （构造平面 *GBCF*）

    指定第三点或[不可见(I)]<退出>:<u>30,30,30</u>↙（或捕捉点 E）

    指定第四点或[不可见(I)]<创建三侧面>:<u>20,20</u>↙（或捕捉点 D）   （构造平面 *CFED*）

    指定第三点或[不可见(I)]<退出>:<u>20,50</u>↙（或捕捉点 A）

    指定第四点或[不可见(I)]<创建三侧面>:<u>30,40,30</u>↙（或捕捉点 H）   （构造平面 *EDAH*）

    指定第三点或[不可见(I)]<退出>:↙

    命令:<u>VPOINT</u>↙

    当前视图方向: VIEWDIR=0.0000,0.0000,1.0000

    指定视点或[旋转(R)]<显示坐标球和三轴架>:<u>−1,−1,1</u>↙

    命令:<u>HIDE</u>↙

3.说明

①3DFACE(三维面)命令可构造任意位置三维面。每个面最多不能超过 4 个点，每个点可有不同 Z 坐标。

②必须按顺时针或逆时针方向依次输入 4 个点，自动形成一封闭四边形。若在第 4 点以【Enter】键响应，即连接成一封闭三角形。

③连续构造三维面时，前一面的第 3 点、第 4 点，分别为后一面的第 1 点、第 2 点，再依次输入第 3 点、第 4 点，即可构造出与前一面有相邻边的面。

④在"指定第三点或[不可见(I)] <退出>:"提示下，以空格或【Enter】键响应，才能结束该命令。

⑤若要求某边显示为不可见，可在输入该边的始点前先输入 I(或 Invisible)。例如，构造 *ABCEDA* 五边形面(图 12-32)的操作序列如下。

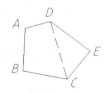

命令:<u>3DFACE</u>↙

指定第一点或[不可见(I)]:<u>(拾取点 A)</u>

指定第二点或[不可见(I)]:<u>(拾取点 B)</u>

图 12-32　构造五边形

指定第三点或[不可见(I)] <退出>:<u>I</u>↙<u>(拾取点 C)</u>

指定第四点或[不可见(I)] <创建三侧面>:<u>(拾取点 D)</u>　　　(构造平面 *ABCD*，且不显示 *CD* 边)

指定第三点或[不可见(I)] <退出>:<u>(拾取点 E)</u>

指定第四点或[不可见(I)] <创建三侧面>:↙　　　(构造平面 *CDE*，且不显示 *CD* 边)

指定第三点或[不可见(I)] <退出>:↙

字母 I 只能在指定捕捉方式或坐标值输入之前给出。用此种方法可构造任意多边形三维面。

⑥三维面只显示轮廓线，不能被填充，也不能用设置厚度的方法延伸。

⑦进行对象选择时，选中三维面的一个边即选中整个面。

⑧系统变量 SPLFRAME 控制是否显示三维面中的不可见边。当变量值为 0 时，不显示；变量值为 1 时，显示。

12.4.4　TABSURF(平移网格)命令

TABSURF(平移网格)命令产生由一条曲线沿一个方向矢量移动的轨迹。曲线可以是直线、圆弧、圆、椭圆、二维或三维多段线、样条曲线。AutoCAD 从曲线上离选定点最近的一点开始绘制曲面。方向矢量一般是一条直线，也可以是非闭合二维或三维多段线的首末两点。位移的方向是从离对象选择点(即选择方向矢量的光标点)最近的一个端点到另一个端点，如图 12-33 所示。曲面用 $2 \times N$ 个网格表示。此处 N 由 SURFTAB1 系统变量确定，默认值为 6。网格的 M 方向一直为 2，并且沿着方向矢量的方向。N 方向沿着路径曲线的方向。非闭合曲线上的顶点数为 SURFTAB1 值加 1。

1.命令输入方式

键盘输入:TABSURF

菜单:"绘图(D)" → "建模（M）" → "网格（M）" → 网格(T)"

2.命令使用举例

例　产生一个平移网格，如图 12-33 所示。在产生平移网格之前，需将 SURFTAB1 设为 14、12。

图 12-33　平移网格

命令:<u>TABSURF</u>∠

当前线框密度: SURFTAB1=14

选择用作轮廓曲线的对象:<u>(拾取点 P0)</u>

选择用作方向矢量的对象:<u>(拾取点 P1)</u>

12.4.5　RULESURF(直纹网格)命令

　　RULESURF(直纹网格)命令在指定的两条曲线间产生一个直纹曲面。两条曲线可以是点、直线、圆弧、圆、椭圆、椭圆弧、样条曲线、二维或三维多段线、样条曲线，且要求均为闭合或均为不闭合，其中只能有一个是点。AutoCAD 是从每条曲线上离对象选择点最近的一个端点开始形成曲面。对象选择点在曲线上的位置不对应，可能构造出扭曲的表面，如图12-34 第二个图所示。该曲面由 $2 \times N$ 多边形网格构成，两条曲线上有相同的顶点数。系统变量 SURFTAB1 确定 N 方向顶点数，初始值是 6。N 方向沿着某一曲线的方向。对不闭合曲线的顶点数为 SURFTAB1 值加 1。同一条曲线上顶点的间隔相等。

1.命令输入方式

键盘输入:RULESURF

菜单: "绘图(D)" → "建模（M）" → "网格（M）" → "直纹网格(R)"

2.命令使用举例

　　例　产生一个直纹曲面，如图 12-34 所示。在产生曲面之前，需将 SURFTAB1 设为不同的值。

命令:<u>RULESURF</u>∠

当前线框密度: SURFTAB1=6

选择第一条定义曲线:<u>(拾取点 P1)</u>

选择第二条定义曲线:<u>(拾取点 P2)</u>

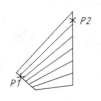

图 12-34　直纹曲面

12.4.6　REVSURF(旋转网格)命令

　　REVSURF(旋转网格)命令将一条曲线(母线)绕指定的轴从某一起点角度开始，旋转指定的包含角，产生一个旋转曲面。曲线可以是直线、圆弧、圆、椭圆、椭圆弧、样条曲线、二维或三维多段线、样条曲线及其任意组合。旋转轴可以是一条直线或非闭合多段线。对于一条多段线，以第一个顶点和最后一个顶点的连线为旋转轴。起点角度是旋转曲面的开始位置与要旋转的对象之间的夹角。包含角是由起始角开始绕旋转轴旋转的角度。按右手规则确定旋转方向，即沿轴线伸开拇指，指向离指定旋转轴的拾取点远的那个端点，其余 4 个手指的指向即是曲面产生的方向。如图 12-35 所示，曲线是样条曲线，竖直线为旋转轴，起点角度为 0°，包含角为 90°，拾取点在下方时旋转方向为逆时针(图 12-35(b))，拾取点在上方时旋轴方向为顺时针(图 12-35(c))。沿着要旋转的对象决定曲面网格的 N 方向，旋转方向决定 M 方向。系统变量 SURFTAB1 确定 M 方向网格的顶点数，默认值为 6；SURFTAB2 确定 N 方向的顶点数，默认值为 6。

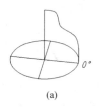
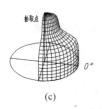

(a)　　　　　　　(b)　　　　　　　(c)

图 12-35　旋转方向

(a)原图；(b)拾取点在下方；(c)拾取点在上方

1.命令输入方式

键盘输入:REVSURF

菜单:"绘图(D)"→"建模(M)"→"网格(M)"→"旋转网格(S)"

2.命令使用举例

例　产生一个图 12-36 所示的旋转曲面，要旋转的对象为圆，旋转轴为直线。

　　命令:REVSURF↙

　　当前线框密度: SURFTAB1=20 SURFTAB2=10

　　选择要旋转的对象:(拾取点 P0)

　　选择定义旋转轴的对象:(拾取点 P1)

　　指定起点角度<0>:↙

　　指定包含角(+=逆时针，-=顺时针) <360>:↙

12.4.7　EDGESURF(边界网格)命令

图 12-36　旋转曲面

EDGESURF(边界网格)命令用于通过指定首尾相连的 4 条曲线为边构造一个空间曲面。若每边为三次曲线则构成空间双三次曲面，也称为孔斯(Coons)曲面。界线可以为直线、圆弧、椭圆弧、样条曲线、非闭合的二维或三维多段线。4 条边界线必须首尾相连，可以不按顺序选择。规定第一条边是网格曲面的 M 方向。与第一条边相连的另两条边是网格曲面的 N 方向。系统变量 SURFTAB1 和 SURFTAB2 的值分别控制网格曲面的 M、N 方向划分的数量，产生 $(M+1) \times (N+1)$ 的网格顶点。

1.命令输入方式

键盘输入:EDGESURF

菜单:"绘图(D)"→"建模(M)"→"网格(M)"→"边界网格(D)"

2.命令使用举例

例　产生图 12-37 所示四边形曲面。

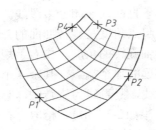

命令:EDGESURF↙
当前线框密度: SURFTAB1=6 SURFTAB2=6
选择用作曲面边界的对象 1:(拾取 P1 点)
选择用作曲面边界的对象 2:(拾取 P2 点)
选择用作曲面边界的对象 3:(拾取 P3 点)
选择用作曲面边界的对象 4:(拾取 P4 点)

图 12-37　四边形曲面

12.4.8　3D(三维对象)命令

　　3D(三维对象)命令可以建立长(正)方体、三或四棱锥(柱、台)、楔形体、圆锥(柱、台)面、球面、圆环面、四边形网格等。这些形体都是由三维表面构成的。

1.命令输入方式

键盘输入:3D

2.选择项说明

　　输入选项[长方体表面(B)/圆锥面(C)/下半球面(DI)/上半球面(DO)/网格(M)/棱锥面(P)/球面(S)/圆环面(T)/楔体表面(W)]:　选择其中一项开始绘制指定形体。

　　长方体表面(B)　该选择项可产生一个长方体或正方体(图 12-38)。通过指定长方体角点确定位置,输入长方体的长、宽、高确定大小,指定长度方向与 X 轴正向的夹角确定长方体的方向。如要生成正方体,就选择"正方体(C)"选项。

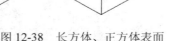

图 12-38　长方体、正方体表面　　　　　图 12-39　圆锥面、圆台面、圆柱面

　　圆锥面(C)　该选择项可产生一个圆锥面、圆台面或圆柱面(图 12-39)。通过指定圆锥面底面的中心点、半径或直径,指定圆锥面顶面半径或直径以及圆锥面的高度,再输入圆锥面表面的网格线数,即可创建圆锥面。若底面、顶面半径(或直径)中的一个为 0,则产生圆锥面;若两者相等,则产生圆柱面。

　　上半球面(DO)和下半球面(DI)　这两个选择项可产生一个空心上半球面或下半球面(图 12-40)。这里需要指定半球的中心点、半径或直径、表面的经线和纬线数目。

　　网格(M)　该选择项可产生一个四边形网格(图 12-41)。建立一个网格面需要依次输入 4 个角点和 M、N 方向上网格的数量。

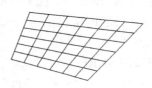

图 12-40　上半球面和下半球面　　　图 12-41　三维四边形网格面

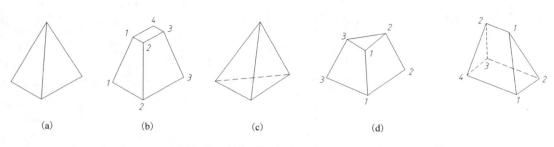

图 12-42　棱锥面

(a)四棱锥面；(b)四棱台面；(c)三棱锥面；(d)三棱台面

图 12-43　脊锥面

棱锥面(P)　该选择项可产生一个三棱或四棱的棱锥面、棱台面、棱柱面以及脊锥面。首先指定棱锥面底面的 3 个角点(三棱锥面)或 4 个角点(四棱锥面)。如要建立棱锥面，则输入一个顶点(图 12-42(a)、(c))；如要建立棱台面或棱柱面，则输入顶面的 3 或 4 个角点(图 12-42(b)、(d))；如要建立脊锥面，则输入脊线的 2 个端点(图 12-43)。

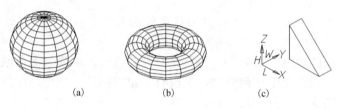

图 12-44　球面、环面、楔形体

(a)球面；(b)圆环面；(c)楔形体

球面(S)　"球面"选择项可产生一个球面，如图 12-44(a)所示。这里需要指定球的中心点、半径或直径、球面的经线和纬线数目。

圆环面(T)　"圆环面"选择项可产生一个圆环面，如图 12-44(b)所示。这里需要指定圆环面的中心点、圆环面的半径或直径、圆管的半径或直径、圆环面上网格线的数目。

楔体表面(W)　"楔体表面"选择项可产生一个楔形体，如图 12-44(c)所示。这里需要指定楔体角点、长、宽、高以及绕 Z 轴旋转的角度。

12.4.9　构造表面模型

前面分别说明了创建各种表面的命令和方法。怎样利用这些命令绘制立体图呢?以下举例说明构造表面模型的方法和步骤。这些构造表面模型的方法和步骤是在"AutoCAD 经典"工作空间操作的。新版本已经有了"三维建模"工作空间，当然也可以在此空间中操作。使用"工作空间"工具栏切换到"三维建模"工作空间,再作如下的设置：打开"捕捉"功能并设置捕捉间距为1；打开"栅格"显示；设置视觉样式为"二维线框(2)"(参见 12.7.1 节)。在此环境下操作，就可避免从键盘输入点坐标，而是在移动光标时注意动态显示的坐标拾取点或作直接距离输入。

例 1　绘制图 12-45 所示支架的三维立体图。本例主要用来说明如何用表面模型法来构造三维立体图。其方法如下。

①使用绘图命令在三维空间里画出三维立体的轮廓即线框图。注意随时定义用户坐标

系，使作图方便。一般不使用二维多段线画轮廓。

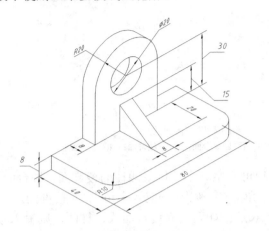

图 12-45　支架

②在线框图上构造每一个表面，并将构造好的表面平移到另一点处，组装成为三维立体。否则，再构造其他表面时找不到目标。

③当某一表面的轮廓比较复杂，特别是有孔存在时，应将表面分割成若干块，使每一块都很容易构成一个面。至于如何分割，虽没有一定规则，但应使画出的网格美观。

现在说明绘制支架三维图形的具体步骤。

(1) 画线框图

命令:VPOINT↙

当前视图方向: VIEWDIR=0.0000,0.0000,1.0000

指定视点或[旋转(R)]<显示坐标球和三轴架>:-1, -1,1↙

命令:UCS↙

当前 UCS 名称:*世界*

指定 UCS 的原点或[面(F)/命名(NA)/对象(OB)/上一个(P)/视图(V)/世界(W)/X/Y/Z/Z 轴(ZA)]<世界>:100,10O↙

指定 X 轴上的点或 <接受>:↙

命令:LINE↙　(图 12-46(a))　　　　　　　　　　　　　　　　　　　(画下底面矩形)

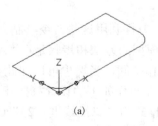　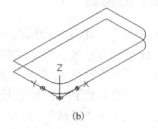

(a)　　　　　　　　　　　　(b)

图 12-46　画底板轮廓

(a)画下底面；(b)复制上底面

指定第一点:0,0↙

指定下一点或[放弃(U)]:80,0↙

指定下一点或[放弃(U)]:80,40↙

指定下一点或[闭合(C)/放弃(U)]:0,40↙

指定下一点或[闭合(C)/放弃(U)]:<u>C✓</u>

命令:<u>FILLET✓</u>

当前设置:模式=修剪，半径=10.0000

选择第一个对象或[放弃(U)/多段线(P)/半径(R)/修剪(T)/多个(M)]:<u>R✓</u>

指定圆角半径<10.0000>:<u>✓</u>

选择第一个对象或[放弃(U)/多段线(P)/半径(R)/修剪(T)/多个(M)]:<u>M✓</u>

选择第一个对象或[放弃(U)/多段线(P)/半径(R)/修剪(T)/多个(M)]:<u>20,0✓</u>

选择第二个对象，或按住【Shift】键选择要应用角点的对象:<u>0,20✓</u>

选择第一个对象或[放弃(U)/多段线(P)/半径(R)/修剪(T)/多个(M)]:<u>60,0✓</u>

选择第二个对象，或按住【Shift】键选择要应用角点的对象:<u>80,20✓</u>

选择第一个对象或[放弃(U)/多段线(P)/半径(R)/修剪(T)/多个(M)]:<u>✓</u>

命令:<u>COPY✓</u>　　（图 12-46(b)）　　　　　　　　　　　　　　　　　　（复制上底面轮廓）

选择对象:<u>ALL✓</u>　　找到 6 个

选择对象:<u>✓</u>

当前设置：　复制模式 = 多个

指定基点或[位移(D)/模式(O)]<位移>:<u>0,0,8✓</u>

指定第二个点或<使用第一个点作为位移>:<u>✓</u>

命令:<u>UCS✓</u>　　（图 12-47(a)）

当前 UCS 名称: *没有名称*

指定 UCS 的原点或 [面(F)/命名(NA)/对象(OB)/上一个(P)/视图(V)/世界(W)/X/Y/Z/Z 轴(ZA)]
<世界>:<u>20,40,8✓</u>

指定 X 轴上的点或 <接受>:<u>✓</u>

命令:<u>✓</u>

UCS

当前 UCS 名称: *没有名称*

指定 UCS 的原点或 [面(F)/命名(NA)/对象(OB)/上一个(P)/视图(V)/世界(W)/X/Y/Z/Z 轴(ZA)]
<世界>:<u>X✓</u>

指定绕 X 轴的旋转角度<90>:<u>✓</u>

命令:<u>LINE✓</u>　　（图 12-47(b)）　　　　　　　　　　　　　　　　　　（画支板后面轮廓）

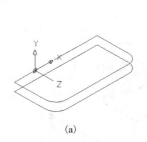 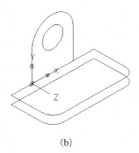 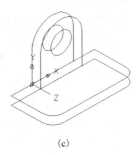

(a)　　　　　　　　　　　　(b)　　　　　　　　　　　　(c)

图 12-47　画支板轮廓

(a)设置 UCS；(b)画支板后面；(c)复制支板前面

指定第一点:<u>0,30✓</u>

指定下一点或[放弃(U)]:<u>0,0✓</u>

指定下一点或[放弃(U)]:<u>40,0✓</u>

指定下一点或[闭合(C)/放弃(U)]:<u>40,30✓</u>

指定下一点或[闭合(C)/放弃(U)]:<u>✓</u>

命令:<u>ARC</u>↙

指定圆弧的起点或[圆心(C)]:<u></u>↙

指定圆弧的端点:<u>0,30</u>↙

命令:<u></u>↙   (将圆画成两个半圆)

ARC

指定圆弧的起点或[圆心(C)]:<u>30,30</u>↙

指定圆弧的第二点或[圆心(C)/端点(E)]:<u>20,40</u>↙

指定圆弧的端点:<u>10,30</u>↙

命令:<u></u>↙

ARC

指定圆弧的起点或[圆心(C)]:<u></u>↙

指定圆弧的端点:<u>30,30</u>↙

命令:<u>COPY</u>↙   (图 12-47(c))   (复制支板前面轮廓)

 选择对象:<u>W</u>↙

指定第一个角点:<u>−1,−1</u>↙

指定对角点:<u>50,60</u>↙   找到 6 个

选择对象:↙

当前设置: 复制模式 = 多个

指定基点或[位移(D)/模式(O)]<位移>:<u>0,0,8</u>↙

指定第二个点或<使用第一个点作为位移>:↙

(2) 构造各表面

命令:<u>RULESURF</u>↙

当前线框密度: SURFTAB1=6

选择第一条定义曲线:<u>(拾取 P1 点)</u>(图 12-48(a))

选择第二条定义曲线:<u>(拾取 P2 点)</u>

以下重复使用 RULESURF 命令构造支架各侧面;分别点取直线和直线、圆弧和圆弧构成各表面,结果如图 12-48(b)所示。操作过程与上述相同,不再复述。

下面继续作:

命令:<u>MOVE</u>↙   (将各表面移到另一点处)

选择对象:(依次点取各表面) 找到 11 个

选择对象:↙

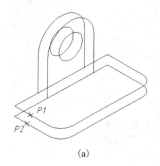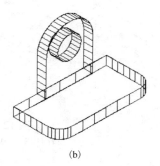

(a)   (b)

图 12-48   构造支架各侧面

(a)点取边; (b)构造各侧面

指定基点或[位移(D)]<位移>:<u>*0,0</u>↙   (世界坐标系坐标)

指定第二个点或 <使用第一个点作为位移>:<u>*100,0</u>↙ (图 12-49(a))

命令:RULESURF↙　　　　　　　　　　　　　　　　　（构造底板上表面）

当前线框密度: SURFTAB1=6

选择第一条定义曲线:(拾取 P3 点)（图 12-49(b)）

选择第二条定义曲线:(拾取 P4 点)

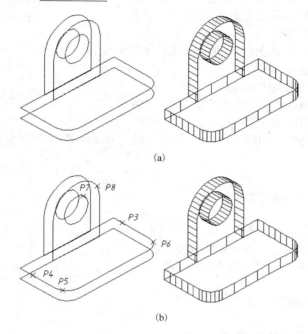

(a)

(b)

图 12-49　平移侧面和构造其他表面

(a)平移侧面；(b)构造其他表面

命令:↙

RULESURF

当前线框密度: SURFTAB1=6

选择第一条定义曲线:(拾取 P5 点)

选择第二条定义曲线:(拾取 P6 点)

用同样方法构造或用 COPY 命令复制底板下底面。下面继续作:

命令:RULESURF↙　　　　　　　　　　　　　　　　（构造支板前面上半环面）

当前线框密度: SURFTAB1=6

选择第一条定义曲线:(拾取 P7 点)（图 12-49(b)）

选择第二条定义曲线:(拾取 P8 点)

用同法构造或用 COPY 命令复制支板后面上半环面。下面继续作:

命令:MOVE↙

选择对象:(点取各表面)　总计 6 个

选择对象:↙

指定基点或[位移(D)]<位移>:*0,0↙

指定第二个点或<使用第一个点作为位移>:*100,0↙　　　　（将各表面移到另一处）

命令:LINE↙　　　　　　　　　　　　　　　　　　（作直线分割半圆为 3 段）

指定第一点:(捕捉 P9 点)（图 12-50）

指定下一点或[放弃(U)]:(捕捉圆心)

指定下一点或[放弃(U)]:(捕捉 P10 点)

指定下一点或[闭合(C)/放弃(U)]:⤶

命令:BREAK⤶   （打断圆弧）

选择对象:(点取半圆)

指定第二个打断点或[第一点(F)]:F⤶

指定第一个打断点:(捕捉直线与圆弧交点)

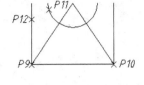

指定第二个打断点:@⤶

重复 BREAK 命令，打断另一交点处圆弧。下面继续作：

命令:RULESURF⤶

当前线框密度: SURFTAB1=6

选择第一条定义曲线:(拾取 P11 点)（图 12-50）

图 12-50   分割半圆

选择第二条定义曲线:(拾取 P12 点)

重复 RULESURF 命令，构造中间圆弧与水平线、右端圆弧与右边垂直线成为另两表面。
下面继续作：

命令:COPY⤶

选择对象:(点取 3 个表面) 总计 3 个

选择对象:⤶

当前设置： 复制模式 = 多个

指定基点或[位移(D)/模式(O)]<位移>:0,0,-8⤶   （复制后面）

指定第二个点或<使用第一个点作为位移>:⤶

命令:MOVE⤶

选择对象:(点取刚构造的 6 个面) 总计 6 个

选择对象:⤶

指定基点或[位移(D)]<位移>:*0,0⤶

指定第二个点或<使用第一个点作为位移>:*100,0⤶ （图 12-51(a)）

(3)绘制三角形筋

命令:UCS⤶

当前 UCS 名称: *没有名称*

指定 UCS 的原点或[面(F)/命名(NA)/对象(OB)/上一个(P)/视图(V)/世界(W)/X/Y/Z/Z 轴(ZA)] <
世界>:(捕捉 P13 点)（图 12-51(a)）

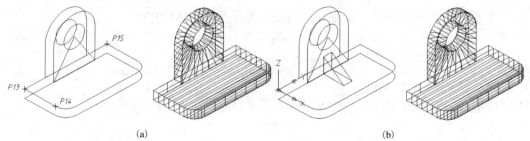

图 12-51   平移各表面并画三角形筋

(a)平移各表面； (b)画三角形筋

指定 X 轴上的点或 <接受>:(捕捉 P14 点)

指定 XY 平面上的点或 <接受>:(捕捉 P15 点)

命令:3D⤶

输入选项

[长方体表面(B)/圆锥面(C)/下半球面(DI)/上半球面(DO)/网格(M)/棱锥面(P)/球面(S)/圆环面

(T)/楔体表面(W)]:<u>W↙</u>

　　指定角点给楔体表面:<u>8,36↙</u>

　　指定长度给楔体表面:<u>20↙</u>

　　指定楔体表面的宽度:<u>8↙</u>

　　指定高度给楔体表面:<u>15↙</u>

　　指定楔体表面绕 Z 轴旋转的角度:<u>0↙</u> (图 12-51(b))

　　命令:<u>MOVE↙</u>

　　选择对象:<u>L↙</u> 找到 1 个

　　选择对象:<u>↙</u>

　　指定基点或[位移(D)]<位移>:<u>*0,0↙</u>

　　指定第二个点或<使用第一个点作为位移>:<u>*100,0↙</u> (图 12-52)

　　命令:<u>ERASE↙</u>　　　　　　　　　　　　　　　　　　　　　　(擦除线框图)

　　选择对象:<u>W↙</u>

　　指定第一个角点:<u>*90,90↙</u>

　　指定对角点:<u>*190,180↙</u> 找到 28 个

　　选择对象:<u>↙</u>

　　命令:<u>HIDE↙</u>

显示结果如图 12-53 所示。

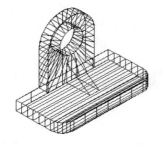 

图 12-52　支架立体图　　　　　　　图 12-53　消隐后的支架立体图

例 2　构造排气管立体模型。排气管立体模型如图 12-54(a) 所示。图 12-54(b) 为排气管轴线坐标。排气管直径为 60。

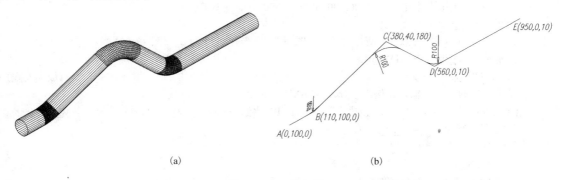

(a)　　　　　　　　　　　　　　　　(b)

图 12-54　排气管

(a)排气管立体模型；(b)排气管轴线坐标

构造排气管模型的基本思路是:首先画出轴线(不包括圆弧),再分段构造圆管,然后把圆管平移到另一处连接为整条排气管。排气管是由四段直管和三段弯管组成,每两段直管之间

用弯管连接。所以只要给出构造一段直管和一段弯管的操作过程，以下各段重复类似的操作就可完成排气管模型。也可以不用平移圆管，就在轴线处一段接一段地创建圆管。这样有些对象就重叠在一起，所以在选择对象时就要用循环选择方式，即按住【Shift】键点取对象。

命令:VPOINT↙   (设置视点)
当前视图方向: VIEWDIR=0.0000,0.0000,1.0000
指定视点或[旋转(R)] <显示坐标球和三轴架>:–1,–1,1↙
命令:LINE↙ (图 12-55)   (画轴线)
指定第一点:0,100↙
指定下一点或[放弃(U)]:110,100↙
指定下一点或[放弃(U)]:380,40,180↙
指定下一点或[闭合(C)/放弃(U)]:560,0,10↙

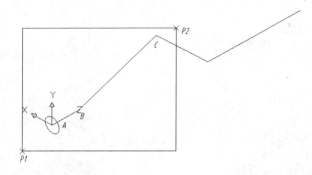

图 12-55   轴线

指定下一点或[闭合(C)/放弃(U)]:950,0,10↙
指定下一点或[闭合(C)/放弃(U)]:↙
命令:UCS↙
当前 UCS 名称: *世界*
指定 UCS 的原点或 [面(F)/命名(NA)/对象(OB)/上一个(P)/视图(V)/世界(W)/X/Y/Z/Z 轴(ZA)]
<世界>:ZA↙
指定新原点或[对象(O)]<0,0,0>:(捕捉 A 点) (图 12-55)
在正 Z 轴范围上指定点<0.0000,100.0000,1.0000>:(捕捉 B 点)
命令:CIRCLE↙
指定圆的圆心或[三点(3P)/两点(2P)/相切、相切、半径(T)]:0,0↙ (图 12-55)
指定圆的半径或[直径(D)]:30↙
命令:ZOOM↙   (放大左端)
指定窗口的角点，输入比例因子(nX 或 nXP)，或者
[全部(A)/中心(C)/动态(D)/范围(E)/上一个(P)/比例(S)/窗口(W)/对象(O)] <实时>:W↙
指定第一个角点:(拾取 P1 点)(图 12-55)
指定对角点:(拾取 P2 点)
命令:UCS↙
当前 UCS 名称: *没有名称*
指定 UCS 的原点或[面(F)/命名(NA)/对象(OB)/上一个(P)/视图(V)/世界(W)/X/Y/Z/Z 轴(ZA)]
<世界>:(捕捉 B 点)(图 12-56)
指定 X 轴上的点或 <接受>:(捕捉 A 点)
指定 XY 平面上的点或 <接受>:(捕捉 C 点)

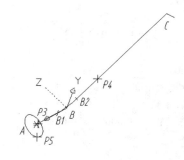

图 12-56　轴线左端

命令:FILLET↙　　　　　　　　　　　　　　　　　　　　　　　　　　（倒圆角）

当前设置:模式=修剪，半径=10.0000

选择第一个对象或[放弃(U)/多段线(P)/半径(R)/修剪(T)/多个(M)]:R↙

指定圆角半径<10.0000>:100↙

选择第一个对象或[放弃(U)/多段线(P)/半径(R)/修剪(T)/多个(M)]:(拾取 P3 点)（图 12-56）

选择第二个对象，或按住【Shift】键选择要应用角点的对象:(拾取 P4 点)

命令:SURFTAB1↙

输入 SURFTAB1 的新值<6>:30↙

命令:TABSURF↙　　　　　　　　　　　　　　　　　　　　　　　　　（构造直管）

当前线框密度: SURFTAB1=30

选择用做轮廓曲线的对象:(选圆拾取 P5 点)（图 12-56）

选择用做方向矢量的对象:(选直线拾取 P3 点)（结果如图 12-57）

命令:MOVE↙　　　　　　　　　　　　　　　　　　　　　　　　　　（平移直管）

选择对象:L↙　找到 1 个

选择对象:↙

指定基点或[位移(D)]<位移>:*0,0↙　　　　　　　　　　　　　　　　（世界坐标系坐标）

指定第二个点或<使用第一个点作为位移>:*0,0,200↙　（结果如图 12-58）

命令:↙　　　　　　　　　　　　　　　　　　　　　　　　　　　　（平移圆 A→B1）

MOVE

选择对象:(选圆拾取 P6 点)　找到 1 个（图 12-58）

选择对象:↙

指定基点或[位移(D)]<位移>:(捕捉 A 点)

指定第二个点或<使用第一个点作为位移>:(捕捉 B1 点)

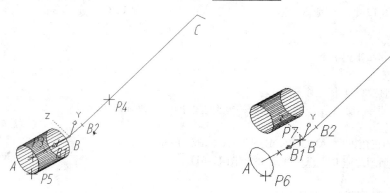

图 12-57　构造直管　　　　　　　　　　图 12-58　平移直管后

命令:LIST↙   (查圆弧 $B1B2$ 的圆心角)

选择对象:(选圆弧拾取 P7 点) 找到 1 个(图 12-58)

选择对象:↙

                圆弧   图层:0

                   空间: 模型空间

           句柄= 25

        圆心点，X=31.6228   Y=100.0000   Z=0.0000

        半径   100.000

        起点角度   235

        端点角度   270

        长度   61.2555

命令:LINE↙   (画旋转轴线)

指定第一点:(捕捉圆弧圆心拾取 P8 点) (图 12-59)

指定下一点或[放弃(U)]:@0,0,100↙

指定下一点或[放弃(U)]:↙

命令:SURFTAB2↙

输入 SURFTAB2 的新值<6>:30↙

命令:REVSURF↙   (构造弯管)

 当前线框密度: SURFTAB1=30 SURFTAB2=30

选择要旋转的对象:(选圆拾取 P9 点) (图 12-59)

选择定义旋转轴的对象:(选新画直线拾取 P10 点)

指定起点角度<0>:↙

指定包含角(+ =逆时针，- =顺时针) <360>:35↙ (结果如图 12-60)

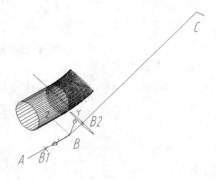 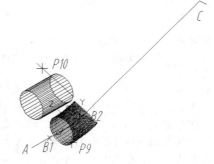

图 12-59   构造弯管   图 12-60   完成弯管

命令:MOVE↙   (平移弯管)

选择对象:L↙   找到 1 个

选择对象:↙

指定基点或[位移(D)]<位移>:*0,0↙

指定第二个点或<使用第一个点作为位移>:*0,0,200↙ (结果如图 12-61)

命令:ROTATE↙   (旋转圆 $B1{\rightarrow}B2$)

UCS 当前的正角方向: ANGDIR=逆时针 ANGBASE=0

选择对象:(选圆拾取 P11 点) 找到 1 个(图 12-61)

选择对象:↙

指定基点:(捕捉圆弧圆心拾取 P12 点)

指定旋转角度，或[复制(C)/参照(R)] <0>:−35↙ (结果如图 12-62)

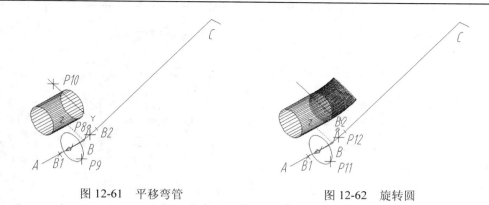

图 12-61　平移弯管　　　　　　　　　图 12-62　旋转圆

下面接着构造下一段直管和弯管。从上述用三点设置用户坐标系、倒圆角开始，再重复执行一系列操作。

当各段圆管建成后，删除轴线、圆等，消隐后即可显示图 12-54(a)所示结果。

12.5　实体模型

前面几节介绍的由各种命令生成的三维形体仅仅是一个表面模型而不是真正的实体模型。实际上，真正的实体模型与看似一个实体的表面模型有本质的区别。对于实体模型，用户可以分析实体的物理特性(体积、惯性矩、重心等)，导出与实体对象有关的数据给其他有关应用程序，将实体分解成网格或线框对象，对实体做剖切处理等，而表面模型则不能这样做。

以下的实例是在"模型空间"中操作的。创建实体模型时使用"动态输入"会非常方便。为了叙述方便，还是使用坐标。如果从键盘输入坐标，则要关闭"DYN"模式，不使用"动态输入"。如果使用"动态输入"，则要注意动态显示的数字和下面叙述中的坐标之间的关系，还要打开"捕捉"模式，设置捕捉间距为 1。

AutoCAD 2008 增加了"三维建模"工作空间。以下的实例也可以在此空间中操作。但显示的效果可能不同，有时显示真实的模型而不是线框。

12.5.1　控制实体的显示

实体是以线框和网格方式来显示的。一般实体上的平面以线框方式显示，而实体上的曲面则以网格的形式表述。

系统变量 ISOLINES 确定 AutoCAD 显示曲面时所用网格线的条数,默认值为 4。ISOLINES 值为 0 会使曲面的表达没有网格线。增加网格线的条数会使实体看起来更接近三维实物，但这将使三维曲面实体的显示时间变长。变量 ISOLINES 不同取值的效果如图 12-63 所示。

代替 ISOLINES 的方法是将系统变量 DISPSILH 置为 1，即仅显示曲面的轮廓线。显示轮廓线并用少量或不用网格线将比单纯增加网格线更加有效。图 12-64 为一圆球在 DISPSILH 取值分别为 0 和 1 时的显示效果。

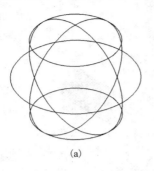 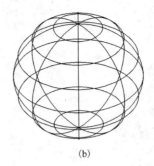

(a)　　　　　　　　　　　　　　(b)

图 12-63　变量 ISOLINES 不同取值的效果

(a) ISOLINES＝4；(b) ISOLINES＝8

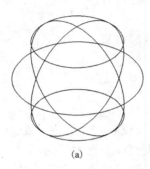 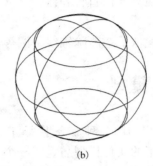

(a)　　　　　　　　　　　　　　(b)

图 12-64　变量 DISPSILH 不同取值的效果

(a) DISPSILH=0；(b) DISPSILH =1

12.5.2　基本实体

1.BOX（长方体）命令

BOX（长方体）命令用于建立一个长方体或正方体。用户可以使用长方体的两个对角点，或一个角点及长、宽、高，或中心点及另一个角点，或中心点及长、宽、高等创建长方体。

（1）命令输入方式

键盘输入:BOX

工具栏："建模"工具栏→

菜单："绘图（D）"→"建模（M）"→"长方体（B）"

（2）命令使用举例

例　绘制图 12-65 所示长方体，尺寸为 $40×50×60$。

绘制图 12-65 所示长方体，可用下述四种方法实现。

1）输入长方体的两个对角点

命令:BOX↙

指定第一个角点或 [中心(C)]:10,10↙

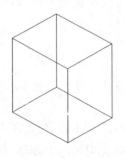

图 12-65　长方体

指定其他角点或[立方体(C)/长度(L)]:50,60,60（或@40,50,60）↙

2）输入长方体的一个角点及长、宽、高

命令:BOX↙

指定第一个角点或 [中心(C)]:10,10↙

指定其他角点或[立方体(C)/长度(L)]:L↙

　　　　指定长度:40↙

　　　　指定宽度:50↙

　　　　指定高度或 [两点(2P)]:60↙

3)输入长方体下底面的两个对角点及高

　　　　命令:BOX↙

　　　　指定第一个角点或 [中心(C)]:10,10↙

　　　　指定其他角点或[立方体(C)/长度(L)]:50,60↙

　　　　指定高度或 [两点(2P)] <60.0000>:60↙

4)输入长方体的中心点及另一个角点

　　　　命令:BOX↙

　　　　指定第一个角点或 [中心(C)]:C↙

　　　　指定中心:30,35,30↙

　　　　指定角点或[立方体(C)/长度(L)]:50,60,60↙

2.WEDGE(楔体)命令

WEDGE(楔体)命令用于建立一个楔形对象。楔体是长方体沿对角平面剖切成两半后所得的一个形体,如图 12-66 所示。WEDGE(楔体)和 BOX(长方体)命令有相同的提示,此处不再赘述。

通常使用 BOX(长方体)和 WEDGE(楔体)命令绘制的长方体或楔体的各棱边总是平行于当前 UCS 的 X、Y、Z 轴。

命令的输入方式如下:

键盘输入:WEDGE

工具栏:"建模"工具栏→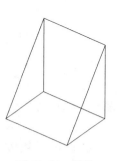

菜单:"绘图(D)"→"建模（M）"→"楔体(W)"

图 12-66　楔体

3.CYLINDER(圆柱体)命令

CYLINDER(圆柱体)命令用于建立一个圆柱体或椭圆柱体。建立圆柱体或椭圆柱体时,首先应建立一个圆形或椭圆形底面,然后再指定高度或另一端的中心点。如果指定高度则建立的圆柱体或椭圆柱体的轴线与 Z 轴平行。当指定的另一端中心点与底面中心点的 X、Y 坐标不同时,将以两点为轴线建立与坐标系倾斜的圆柱体或椭圆柱体。

(1)命令输入方式

键盘输入:CYLINDER

工具栏:"建模"工具栏→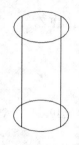

菜单:"绘图(D)"→"建模（M）"→"圆柱体(C)"

(2)命令使用举例

例 1　绘制图 12-67 所示圆柱体,底面圆直径为 30,高为 60。

绘制图 12-67 所示圆柱体,可用下述两种方法实现。

1)输入圆柱体的下底面圆心、半径和圆柱体高

　　　　命令:CYLINDER↙

　　　　指定底面的中心点或 [三点(3P)/两点(2P)/相切、相切、半径(T)/椭圆(E)]:10,10↙

　　　　指定底面半径或[直径(D)]:15↙

图 12-67　圆柱体

　　　　指定高度或 [两点(2P)/轴端点(A)] <当前值>:60↙

2) 输入圆柱体的下底面圆心、直径和上底面圆心

　　　　命令:CYLINDER↙
　　　　指定底面的中心点或 [三点(3P)/两点(2P)/相切、相切、半径(T)/椭圆(E)]:10,10↙
　　　　指定底面半径或[直径(D)]:D↙
　　　　指定基于圆柱体的直径:30↙
　　　　指定高度或 [两点(2P)/轴端点(A)]:A↙
　　　　指定轴端点:10,10,60↙

例 2　　绘制图 12-68 所示椭圆柱体，底面椭圆长、短轴的长度分别为 40、20，椭圆柱体高度为 60。

　　　　绘制椭圆柱体，一般先确定底面椭圆，再输入椭圆柱体的高。

　　　　　　命令:CYLINDER↙
　　　　　　指定底面的中心点或 [三点(3P)/两点(2P)/ 相切、相切、半径(T)/椭圆(E)]:E↙
　　　　　　指定第一个轴的端点或 [中心(C)]:C↙
　　　　　　指定中心点<0,0,0>:10,10↙
　　　　　　指定到第一个轴的距离 <15.0000>:20↙
　　　　　　指定第二个轴的端点:10↙
　　　　　　指定高度或 [两点(2P)/轴端点(A)] <60.0000>:60↙

图 12-68　椭圆柱体

4.CONE(圆锥体)命令

　　CONE(圆锥体)命令用于建立一个圆锥体或椭圆锥体。建立圆锥体或椭圆锥体时，首先应建立一个圆形或椭圆形底面，然后再指定高度或锥顶坐标。如果指定高度则建立的圆锥体或椭圆锥体的轴线与 Z 轴平行。当指定的锥顶坐标与底面中心点的 X、Y 坐标不同时，将以两点为轴线建立与坐标系倾斜的圆锥体或椭圆锥体。

　　(1) 命令输入方式

键盘输入:CONE

工具栏:"建模"工具栏→

菜单:"绘图(D)"→"建模(M)"→"圆锥体(O)"

　　(2) 命令使用举例

例　　绘制图 12-69 所示圆锥体，底面圆直径为 30，高为 50。

绘制图 12-69 所示圆锥体，可用下述两种方法实现。

1) 输入圆锥体的下底面圆心、半径和圆锥体高

　　　　命令:CONE↙
　　　　指定底面的中心点或 [三点(3P)/两点(2P)/相切、相切、半径(T)/椭圆(E)]:10,10↙
　　　　指定底面半径或[直径(D)]:15↙
　　　　指定高度或 [两点(2P)/轴端点(A)/顶面半径(T)] <60.0000>:50↙

图 12-69　圆锥体

2) 输入圆锥体的下底面圆心、半径和顶点

　　　　命令:CONE↙
　　　　指定底面的中心点或 [三点(3P)/两点(2P)/相切、相切、半径(T)/椭圆(E)]:10,10↙
　　　　指定底面半径或[直径(D)] <15.0000>:15↙
　　　　指定高度或 [两点(2P)/轴端点(A)/顶面半径(T)] <60.0000>:A↙
　　　　指定轴端点:10,10,50↙

5.SPHERE(球体)命令

SPHERE(球体)命令可用于绘制一个圆球体,如图 12-70 所示。

(1)命令输入方式

键盘输入:SPHERE

工具栏:"建模"工具栏→

菜单:"绘图(D)"→"建模(M)"→"球体(S)"

(2)命令使用举例

例　创建一球体。

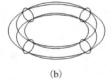

图 12-70　圆球体

命令:SPHERE↙

指定中心点或 [三点(3P)/两点(2P)/相切、相切、半径(T)]:(输入球心坐标)

指定半径或[直径(D)] <15.0000>:(输入圆球的半径)

6.TORUS(圆环体)命令

TORUS(圆环体)命令可用于绘制一个圆环体。建立圆环体时,用户应指定圆环体的中心、圆环体的半径或直径,以及圆管(圆环截面)的半径或直径,如图 12-71(a)所示。

(1)命令输入方式

键盘输入:TORUS 或 TOR

工具栏:"建模"工具栏→

菜单:"绘图(D)"→"建模(M)"→"圆环体(T)"

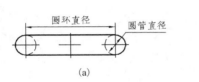

图 12-71　圆环体

(a)圆环参数;(b)圆环示例

(2)命令使用举例

例　绘制图 12-71(b)所示圆环体。其中,圆环体的直径为 40,圆管的直径为 8。

命令:TORUS↙

指定中心点或 [三点(3P)/两点(2P)/相切、相切、半径(T)]:10,10↙

指定半径或[直径(D)]:20↙

指定圆管半径或[两点(2P)/直径(D)]:4↙

7.EXTRUDE(拉伸)命令

EXTRUDE(拉伸)命令从二维封闭图形所在平面开始,沿指定的路径或 Z 方向高度拉伸二维封闭图形建立实体,如图 12-72 所示。被拉伸的二维封闭图形称为剖面(profile)。二维封闭图形为圆、椭圆、正多边形、闭合的多段线或样条曲线、面域(region)等。路径可以是直线、圆、圆弧、椭圆、椭圆弧、二维多段线或样条曲线,但不能与剖面对象所在平面平行。路径的一个端点应该在剖面所在的平面上,否则,AutoCAD 假设将路径移到剖面的中心。如果路径是一条样条曲线,那么该曲线在端点处应该与剖面垂直。否则,AutoCAD 将旋转剖面,以使其与样条曲线路径垂直。拉伸实体的侧面可以有倾斜度。斜度值介于−90°与 90°之间。正角度使拉伸体侧面向剖面内部倾斜,负角度使拉伸体侧面向剖面外部倾斜。

(1)命令输入方式

键盘输入:EXTRUDE 或 EXT

工具栏:"建模"工具栏→▢

菜单:"绘图(D)" → "建模（M）" → "拉伸(X)"

(2)命令使用举例

例 1   用输入高度和倾斜角度拉伸图 12-72(a)所示图形。

    命令:<u>EXTRUDE</u>↙

    当前线框密度:ISOLINES=4

    选择要拉伸的对象:<u>(选择封闭图形)</u> 找到 1 个

    选择要拉伸的对象:↙

    指定拉伸的高度或[方向(D)/路径(P)/倾斜角(T)]:<u>T</u>↙

    指定拉伸的倾斜角度<0>:<u>10</u>↙

    指定拉伸的高度或[方向(D)/路径(P)/倾斜角(T)]:<u>70</u>↙

建立的实体如图 12-72(b)所示。

例 2   沿直线拉伸图 12-72(a)所示图形。

    命令:<u>EXTRUDE</u>↙

    当前线框密度:ISOLINES=4

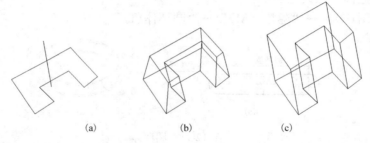

       (a)   (b)   (c)

图 12-72   拉伸体

(a)剖面与路径; (b)侧面倾斜的实体; (c)侧面无倾斜的实体

    选择要拉伸的对象:<u>(选择封闭图形)</u> 找到 1 个

    选择要拉伸的对象:↙

    指定拉伸的高度或[方向(D)/路径(P) /倾斜角(T)]:<u>P</u>↙

    选择拉伸路径或 [倾斜角(T)]:<u>(选择直线)</u>

建立的实体如图 12-72(c)所示。

8.REVOLVE(旋转)命令

REVOLVE(旋转)命令用于通过绕某一轴线旋转一个二维封闭图形来建立实体，如图 12-73 所示。被旋转的二维封闭图形称为剖面，轴线称为旋转轴。剖面所指对象与 EXTRUDE(拉伸)命令相同。旋转轴可以用起点及终点确定，或用一条直线，或用 X 轴，或用 Y 轴作为旋转轴。旋转方向按右手规则确定。

(1)命令输入方式

键盘输入:REVOLVE 或 REV

工具栏:"建模"工具栏→▦

菜单:"绘图(D)" → "建模（M）" → "旋转(R)"

(2)命令使用举例

例 建立由图 12-73(a)所示图形确定的实体。

命令:<u>REVOLVE</u>↙

当前线框密度:ISOLINES=4

选择要旋转的对象:<u>(选择封闭图形)</u> 找到 1 个

选择要旋转的对象:↙

指定轴起点或根据以下选项之一定义轴 [对象(O)/X/Y/Z] <对象>:<u>O</u>↙

选择对象:<u>(选择旋转轴)</u>

指定旋转角度或 [起点角度(ST)]<360>:↙

建立的实体如图 12-73(b)所示。如果旋转角度是 180°，则建立的实体如图 12-73(c)所示。

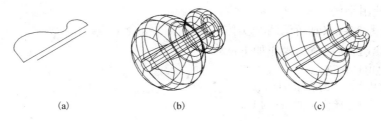

(a)   (b)   (c)

图 12-73 旋转体

(a)剖面与旋转轴；(b)旋转体 1；(c)旋转体 2

12.5.3 组合实体

用户可以通过使用 UNION、INTERSECT、SUBTRACT 等命令将基本实体组合成比较复杂的实体——组合实体。

1.UNION(并集)命令

UNION(并集)命令可将几个实体或面域合并为一个组合实体或面域。图12-74(a)是两个基本实体重合在一起。图 12-74(b)显示了两个基本实体的并集。执行 UNION(并集)命令时，用户仅需选择欲组合的实体或面域，而后 AutoCAD 自动生成组合实体或面域。用户可以组合一些不相交的实体或面域，所得结果虽然看起来为多个实体或面域,但却被当做一个实体或面域。

命令的输入方式如下:

键盘输入:UNION 或 UNI

工具栏:"建模"工具栏→⬤

菜单:"修改(M)" → "实体编辑(N)" → "并集(U)"

2.SUBTRACT(差集)命令

SUBTRACT(差集)命令可从一个或几个实体或面域中减去一个或几个实体或面域而生成一个组合实体或面域。图 12-74(d)、(e)显示了两个基本实体的差集。执行 SUBTRACT(差集)命令时，首先选择被减的实体或面域，再选择要减去的实体或面域。

(1)命令输入方式

键盘输入:SUBTRACT 或 SU

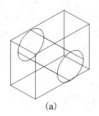
(a)

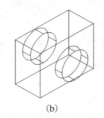
(b)

(c)

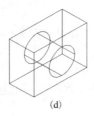
(d)

(e)

图 12-74　组合实体

(a)基本实体；(b)并集；(c)交集；(d)差集 1；(e)差集 2

工具栏:"建模"工具栏→⬤⬤

菜单:"修改(M)"→"实体编辑(N)"→"差集(S)"

(2)命令使用举例

例　建立图 12-74(a)所示两个实体的差构成的组合实体。

用长方体减去圆柱体的操作如下：

　　命令:SUBTRACT↙

　　选择要从中减去的实体或面域…

　　选择对象:(选择长方体) 找到 1 个

　　选择对象:↙

　　选择要减去的实体或面域…

　　选择对象:(选择圆柱体) 找到 1 个

　　选择对象:↙

建立的实体如图 12-74(d)所示。

用圆柱体减去长方体的操作如下：

　　命令:SUBTRACT↙

　　选择要从中减去的实体或面域…

　　选择对象:(选择圆柱体) 找到 1 个

　　选择对象:↙

　　选择要减去的实体或面域…

　　选择对象:(选择长方体) 找到 1 个

　　选择对象:↙

建立的实体如图 12-74(e)所示。

3.INTERSECT(交集)命令

INTERSECT(交集)命令将几个实体或面域的公共部分创建为一个新的组合实体或面域,图 12-74(c)显示了两个基本实体的交集。执行 INTERSECT(交集)命令时,用户所选择的实体或面域必须相交。

命令的输入方式如下：

键盘输入:INTERSECT 或 IN

工具栏:"建模"工具栏→⬤⬤

菜单:"修改(M)"→"实体编辑(N)"→"交集(I)"

4.FILLET(圆角)命令

FILLET(圆角)命令总是生成一个曲面，它使相邻面间圆滑过渡，如图 12-75 所示。用户可以用 FILLET (圆角)命令对实体的棱边进行倒圆角。若用户想用相同的圆角半径给几条交于同一个点的棱边倒圆角,则 FILLET(圆角)命令会在此点生成部分圆球面。FILLET(圆角)命令的操作过程是:首先点取立体上一棱边,输入圆角半径,再点取其他棱边。如有不同半径的圆角,还可修改半径,再点棱边,最后按【Enter】键结束。

(1)命令输入方式

键盘输入:FILLET

工具栏:"修改"工具栏→

菜单:"修改(M)"→"圆角(F)"

(2)命令使用举例

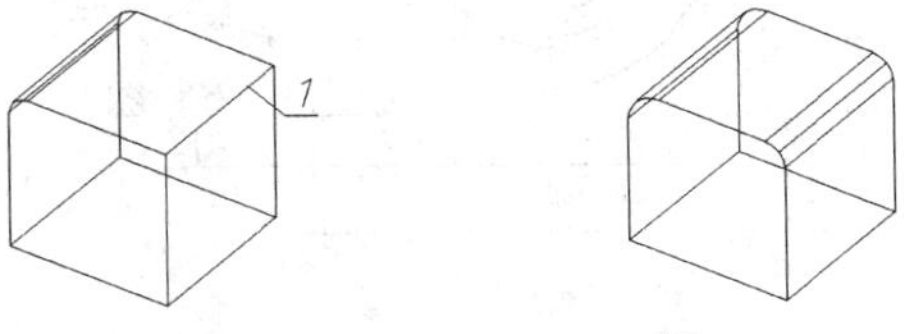

例　将图 12-75(a)所示实体的边 1,以 10 为半径进行倒圆角操作。

图 12-75　圆角
(a)倒圆角前；(b)倒圆角后

　　命令:FILLET↙

　　当前模式:模式= 修剪, 半径=10.0000

　　选择第一个对象或[放弃(U)/多段线(P)/半径(R)/修剪(T)/多个(M)]:(选取棱 1)

　　输入圆角半径<10.0000>:10↙

　　选择边或[链(C)/半径(R)]:↙

建立的实体如图 12-75(b)所示。

5.CHAMFER(倒角)命令

用 CHAMFER(倒角)命令切除实体上的棱边时,用一个斜面连接相邻两个面,如图 12-76 所示。CHAMFER(倒角)命令的操作过程是:首先点取立体上一棱边,选择基面,输入基面上倒角的距离和另一表面上倒角的距离,再在基面上点取要倒角的棱边。

(1)命令输入方式

键盘输入:CHAMFER

工具栏:"修改"工具栏→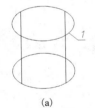

菜单:"修改(M)"→"倒角(C)"

(2)命令使用举例

例　将图 12-76(a)所示实体的边 1 进行倒角处理。

图 12-76　倒角
(a)倒角前；(b)倒角后

　　命令:CHAMFER↙

　　("修剪"模式)当前倒角距离 1 =10.0000, 距离 2 =10.0000

　　选择第一条直线或[放弃(U)/多段线(P)/距离(D)/角度(A)/修剪(T)/方式(E)/多个(M)]:(选取边 1)

　　基面选择...

　　输入曲面选择选项[下一个(N)/当前(OK)]<当前>:↙

　　指定基面的倒角距离<10.0000>:5↙

　　指定其他曲面的倒角距离<10.0000>:10↙

　　选择边或[环(L)]:(选取边 1)

　　选择边或[环(L)]:↙

建立的实体如图 12-76(b)所示。

12.5.4　实体模型举例

例 1　绘制图 12-77 所示轴承座的三维立体图。图中的圆角半径为 $R3$。本例主要用来说

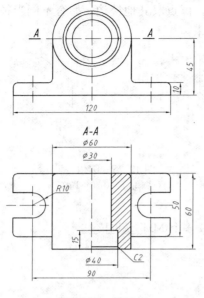

图 12-77　轴承座

明如何用块堆积法构造三维立体。其方法如下：

①使用基本实体命令画出轴承座各部分的三维立体图，注意随时定义用户坐标系，以便于作图；

②将画好的各三维立体移动或旋转到相应位置，堆积组装成一积木式三维立体模型，最后，再对此立体模型进行并集处理，以得到一真正的三维立体图。

以下介绍绘制轴承座的具体步骤。

1) 画各三维立体图

命令:VPOINT↙

当前视图方向: VIEWDIR=0.0000,0.0000,1.0000

指定视点或 [旋转 (R)] ＜显示坐标球和三轴架＞:-1,-1,1↙

命令:PLINE↙

指定起点:50,50↙

当前线宽为 0.0000

指定下一点或[圆弧 (A)/半宽 (H)/长度 (L)/放弃 (U)/宽度 (W)]:@0,15↙

指定下一点或[圆弧 (A)/闭合 (C)/半宽 (H)/长度 (L)/放弃 (U)/宽度 (W)]:@15,0↙

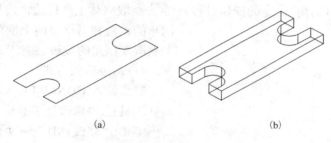

(a)　　　　　　　　　　(b)

图 12-78　画底板

(a)轮廓；(b)底板

指定下一点或[圆弧 (A)/闭合 (C)/半宽 (H)/长度 (L)/放弃 (U)/宽度 (W)]:A↙

指定圆弧的端点或[角度 (A)/圆心 (CE)/方向 (D)/半宽 (H)/直线 (L)/半径 (R)/第二个点 (S)/放弃 (U)/宽度 (W)]:@0,20↙

指定圆弧的端点或[角度 (A)/圆心 (CE)/闭合 (CL)/方向 (D)/半宽 (H)/直线 (L)/半径 (R)/第二个点 (S)/放弃 (U)/宽度 (W)]:L↙

指定下一点或[圆弧 (A)/闭合 (C)/半宽 (H)/长度 (L)/放弃 (U)/宽度 (W)]:@-15,0↙

指定下一点或[圆弧 (A)/闭合 (C)/半宽 (H)/长度 (L)/放弃 (U)/宽度 (W)]:@0,15↙

指定下一点或[圆弧 (A)/闭合 (C)/半宽 (H)/长度 (L)/放弃 (U)/宽度 (W)]:@120,0↙

指定下一点或[圆弧 (A)/闭合 (C)/半宽 (H)/长度 (L)/放弃 (U)/宽度 (W)]:@0,-15↙

指定下一点或[圆弧 (A)/闭合 (C)/半宽 (H)/长度 (L)/放弃 (U)/宽度 (W)]:@-15,0↙

指定下一点或[圆弧 (A)/闭合 (C)/半宽 (H)/长度 (L)/放弃 (U)/宽度 (W)]:A↙

指定圆弧的端点或[角度 (A)/圆心 (CE)/方向 (D)/半宽 (H)/直线 (L)/半径 (R)/第二个点 (S)/放弃 (U)/宽度 (W)]:@0,-20↙

指定圆弧的端点或[角度 (A)/圆心 (CE)/闭合 (CL)/方向 (D)/半宽 (H)/直线 (L)/半径 (R)/第二个点

(S)/放弃(U)/宽度(W)]:<u>L</u>↙

指定下一点或[圆弧(A)/闭合(C)/半宽(H)/长度(L)/放弃(U)/宽度(W)]:<u>@15,0</u>↙

指定下一点或[圆弧(A)/闭合(C)/半宽(H)/长度(L)/放弃(U)/宽度(W)]:<u>@0,-15</u>↙

指定下一点或[圆弧(A)/闭合(C)/半宽(H)/长度(L)/放弃(U)/宽度(W)]:<u>C</u>↙

命令:<u>EXTRUDE</u>↙　　　　　　　　　　　　　　　（拉伸图 12-78(a)所示轮廓，得图 12-78(b)所示底板）

当前线框密度:ISOLINES=4

选择要拉伸的对象:<u>(选择底板轮廓)</u> 找到 1 个

选择要拉伸的对象:_↙

指定拉伸的高度或[方向(D)/路径(P)/倾斜角(T)] <60.0000>:<u>10</u>↙

命令:<u>UCS</u>↙　　　　　　　　　　　　　　　　　　　　　　　　　（变换坐标系）

当前 UCS 名称: *世界*

指定 UCS 的原点或[面(F)/命名(NA)/对象(OB)/上一个(P)/视图(V)/世界(W)/X/Y/Z/Z 轴(ZA)]
<世界>:<u>X</u>↙

指定绕 X 轴的旋转角度<90>:<u>90</u>↙

命令:<u>PLINE</u>↙　　　　　　　　　　　　　　　　　　　　（画图 12-79(a)所示轮廓）

指定起点:<u>80,0</u>↙

当前线宽为 0.0000

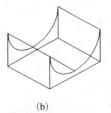

(a)　　　　　　　　　(b)

图 12-79　画中间部分

(a)轮廓；(b)立体

指定下一点或[圆弧(A)/半宽(H)/长度(L)/放弃(U)/宽度(W)]:<u>@0,35</u>↙

指定下一点或[圆弧(A)/闭合(C)/半宽(H)/长度(L)/放弃(U)/宽度(W)]:<u>A</u>↙

指定圆弧的端点或[角度(A)/圆心(CE)/方向(D)/半宽(H)/直线(L)/半径(R)/第二个点(S)/放弃(U)/
宽度(W)]:<u>A</u>↙

指定包含角:<u>180</u>↙

指定圆弧的端点或[圆心(C)/半径(R)]:<u>@60,0</u>↙

指定圆弧的端点或[角度(A)/圆心(CE)/闭合(CL)/方向(D)/半宽(H)/直线(L)/半径(R)/第二个点
(S)/放弃(U)/宽度(W)]:<u>L</u>↙

指定下一点或[圆弧(A)/闭合(C)/半宽(H)/长度(L)/放弃(U)/宽度(W)]:<u>@0,-35</u>↙

指定下一点或[圆弧(A)/闭合(C)/半宽(H)/长度(L)/放弃(U)/宽度(W)]:<u>C</u>↙

命令:<u>EXTRUDE</u>↙　　　　　　　　　　　（拉伸图 12-79(a)所示轮廓，得图 12-79(b)所示立体）

当前线框密度:ISOLINES=4

选择要拉伸的对象:<u>(选择轮廓)</u> 找到 1 个

选择要拉伸的对象:_↙

指定拉伸的高度或[方向(D)/路径(P)/倾斜角(T)] <60.0000>:<u>-50</u>↙

命令:<u>UCS</u>↙　　　　　　　　　　　　　　　　　　　　　　　　　（变换坐标系）

当前 UCS 名称: *没有名称*

指定 UCS 的原点或[面(F)/命名(NA)/对象(OB)/上一个(P)/视图(V)/世界(W)/X/Y/Z/Z 轴(ZA)]

<世界>:∠

命令:PLINE∠   (画图 12-80(a)所示轮廓)

指定起点:80,100∠

当前线宽为 0.0000

指定下一点或[圆弧(A)/半宽(H)/长度(L)/放弃(U)/宽度(W)]:@0,-60∠

指定下一点或[圆弧(A)/闭合(C)/半宽(H)/长度(L)/放弃(U)/宽度(W)]:@10,0∠

指定下一点或[圆弧(A)/闭合(C)/半宽(H)/长度(L)/放弃(U)/宽度(W)]:@0,15∠

指定下一点或[圆弧(A)/闭合(C)/半宽(H)/长度(L)/放弃(U)/宽度(W)]:@5,0∠

指定下一点或[圆弧(A)/闭合(C)/半宽(H)/长度(L)/放弃(U)/宽度(W)]:@0,45∠

指定下一点或[圆弧(A)/闭合(C)/半宽(H)/长度(L)/放弃(U)/宽度(W)]:C∠

命令:REVOLVE∠   (旋转图 12-80(a)所示轮廓,得图 12-80(b)所示立体)

当前线框密度:ISOLINES=4

选择要旋转的对象:(选择图 12-80(a)所示轮廓) 找到 1

个

选择要旋转的对象:∠

指定轴起点或根据以下选项之一定义轴 [对象
(O)/X/Y/Z] <对象>:110,0∠

指定轴端点:110,100∠

指定旋转角度或 [起点角度(ST)]<360>:∠

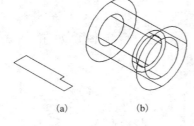

(a)   (b)

图 12-80 画圆柱筒

(a)轮廓;(b)立体

2)移动各三维立体

命令:MOVE∠   (移动中间部分至底板上)

选择对象:(选择中间部分) 找到 1 个

选择对象:∠

指定基点或[位移(D)]<位移>:50,50∠

指定第二个点或<使用第一个点作为位移>:50,100,10∠

命令:MOVE∠   (移动圆柱筒至中间部分上)

选择对象:(选择圆柱筒) 找到 1 个

选择对象:∠

指定基点或[位移(D)]<位移>:50,50∠

指定第二个点或<使用第一个点作为位移>:50,50,45∠

3)合并各三维立体

命令:UNION∠

选择对象:(选择底板) 找到 1 个

选择对象:(选择中间部分) 找到 1 个,总计 2 个

选择对象:(选择圆柱筒) 找到 1 个,总计 3 个

选择对象:∠

4)对立体倒圆角和倒角

命令:FILLET∠

当前设置:模式=修剪,半径=10.0000

选择第一个对象或[放弃(U)/多段线(P)/半径(R)/修剪(T)/多个(M)]:(选择要倒圆角的一边)

输入圆角半径<10.0000>:3∠

选择边或[链(C)/半径(R)]:(选择要倒圆角的其他边)

选择边或[链(C)/半径(R)]:∠

命令:CHAMFER∠

("修剪"模式)当前倒角距离 1=10.0000,距离 2=10.0000

选择第一条直线或[放弃(U)/多段线(P)/距离(D)/角度(A)/修剪(T)/方式(E)/多个(M)]:(选择倒角边)
基面选择...
输入曲面选择选项[下一个(N)/当前(OK)]<当前>:↙
指定基面的倒角距离<10.0000>:2↙
指定其他曲面的倒角距离<2.0000>:2↙
选择边或[环(L)]:(选择倒角边)
选择边或[环(L)]:↙
命令:HIDE↙

显示结果如图 12-81 所示。

例 2 绘制图 12-82 所示转向轴的三维立体图。

对于一个三维立体图可以使用不同的绘制方法。本例使用如下两种方法绘制:

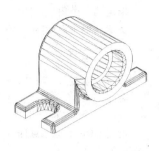

图 12-81 轴承座立体图

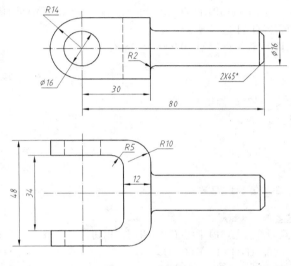

图 12-82 转向轴

①使用基本实体命令画出转向轴各部分的基本立体,然后使用交、并、差命令及编辑命令来得到组合立体,这种方法就是几何造型中的 CSG 法;

②使用 EXTRUDE 和 REVOLVE 命令画出转向轴的各立体,然后使用编辑命令对各三维立体进行相应修改,最后,再对此立体模型进行并、差处理,以得到一个真正的三维立体。

以下说明绘制的具体步骤。

1)第一种方法

a.建立各基本立体

命令:VPOINT↙
当前视图方向: VIEWDIR=0.0000,0.0000,1.0000
指定视点或[旋转(R)]<显示坐标球和三轴架>:-1,-1,1↙
命令:BOX↙   (建立立体 1,图 12-83)
指定第一个角点或[中心(C)]:0,0,0↙
指定其他角点或[立方体(C)/长度(L)]:L↙
指定长度:30↙
指定宽度:48↙

指定高度或[两点(2P)] <0.0000>:28↙

命令:BOX↙   (建立立体 2，图 12-83)

指定第一个角点或[中心(C)]:-14,7↙

指定其他角点或[立方体(C)/长度(L)]:L↙

指定长度:32↙

指定宽度:34↙

指定高度或[两点(2P)] <28.0000>:28↙

命令:UCS↙   (变换坐标系)

当前 UCS 名称: *世界*

指定 UCS 的原点或[面(F)/命名(NA)/对象(OB)/上一个(P)/视图(V)/世界(W)/X/Y/Z/Z 轴(ZA)] <世界>:X↙

指定绕 X 轴的旋转角度<90>:90↙

命令:CYLINDER↙   (建立立体 3，图 12-84)

指定底面的中心点或 [三点(3P)/两点(2P)/相切、相切、半径(T)/椭圆(E)]:0,14↙

指定底面半径或[直径(D)]:14↙

指定高度或[两点(2P)/轴端点(A)] <0.0000>:-48↙

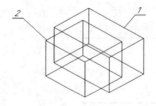

图 12-83   立体 1、2

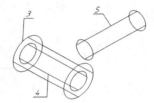

图 12-84   立体 3、4、5

命令:CYLINDER↙   (建立立体 4，图 12-84)

指定底面的中心点或 [三点(3P)/两点(2P)/相切、相切、半径(T)/椭圆(E)]:0,14↙

指定底面半径或 [直径(D)] <14.0000>:D↙

指定直径 <28.0000>:16↙

指定高度或 [两点(2P)/轴端点(A)] <-48.0000>:-48↙

命令:UCS↙   (变换坐标系)

当前 UCS 名称: *没有名称*

指定 UCS 的原点或[面(F)/命名(NA)/对象(OB)/上一个(P)/视图(V)/世界(W)/X/Y/Z/Z 轴(ZA)] <世界>:Y↙

指定绕 Y 轴的旋转角度<90>:-90↙

命令:CYLINDER↙   (建立立体 5，图 12-84)

指定底面的中心点或[三点(3P)/两点(2P)/相切、相切、半径(T)/椭圆(E)]: -24,14,-30↙

指定底面半径或 [直径(D)] <8.0000>:D↙

指定直径 <16.0000>:16↙

指定高度或 [两点(2P)/轴端点(A)] <-48.0000>:-50↙

b.组合各立体

命令:UNION↙   (建立主体)

选择对象:(选择立体 1) 找到 1 个 (图 12-83)

选择对象:(选择立体 3) 找到 1 个，总计 2 个 (图 12-84)

选择对象:(选择立体 5) 找到 1 个，总计 3 个 (图 12-84)

选择对象:↙

命令:<u>SUBTRACT</u>↙

选择要从中减去的实体或面域...

选择对象:<u>(选择主体)</u> 找到 1 个

选择对象:↙

选择要减去的实体或面域...

选择对象:<u>(选择立体 4)</u> 找到 1 个（图 12-84）

选择对象:<u>(选择立体 2)</u> 找到 1 个，总计 2 个（图 12-83）

选择对象:↙

c.编辑主体

命令:<u>CHAMFER</u>↙

("修剪"模式)当前倒角距离 1=10.0000，距离 2=10.0000

选择第一条直线或 [放弃(U)/多段线(P)/距离(D)/角度(A)/修剪(T)/方式(E)/多个(M)]:<u>(选择边Ⅰ)</u>（图 12-85）

基面选择...

输入曲面选择选项[下一个(N)/当前(OK)]<当前>:↙

指定基面的倒角距离<10.0000>:<u>2</u>↙

指定其他曲面的倒角距离<10.0000>:<u>2</u>↙

选择边或[环(L)]:<u>(选择边Ⅰ)</u>

选择边或[环(L)]:↙

命令:<u>FILLET</u>↙

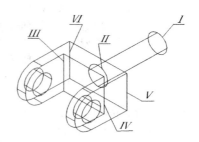

图 12-85　主体

当前设置:模式=修剪，半径=10.0000

选择第一个对象或[放弃(U)/多段线(P)/半径(R)/修剪(T)/多个(M)]:<u>(选择边Ⅱ)</u>

输入圆角半径<10.0000>:<u>2</u>↙

选择边或[链(C)/半径(R)]:<u>R</u>↙

输入圆角半径<2.0000>:<u>5</u>↙

选择边或[链(C)/半径(R)]:<u>(选择边Ⅲ)</u>

选择边或[链(C)/半径(R)]:<u>(选择边Ⅳ)</u>

选择边或[链(C)/半径(R)]:<u>R</u>↙

输入圆角半径<5.0000>:<u>10</u>↙

选择边或[链(C)/半径(R)]:<u>(选择边Ⅴ)</u>

选择边或[链(C)/半径(R)]:<u>(选择边Ⅵ)</u>

选择边或[链(C)/半径(R)]:↙

命令:<u>HIDE</u>↙（图 12-86）

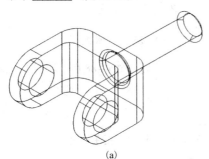

(a)

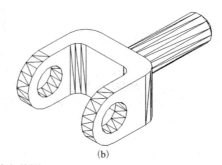

(b)

图 12-86　转向轴立体图

(a)未消隐；(b)消隐

2) 第二种方法

a.建立各三维立体

命令:<u>VPOINT</u>↙

当前视图方向: VIEWDIR=0.0000,0.0000,1.0000

指定视点或[旋转(R)]<显示坐标球和三轴架>:<u>-1, -1,1</u>↙

命令:<u>PLINE</u>↙　　　　　　　　　　　　　　　　　　（画图 12-87 所示下底面轮廓）

指定起点:<u>0,0</u>↙

当前线宽为 0.0000

指定下一点或[圆弧(A)/半宽(H)/长度(L)/放弃(U)/宽度(W)]:<u>@0,7</u>↙

指定下一点或[圆弧(A)/闭合(C)/半宽(H)/长度(L)/放弃(U)/宽度(W)]:<u>@32,0</u>↙

指定下一点或[圆弧(A)/闭合(C)/半宽(H)/长度(L)/放弃(U)/宽度(W)]:<u>@0,34</u>↙

指定下一点或[圆弧(A)/闭合(C)/半宽(H)/长度(L)/放弃(U)/宽度(W)]:<u>@ -32,0</u>↙

指定下一点或[圆弧(A)/闭合(C)/半宽(H)/长度(L)/放弃(U)/宽度(W)]:<u>@0,7</u>↙

指定下一点或[圆弧(A)/闭合(C)/半宽(H)/长度(L)/放弃(U)/宽度(W)]:<u>@44,0</u>↙

指定下一点或[圆弧(A)/闭合(C)/半宽(H)/长度(L)/放弃(U)/宽度(W)]:<u>@0, -48</u>↙

指定下一点或[圆弧(A)/闭合(C)/半宽(H)/长度(L)/放弃(U)/宽度(W)]:<u>C</u>↙

命令:<u>EXTRUDE</u>↙　　　　　　　　　　　（拉伸图 12-87 所示下底面轮廓，得立体 1）

当前线框密度:ISOLINES=4

选择要拉伸的对象:<u>(选择轮廓线)</u> 找到 1 个

选择要拉伸的对象:↙

指定拉伸的高度或 [方向(D)/路径(P)/倾斜角(T)] <-50.0000>:<u>28</u>↙

命令:<u>PLINE</u>↙　　　　　　　　　　　　　　　　　（画图 12-88 所示轮廓Ⅰ）

指定起点:<u>44,24,14</u>↙

当前线宽为 0.0000

指定下一点或[圆弧(A)/半宽(H)/长度(L)/放弃(U)/宽度(W)]:<u>@50,0</u>↙

指定下一点或[圆弧(A)/闭合(C)/半宽(H)/长度(L)/放弃(U)/宽度(W)]:<u>@0, -8</u>↙

指定下一点或[圆弧(A)/闭合(C)/半宽(H)/长度(L)/放弃(U)/宽度(W)]:<u>@ -50,0</u>↙

指定下一点或[圆弧(A)/闭合(C)/半宽(H)/长度(L)/放弃(U)/宽度(W)]:<u>C</u>↙

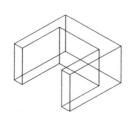　　　　　　　　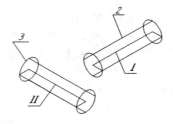

图 12-87　立体 1　　　　　　　　　　图 12-88　立体 2、3

命令:<u>REVOLVE</u>↙　　　　　　　　　　　（旋转图 12-88 所示轮廓Ⅰ，得立体 2）

当前线框密度:ISOLINES=4

选择要旋转的对象:<u>(选择轮廓线Ⅰ)</u> 找到 1 个

选择要旋转的对象:↙

指定轴起点或根据以下选项之一定义轴 [对象(O)/X/Y/Z]<对象>:<u>44,24,14</u>↙

指定轴端点:<u>94,24,14</u>↙

指定旋转角度或 [起点角度(ST)]<360>:↙

命令:<u>PLINE</u>↙　　　　　　　　　　　　　　　　　（画图 12-88 所示轮廓Ⅱ）

指定起点:<u>6,0,14</u>↙

当前线宽为 0.0000

指定下一点或[圆弧(A)/半宽(H)/长度(L)/放弃(U)/宽度(W)]:<u>@0,48</u>↙

指定下一点或[圆弧(A)/闭合(C)/半宽(H)/长度(L)/放弃(U)/宽度(W)]:<u>@8,0</u>↙

指定下一点或[圆弧(A)/闭合(C)/半宽(H)/长度(L)/放弃(U)/宽度(W)]:<u>@0,−48</u>↙

指定下一点或[圆弧(A)/闭合(C)/半宽(H)/长度(L)/放弃(U)/宽度(W)]:<u>C</u>↙

命令:<u>REVOLVE</u>↙　　　　　　　　　　　　　　（旋转图 12-88 所示轮廓Ⅱ，得立体 3）

当前线框密度:ISOLINES=4

选择要旋转的对象:<u>(选择轮廓线Ⅱ)</u> 找到 1 个

选择要旋转的对象:↙

指定轴起点或根据以下选项之一定义轴 [对象(O)/X/Y/Z] <对象>:<u>14,0,14</u>↙

指定轴端点:<u>14,48,14</u>↙

指定旋转角度或 [起点角度(ST)]<360>:↙

b.组合三维立体

命令:<u>UNION</u>↙

选择对象:<u>(选择立体 1)</u> 找到 1 个

选择对象:<u>(选择立体 2)</u> 找到 1 个，总计 2 个

选择对象:↙

命令:<u>SUBTRACT</u>↙

选择要从中减去的实体或面域...

选择对象:<u>(选择立体 1、2)</u> 找到 1 个

选择对象:↙

选择要减去的实体或面域...

选择对象:<u>(选择立体 3)</u> 找到 1 个

选择对象:↙

c.编辑三维立体

命令:<u>FILLET</u>↙　　　　　　　　　　　　　（细化图 12-89(a)所示立体 1 左端的形状）

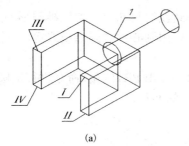
　　　　(a)　　　　　　　　　　　　　　　　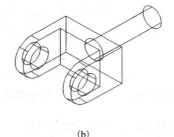
　　　　　　　　　　　　　　　　　　　　　　　　(b)

图 12-89　细化立体 1

(a)组合立体；(b)左端倒圆角

当前设置:模式=修剪，半径=10.0000

选择第一个对象或[放弃(U)/多段线(P)/半径(R)/修剪(T)/多个(M)]:<u>(选择边Ⅰ)</u>

输入圆角半径<10.0000>:<u>14</u>↙

选择边或[链(C)/半径(R)]:<u>(选择边Ⅱ)</u>

选择边或[链(C)/半径(R)]:<u>(选择边Ⅲ)</u>

选择边或[链(C)/半径(R)]:<u>(选择边Ⅳ)</u>

选择边或[链(C)/半径(R)]:↙

结果如图 12-89(b)所示。

其余圆角和倒角的操作同第一种方法，显示结果如图 12-86 所示。

12.6　三维图形编辑

12.6.1　基本编辑方法

绘制出三维图形后，用户经常需要对其进行编辑、修改，以便符合设计要求。以下是对三维图形进行编辑的基本方法。

1.二维图形编辑命令

使用二维图形编辑命令编辑三维图形时，部分二维图形编辑命令可以使用，如 ERASE(删除)、COPY(复制)、PROPERTIES(特性)、MOVE(移动)、SCALE(比例缩放)、ROTATE(旋转)、TRIM(修剪)、EXTEND(延伸)等。但 ARRAY(阵列)、MIRROR(镜像)命令不能用于三维图形。

2.EXPLODE(分解)

当对某一三维图形使用 EXPLODE(分解)命令后，此三维图形就会被分解为一系列面域和NURBS 曲面。所谓面域是指一个封闭的二维图形。EXPLODE(分解)命令将平面转换为面域，把曲面转化为 NURBS 曲面，然后用户可以将面域和 NURBS 曲面分解为它们的组成图素。

3.三维图形特性

用户可以随时使用 PROPERTIES(特性)、CHANGE(修改)、MATCHPROP(特性匹配)和 CHPROP(修改特性)等命令改变三维图形的特性。

4.夹点编辑

用户可使用夹点编辑方式编辑三维图形，如进行移动、复制、拉伸等操作。对于实体，可用夹点编辑进行移动、旋转、缩放和拉伸操作。

5.对象捕捉

对于三维图形，用户仍可使用对象捕捉模式获得特殊点。如三维图形的直线边可以用端点和中点模式，而圆、圆弧、椭圆和椭圆弧可以用圆心和象限点模式等。

6.修改实体

对于实体，用户可使用 FILLET(圆角)和 CHAMFER(倒角)命令进行倒圆角和倒角处理。还可以用 SOLIDEDIT(实体编辑)命令编辑实体的面和边。

12.6.2　ROTATE3D(三维旋转)命令

ROTATE3D(三维旋转)命令可以将对象绕三根坐标轴进行旋转。选择要旋转的对象后即启动旋转夹点工具(图 12-90(a))，且随光标移动。旋转夹点工具由三个互相垂直的圆（显示为椭圆）组成，三个圆分别用红、绿、蓝(与 X、Y、Z 坐标轴的颜色对应)表示，称之为"轴句柄"。三个圆的交点用黑色方块表示，称之为"中心框"。将旋转夹点工具的"中心框"对准旋转轴线上的一点，再移光标指向一个"轴句柄"，"轴句柄"变成黄色，同时显示一条与"轴句柄"变黄前颜色相同的无限长直线，单击它即为旋转轴。最后输入旋转角度，完成三维对象的旋转操作。旋转方向按"轴句柄"所在平面内的时针方向确定。逆时针方向角度为正，反之为负。旋转角度也可以用两点确定。

1.命令输入方式

键盘输入:ROTATE3D

工具栏:"建模"工具栏→ 🌐

菜单:"修改(M)" → "三维操作(3)" → "三维旋转(R)"

2.命令使用举例

例　将图 12-90(a)所示实体旋转为图 12-90(b)。

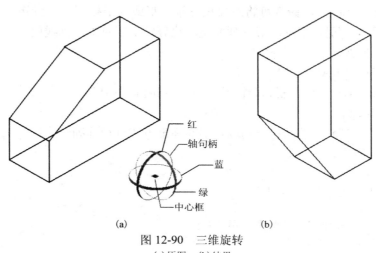

(a)　　　　　　　　(b)

图 12-90　三维旋转

(a)原图；(b)结果

命令:ROTATE3D✓

UCS　当前的正角方向: ANGDIR=逆时针,ANGBASE=0

选择对象:(选择实体) 找到 1 个

选择对象:✓

指定基点:(捕捉实体左前下角点,夹点工具的"中心框"对准该点)

拾取旋转轴:(光标指向某"轴句柄"(椭圆),"轴句柄"变黄并显示一直线时单击)

指定角的起点或键入角度:90✓

正在重生成模型。

12.6.3　MOVE3D(三维移动)命令

　　MOVE3D(三维移动)命令可以将对象在三维空间中任意移动。选择要移动的对象后即启动移动夹点工具(图 12-91)，且随光标移动。移动夹点工具由三个互相垂直的粗实线和六条细实线组成，它们分别用红、绿、蓝(与 X、Y、Z 坐标轴的颜色对应)表示。三条粗实线称为"轴句柄"。每两条粗实线和两条细实线构成一个平面。三条粗实线的交点用黑色方块表示，称为"中心框"。选择一点作为基点，移动夹点工具的"中心框"

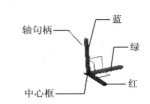

图 12-91　移动夹点工具

对准该点。光标在夹点工具上移动，指向一个"轴句柄"，"轴句柄"变成黄色，同时显示一条与"轴句柄"变黄前颜色相同的无限长直线，可沿该直线移动对象。当光标指向两细实线，两细实线和两粗实线变成黄色，单击后即可在该平面内移动光标。拾取一点后基点移到该点。如果光标不在夹点工具上移动，对象则是与基点在同一平面内移动。MOVE3D(三维移动)命令的提示与 MOVE(移动)命令相同。MOVE3D(三维移动)命令的输入方式如下。

　　键盘输入:MOVE3D

　　工具栏:"建模"工具栏→⬡

　　菜单:"修改(M)"→"三维操作(3)"→"三维移动(M)"

12.6.4　3DARRAY(三维阵列)命令

　　3DARRAY(三维阵列)命令可将对象按三维矩形或环形排列。三维矩形阵列除了需指定行和列外,还需指定层。三维环形阵列要绕轴线旋转复制对象,轴线由两点确定。

1.命令输入方式

　　键盘输入:3DARRAY 或 3A

　　菜单:"修改(M)"→"三维操作(3)"→"三维阵列(3)"

2.命令使用举例

　　例　将图 12-92(a)中的圆柱分别以矩形和环形方式进行阵列。

　　作矩形阵列步骤如下。

　　　　命令:<u>3DARRAY</u>↙

　　　　选择对象:<u>(选择圆柱)</u> 找到 1 个

　　　　选择对象:↙

　　　　输入阵列类型[矩形(R)/环形(P)] <矩形>:<u>R</u>↙

　　　　输入行数(---) <1>:<u>3</u>↙

　　　　输入列数(‖‖) <1>:<u>3</u>↙

　　　　输入层数(...) <1>:<u>2</u>↙

　　　　指定行间距(---):<u>20</u>↙

　　　　指定列间距(‖‖):<u>30</u>↙

　　　　指定层间距(...):<u>60</u>↙

结果如图 12-92(b)所示。

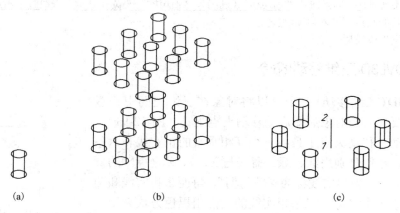

(a)　　　　　　　　　　(b)　　　　　　　　　　(c)

图 12-92　三维阵列

(a)圆柱;(b)矩形阵列;(c)环形阵列

　　作环形阵列步骤如下。

　　　　命令:<u>3DARRAY</u>↙

　　　　选择对象:<u>(选择圆柱)</u> 找到 1 个

選择对象:↙

输入阵列类型[矩形(R)/环形(P)]<矩形>:P↙

输入阵列中的项目数目:6↙

指定要填充的角度(+=逆时针, -=顺时针) <360>:↙

旋转阵列对象?[是(Y)/否(N)] <Y>:↙

　指定阵列的中心点:<u>(选择点 1)</u>

　指定旋转轴上的第二点:<u>(选择点 2)</u>

结果如图 12-92(c)所示。

12.6.5　MIRROR3D(三维镜像)命令

MIRROR3D(三维镜像)命令可将立体按指定的平面做镜像处理。镜像平面可以用三点确定，或选择某一对象所在的平面，或使用上一次定义的镜像平面，或通过选取点并平行于 *XY*(或 *YZ*、*ZX*) 坐标面的平面等。

1.命令输入方式

键盘输入:**MIRROR3D** 或 **3DMIRROR**

菜单:"修改(M)"→"三维操作(3)"→"三维镜像(D)"

2.命令使用举例

例　将图 12-93(a)中的实体进行三维镜像。

　　命令:<u>MIRROR3D</u>↙

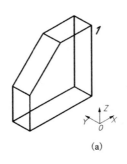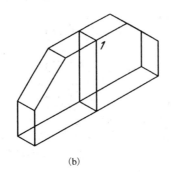

(a)　　　　　　　　　　　　(b)

图 12-93　三维镜像

(a)实体；(b)镜像结果

选择对象:<u>(选择实体)</u> 找到 1 个

选择对象:↙

指定镜像平面(三点)的第一个点或

[对象(O)/最近的(L)/Z 轴(Z)/视图(V)/XY 平面(XY)/YZ 平面(YZ)/ZX 平面(ZX)/三点(3)] <三点>:<u>YZ</u>↙

　指定 YZ 平面上的点<0,0,0>:<u>(选择点 1)</u>

　是否删除源对象?[是(Y)/否(N)] <否>:↙

结果如图 12-93(b)所示。

12.6.6　ALIGN(对齐)命令

ALIGN(对齐)命令用于移动、旋转和缩放二维或三维对象，以便与其他对象对齐。用户给要对齐的对象加上源点，给要与其对齐的对象加上目标点。如果要对齐某个对象，最多可以给对象加上三对源点和目标点。用户不用指定所有的三对点。如果指定一对点，则ALIGN(对齐)命令简单地在源点与目标点定义的方向和距离上移动选择的对象，移动效果类似 MOVE(移动)命令。如果指定两对点，则对象被移动、旋转和缩放。第一对源点与目标点定义对齐基准，第二对源点与目标点定义旋转方向。如果指定三对点，则三个源点定义的平面将转化到三个目标点定义的平面上。

1.命令输入方式

键盘输入:ALIGN

菜单:"修改(M)"→"三维操作(3)"→"对齐(L)"

2 命令使用举例

例 1 将左侧长方体上 1 点对齐到右侧长方体上 *P*1 点处(图 12-94(a))。

    命令:<u>ALIGN</u>↙

    选择对象:<u>(选择左侧长方体)</u> 找到 1 个

    选择对象:↙

    指定第一个源点:<u>(选取长方体上点 1)</u>

    指定第一个目标点:<u>(拾取 P1 点)</u>

    指定第二个源点:↙

对齐结果如图 12-94(b)所示。

例 2 将左侧长方体上 1、2 点分别对齐到右侧长方体上 *P*1、*P*2 点处(图 12-94(a))。

    命令:<u>ALIGN</u>↙

    选择对象:<u>(选择左侧长方体)</u> 找到 1 个

    选择对象:↙

    指定第一个源点:<u>(选取长方体上点 1)</u>

    指定第一个目标点:<u>(拾取 P1 点)</u>

    指定第二个源点:<u>(选取长方体上点 2)</u>

    指定第二个目标点:<u>(拾取 P2 点)</u>

    指定第三个源点或<继续>:↙

    是否基于对齐点缩放对象?[是(Y)/否(N)] <否>:<u>Y</u>↙

对齐结果如图 12-94(c)所示。

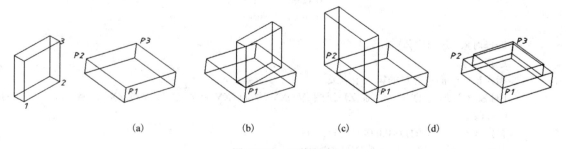

图 12-94 三维对齐

(a)两长方体; (b)对齐结果 1; (c)对齐结果 2; (d)对齐结果 3

例 3 将左侧长方体上 1、2、3 点分别对齐到右侧长方体上 *P*1、*P*2 和 *P*3 点处(图 12-94(a))。

    命令:<u>ALIGN</u>↙

选择对象:(选择左侧长方体)　找到 1 个
选择对象:✓
指定第一个源点:(选取长方体上点 1)
指定第一个目标点:(拾取 P1 点)
指定第二个源点:(选取长方体上点 2)
指定第二个目标点:(拾取 P2 点)
指定第三个源点或<继续>:(选取长方体上点 3)
指定第三个目标点:(拾取 P3 点)
对齐结果如图 12-94(d)所示。

12.6.7　PEDIT(多段线编辑)命令

PEDIT(多段线编辑)命令除了可编辑修改二维多段线外，还可对三维多段线及多边形网格进行编辑。对于三维多段线可以进行闭合或打开、顶点编辑、三维 B 样条曲线拟合等操作。对于多边形网格可以进行闭合或打开、顶点编辑、生成 B 样条曲面或 Bezier 曲面等操作。

1.命令输入方式

键盘输入:PEDIT 或 PE

工具栏:"修改 II"工具栏→

菜单:"修改(M)"→"对象(O)"→"多段线(P)"

2.命令使用举例

例 1　拟合图 12-95(a)所示的三维多段线，结果如图 12-95(b)所示。

命令:PEDIT✓
选择多段线或[多条(M)]:(选择三维多段线)
输入选项[闭合(C)/编辑顶点(E)/样条曲线(S)/非曲线化(D)/放弃(U)]:S✓
输入选项[闭合(C)/编辑顶点(E)/样条曲线(S)/非曲线化(D)/放弃(U)]:✓

例 2　将图 12-96(a)所示的三维多边形网格面的顶点 P 移到 P1，结果如图 12-96(b)所示。

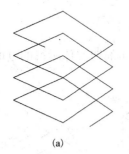

(a)

(b)

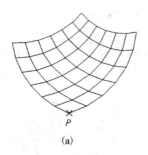

(a)

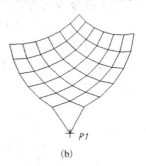

(b)

图 12-95　拟合三维多段线
(a)多段线；(b)拟合结果

图 12-96　编辑三维多边形网格面
(a)网格面；(b)编辑后的网格面

命令:PEDIT✓
选择多段线或[多条(M)]:(选择多边形网格面)
输入选项[编辑顶点(E)/平滑表面(S)/非平滑(D)/M 向闭合/N 向闭合/放弃(U)]:E✓
当前顶点(0,0). 输入选项[下一个(N)/上一个(P)/左(L)/右(R)/上(U)/下(D)/移动(M)/重生成(RE)/退出(X)] <N>:(移动光标到顶点 P)
当前顶点(6,0). 输入选项[下一个(N)/上一个(P)/左(L)/右(R)/上(U)/下(D)/移动(M)/重生成

(RE)/退出(X)] <N>:<u>M↙</u>

    指定已标记顶点的新位置:<u>(点取 P1)</u>

    当前顶点(6,0).输入选项[下一个(N)/上一个(P)/左(L)/右(R)/上(U)/下(D)/移动(M)/重生成

(RE)/退出(X)] <L>:<u>RE↙</u>

    当前顶点(6，0).输入选项[下一个(N)/上一个(P)/左(L)/右(R)/上(U)/下(D)/移动(M)/重生成

(RE)/退出(X)] <L>:<u>X↙</u>

    输入选项[编辑顶点(E)/平滑表面(S)/非平滑(D)/M 向闭合/N 向闭合/放弃(U)]:↙

3.说明

①系统变量 SPLINESEGS 可控制曲线的精度，即每段样条曲线由多少条线段拟合成的，默认值为 8。

②系统变量 SPLFRAME 可以控制是否显示多段线。当其值为 0 时，只显示 Spline 曲线；若其值不为 0，则 Spline 曲线和多段线均显示。SPLFRAME 也控制是否显示多边形网格。其值为 0 时，则显示 B 样条曲面或 Bezier 曲面；其值不为 0 时，则只显示定义的多边形网格。SPLFRAME 默认值为 1。

③系统变量 SURFTYPE 控制生成曲面的类型。当其值为 5 时，产生二次 B 样条曲面，且 $M \geq 3$，$N \geq 3$；其值为 6 时，产生三次 B 样条曲面，且 $M \geq 4$，$N \geq 4$；其值为 8 时，产生 Bezier 曲面，且 $M \leq 11$，$N \leq 11$。SURFTYPE 默认值为 6。

④系统变量 SURFU、SURFV 分别控制 M、N 方向密度，默认值为 6。

12.6.8 SECTION(截面)命令

SECTION(截面)命令用某一平面剖切(也称切割)实体，在当前层产生它的剖面图(面域)。生成剖面图的实体并不受 SECTION(截面)命令的影响，它仍然是完整的。用户可以利用 MOVE(移动)命令移走剖面图。剖切平面可以用三点确定，也可以选择某一对象所在的平面，或选取平行于 XY(或 YZ、ZX)坐标面并通过某一点的平面等。

1.命令输入方式

键盘输入:SECTION 或 SEC

2.命令使用举例

例　已知图 12-97(a)所示实体，画出用过 $P1$、$P2$、$P3$ 三点的平面剖切实体所得的剖面图。

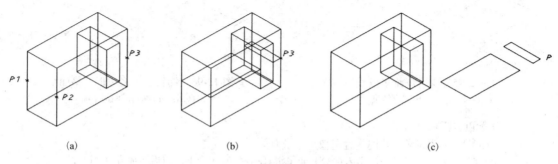

    (a)   (b)   (c)

图 12-97　剖面图

(a)实体；(b)切割实体；(c)移动剖面图

命令:SECTION↙

选择对象:(选取实体) 找到 1 个

选择对象:↙

指定截面上的第一个点,依照[对象(O)/Z 轴(Z)/视图(V)/XY(XY)/YZ(YZ)/ZX(ZX)/三点(3)]<三点>:↙

　　指定平面上的第一个点:(捕捉中点 P1)

　　指定平面上的第二个点:(捕捉中点 P2)

　　指定平面上的第三个点:(捕捉中点 P3)

结果如图 12-97(b)所示。要得到剖面图,需作如下操作:

　　命令:MOVE↙

选择对象:L↙　找到 1 个

选择对象:↙

指定基点或[位移(D)]<位移>:(捕捉 P3 点)(图 12-97(b))

指定第二个点或<使用第一个点作为位移>:(在空白处点取 P 点)(图 12-97(c))

12.6.9　SLICE(剖切)命令

SLICE(剖切)命令用某一切平面将一个实体剖切成两部分,然后用户可保留其中一部分或将两部分均保留。还可以用 MOVE(移动)命令平移一部分,使两部分分离。切平面可以用三点确定,也可以选择某一对象所在的平面,或选取平行于 XY(或 YZ、ZX) 坐标面并通过某一点的平面等。

1.命令输入方式

键盘输入:SLICE 或 SL

菜单:"修改(M)"→"三维操作(3)"→"剖切(S)"

2.命令使用举例

例　对图 12-98(a)所示实体用通过三点的平面剖切,生成图 12-98(b)所示实体。

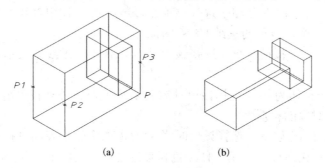

(a)　　　　　　　　　　　　(b)

图 12-98　剖切实体

(a)原实体; (b) 剖切后的实体

命令:SLICE↙

选择要剖切的对象:(选取实体) 找到 1 个

选择要剖切的对象:↙

指定切面的起点或[平面对象(O)/曲面(S)/Z 轴(Z)/视图(V)/XY(XY)/YZ(YZ)/ZX(ZX)/三点(3)]<三点>:↙

　　指定平面上的第一个点:(捕捉中点 P1)

　　指定平面上的第二个点:(捕捉中点 P2)

指定平面上的第三个点:(捕捉中点 P3)

在所需的侧面上指定点或 [保留两个侧面(B)]<保留两个侧面>:(捕捉端点 P)

12.7 三维观察

前面创建的三维模型一般都是以线框形式显示的，看起来不那么逼真，也不能从任意方向观察模型。这一节就介绍对三维模型着色、观察的命令和方法。着色三维模型使用 VSCURRENT（视觉样式）命令中的各种方法。观察三维模型使用三维导航工具中的各种方法。

12.7.1 VSCURRENT（视觉样式）命令

VSCURRENT（视觉样式）命令控制三维模型中边和面的显示效果。它提供 6 个着色选项，并在当前视口中使用用户选择的选项着色对象，从而产生平滑的阴影填充效果。不必重新生成线框图形就可以编辑已着色的对象。

1.命令输入方式

键盘输入: VSCURRENT 或 SHADEMODE

工具栏: "视觉样式"工具栏→ ▧ ▦ ▨ ◉ ◉ ▣

菜单: "视图(V)" → "视觉样式(S)" →子选项

2. 命令提示及选择项说明

输入选项 [二维线框(2)/三维线框(3)/三维隐藏(H)/真实(R)/概念(C)/其他(O)]<二维线框>: 输入一个选项或按【Enter】键。

二维线框(2) 命令按钮为 ▧。选择该项在显示对象时,使用直线和曲线来表示可见和不可见边界，并用当前颜色设置显示。

三维线框(3) 命令按钮为 ▦。选择该项在显示对象时,使用直线和曲线表示可见和不可见边界。同时显示一个已着色的三维 UCS 图标。

三维隐藏(H) 命令按钮为 ▨。选择该项时,显示使用三维线框表示可见对象并隐藏不可见的线框。

真实(R) 命令按钮为 ◉。选择该项时,经过着色的对象外观较平滑和真实。当对象已附着材质时，将显示对象的材质。

概念(C) 命令按钮为 ◉。选择该项时,将对对象的多边形表面进行着色，并使对象的边平滑化。着色使用古氏面样式，是一种冷色和暖色之间的过渡，而不是从深色到浅色的过渡。效果缺乏真实感，但是可以更方便地查看模型的细节。

其他(O) 命令按钮为 ▣。选择该项将显示提示"输入视觉样式名称 [?]:",输入当前图形中的视觉样式的名称或输入"?"，以显示名称列表并重复该提示。如果从菜单或工具栏上选择该选项，将显示"视觉样式管理器"选项板。

3.命令使用举例

例 着色图 12-99(a)所示立体。该立体大小请见图 12-125。

①改变立体颜色为浅色(如青色)，深颜色将使着色后的图形不清楚。

②执行 VSCURRENT（视觉样式）命令："视图(V)"菜单→"视觉样式(S)"→"真实

(R)"。显示结果如图 12-99 (b) 所示。

③执行 VSCURRENT（视觉样式）命令："视图（V）"菜单→"视觉样式（S）"→"概念（C）"。显示结果如图 12-99 (c) 所示。

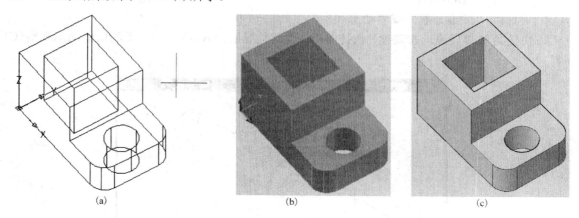

图 12-99　着色效果

(a) 立体；(b) "真实（R）"着色效果；(c) "概念（C）"着色效果

12.7.2　三维导航

使用三维导航工具，可以从不同的角度、高度和距离方便地查看三维对象任意方向的形状。三维导航工具能够拖动三维对象或连续地旋转三维对象，可以模仿相机的动作观察三维对象，还可以平移、缩放三维对象等。

三维导航工具包含如下命令：3DORBIT（受约束的动态观察）、3DFORBIT（自由动态观察）、3DCORBIT（连续动态观察）、3DDISTANCE（调整视距）、3DSWIVEL（回旋）、3DZOOM（三维缩放）和 3DPAN（三维平移）。这些命令在"三维导航"工具栏上。在三维动态观察视图中的任一处单击右键，将弹出包含这些命令的快捷菜单，如图 12-100 所示。

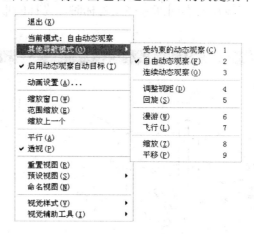

图 12-100　"三维动态观察"快捷菜单

1.3DORBIT（受约束的动态观察）命令

3DORBIT（受约束的动态观察）命令启动三维动态观察视图（图 12-101），光标的形状变为带箭头的两条直线和椭圆弧环绕的小球状（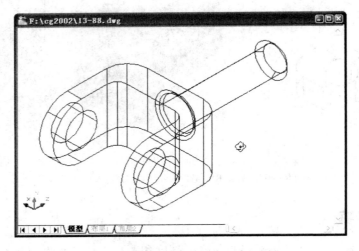），称之为"三维动态观察"光标。移动光标时，将拖动模型旋转。

    键盘输入:3DORBIT

    工具栏:"三维导航"或"动态观察"工具栏→

    快捷菜单:"三维动态观察"快捷菜单→"其他导航模式(O)"→"受约束的动态观察(C)1"

图 12-101   受约束的动态观察视图

    要退出 3DORBIT(受约束的动态观察)命令，可按【Enter】键或【ESC】键，或者从"三维动态观察"快捷菜单中选择"退出(X)"。

    2.3DFORBIT（自由动态观察）命令

    使用 3DFORBIT（自由动态观察）命令启动三维自由动态观察视图(图 12-102)。视图由模型和转盘组成，光标变为"三维动态观察器"光标（）。转盘是由一个大圆和分布在四个象限点上的小圆构成。在转盘的不同部分移动光标时，光标的形状会改变，以表明三维对象旋转的方向。

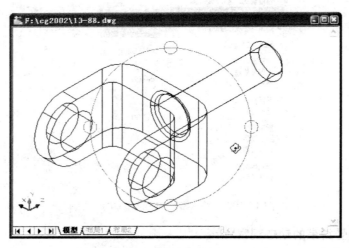

图 12-102   自由动态观察视图

在转盘内部移动光标时，如果按住左键并拖动光标，那么可自由转动对象。

在转盘外部移动光标时，光标的形状变为环形箭头(☉)。在转盘外部按住左键并拖动光标，这将使三维对象围绕通过转盘的中心并垂直于屏幕的轴旋转。

当光标在转盘左右两边的小圆上移动时，光标的形状变为水平椭圆(↔)。从这些点开始按住左键并拖动光标，将使三维对象围绕通过转盘中心的垂直轴或 Y 轴旋转。

当光标在转盘上下两边的小圆上移动时，光标的形状变为垂直椭圆(↕)。从这些点开始按住左键并拖动光标，将使三维对象围绕通过转盘中心的水平轴或 X 轴旋转。

执行 3DFORBIT（自由动态观察）命令的方式如下。

键盘输入:3DFORBIT

工具栏：“三维导航”或“动态观察”工具栏→⬢

菜单：“视图(V)”→“动态观察(B)”→“自由动态观察(F)

快捷菜单：“三维动态观察”快捷菜单→“其他导航模式(O)”→“自由动态观察(F)2”

要退出 3DFORBIT（自由动态观察）命令，可按【Enter】键或【ESC】键，或者从“三维动态观察”快捷菜单中选择“退出(X)”。

3.3DCORBIT（连续动态观察）命令

3DCORBIT（连续动态观察）命令可以使三维对象连续旋转。连续动态观察视图与图 12-100 所示的受约束的动态观察视图相似，只是光标的形状改为带箭头的四条直线和椭圆弧环绕的球形(⊗)。在绘图区域中按着左键并沿任何方向拖动定点设备，使对象沿拖动方向开始转动。释放定点设备上的按钮，对象即在指定的方向上继续它们的旋转运动。光标移动的速度决定了对象的旋转速度。再次按着左键并拖动，即可修改旋转的方向和速度。在绘图区域中按右键并从快捷菜单中选择选项，也可以修改三维观察的显示。

执行 3DCORBIT（自由动态观察）命令的方式如下。

键盘输入:3DCORBIT

工具栏：“三维导航”或“动态观察”工具栏→⬢

菜单：“视图(V)”→“动态观察(B)”→“连续动态观察(O)

快捷菜单：“三维动态观察”快捷菜单→“其他导航模式(O)”→“连续动态观察(O)3”

要退出 3DCORBIT（连续动态观察）命令，可按【Enter】键或【ESC】键，或者从“三维动态观察”快捷菜单中选择“退出(X)”。

4.3DDISTANCE（调整视距）命令

3DDISTANCE（调整视距）命令模拟了相机向对象推近或从对象拉远的效果。与 3DZOOM（三维缩放）命令不同，3DDISTANCE（调整视距）命令不夸大查看对象的透视效果，也不会使它们失真。3DDISTANCE（调整视距）命令将光标的形状改为具有上箭头和下箭头的图形（⬢）。向上渐小的上箭头表示按着左键垂直向上移动光标可使相机推近对象，从而使对象显示得更大。向下渐大的下箭头表示按着左键垂直向下拖动光标可使相机拉远对象，从而使对象显示得更小。

执行 3DDISTANCE（调整视距）命令的方式如下。

键盘输入:3DDISTANCE

工具栏：“三维导航”工具栏→⬢

快捷菜单：“三维动态观察”快捷菜单→“其他导航模式(O)”→“调整视距(D)4”

要退出 3DDISTANCE(调整视距)命令,可按【Enter】键或【ESC】键,或者从"三维动态观察"快捷菜单中选择"退出(X)"。

5. 3DSWIVEL(回旋)命令

3DSWIVEL(回旋)命令将光标形状改为 。此命令模拟在三脚架上旋转相机的效果,并改变对象在屏幕上的位置。例如,如果向右移动光标,那么该对象将在查看区域中向左移动。或者,如果向上移动光标,那么对象将在查看区域中向下移动。

执行 3DSWIVEL(回旋)命令的方式如下。

键盘输入:3DSWIVEL

工具栏:"三维导航"工具栏→

快捷菜单:"三维动态观察器"快捷菜单→"其他导航模式(O)"→"回旋(S) 5"

要退出 3DSWIVEL(回旋)命令,可按【Enter】键或【ESC】键,或者从"三维动态观察器"快捷菜单中选择"退出(X)"。

6. 3DZOOM(三维缩放)命令

3DZOOM(缩放)命令模拟相机伸缩镜头的效果。它使对象看起来靠近或远离相机,但不改变相机的位置。这种缩放操作相当于用 ZOOM(缩放)命令缩放图像。这也会夸大查看对象时的透视效果,尤其是在用透视投影法查看对象时,它可能引起某些对象外形的轻微失真。

3DZOOM(三维缩放)命令将光标形状改为放大镜加上正(+)、负(-) 符号( )。按着左键向上拖动光标将放大图像,使对象显得更大或更近。按着左键向下拖动光标将缩小图像,使对象显得更小或更远。

执行 3DZOOM(三维缩放)命令的方式如下。

键盘输入:3DZOOM

工具栏:"三维导航"工具栏→

快捷菜单:"三维动态观察"快捷菜单→"其他导航模式(O)"→"缩放(Z)8"

要退出 3DZOOM(三维缩放)命令,可按【Enter】键或【ESC】键,或者从"三维动态观察"快捷菜单中选择"退出(X)"。

7. 3DPAN(三维平移)命令

3DPAN(三维平移)命令将光标形状改为手形( )。在按着左键并拖动光标时,图形沿拖动的方向移动。

执行 3DPAN(三维平移)命令的方式如下。

键盘输入:3DPAN

工具栏:"三维导航"工具栏→

快捷菜单:"三维动态观察"快捷菜单→"其他导航模式(O)"→"平移(P)"

要退出 3DPAN(三维平移)命令,可按【Enter】键或【ESC】键,或者从"三维动态观察"快捷菜单中选择"退出(X)"。

8. "三维动态观察"快捷菜单

在三维动态观察状态下,可以用"三维动态观察"快捷菜单(图 12-100)上的选项来切换上述各项命令及其他操作。选项前的选中标记表明该选项被选中。要访问快捷菜单,可单击右键。

1)"退出(X)"选项　选择该选项后退出三维动态观察命令。

2)"当前模式"选项　选择该选项后显示当前的三维动态观察模式。

3)"其他导航模式(O)"选项　从其下一级子菜单中可选择以下三维导航模式之一：受约束的动态观察、自由动态观察、连续动态观察、调整视距、回旋、漫游、飞行、缩放和平移。

4)"启用动态观察自动目标（T）"选项　选中该项时将目标点保持在正查看的对象上，否则视口的中心点为目标点。默认情况下，此功能为打开状态。

5)"动画设置（A）..."选项　打开"动画设置"对话框，从中可以设置动画的特性。

6)"缩放窗口(W)"选项　选择该项后光标改为窗口图标，使用户可以按需要选择特定的区域进行缩放查看。

7)"范围缩放(E)"选项　选择该项后居中显示图形并使它能显示所有对象。

8)"缩放上一个"选项　选择该项后显示上一个视图。

9)"平行(A)"选项　选择该项后按平行投影模式显示对象。

10)"透视(P)"选项　选择该项后按透视投影模式显示对象。透视投影是用中心投影方法获得的视图，它使所有平行线延长后通过同一点。对象中距离观察者越远的部分显示得越小，距离观察者越近的部分显示得越大。它符合人们用眼睛观察物体的效果，犹如看到真实的物体。

11)"重置视图(R)"选项　选择该项后将对象重置为第一次启动"三维动态观察"时的视图。

12)"预设视图(S)"选项　使用该项显示预定义视图(10 个标准视图)的列表。从列表中选择某一个视图可改变模型的当前视图。

13)"命名视图(N)"选项　使用该项显示图形中的命名视图列表。从列表中选择命名视图，以更改模型的当前视图。

14)"视觉样式(V)"选项　该选项提供用于对对象进行着色的方法。可从下一级子菜单中选择视觉样式：三维隐藏、三维线框、概念和真实。

15)"视觉辅助工具(I)"选项　该选项提供观察对象的辅助工具：指南针、栅格、UCS 图标。

12.7.3　DVIEW(动态观察)命令

DVIEW(动态观察)命令能使用户以轴测图或透视图的方式观察图形。它能用相机和目标模拟从空间的任意点观察模型。视线，或说是观察方向线，是相机和目标确定的直线。DVIEW(动态观察)命令使用选定对象或一个名为 DVIEWBLOCK 的特殊块来显示一个预览图像。预览图像显示出在命令中所做的改变。结束此命令时，AutoCAD 根据设置的视图重新生成图形。在 DVIEW(动态观察) 视图中，透明的 ZOOM(缩放)、DSVIEWER(鸟瞰视图)、PAN(平移)命令以及滚动条不可用。如果定义了一个透视图，那么当该透视图为当前视图时，ZOOM(缩放)、PAN(平移)、透明的 ZOOM(缩放)和 PAN(平移)、DSVIEWER(鸟瞰视图)命令以及滚动条都不可用。在 DVIEW(动态观察) 命令操作过程中，可能出现对象过大或过小，甚至看不见，就要使用该命令中的"缩放(Z)"、"平移(PA)"选项来处理图形。

1.命令输入方式

键盘输入:DVIEW

2.命令提示及选择项说明

选择对象或<使用 DVIEWBLOCK>: 选择要观察的对象，那么对象就会在预览图像中被拖动。或者直接按【Enter】键，此时屏幕上显示一房子图形（DVIEWBLOCK）作为参考目标。如房子过大或过小，可用"缩放（Z）"选项缩放图形。

输入选项[相机（CA）/目标（TA）/距离（D）/点（PO）/平移（PA）/缩放（Z）/扭曲（TW）/剪裁（CL）/隐藏（H）/关（O）/放弃（U）]: 指定一点或选择任一选项或按【Enter】键退出。如指定一点，则通过变动相机来改变视图。用定点设备选择的点是拖动操作的起点。移动光标时，观察方向围绕目标点作改变。其后显示 "输入方向和幅值角度:"提示，要求输入一个 0°～360°的角或用定点设备指定点。可同时输入两个角度（用逗号分开），即方向角和幅值角。角度必须是正值。方向角指示在 XY 平面内的观察方位，而幅值角决定对 XY 平面的观察角度。

相机（CA） 设置相机位置。通过指定点确定，或者用照相机绕目标点旋转的角度确定。用户可移动十字光标动态选择角度。当从左到右水平移动光标时，照相机在 XY 平面内旋转；若从上到下垂直移动光标，则照相机角度相对 XY 面变化，如图 12-103 所示。

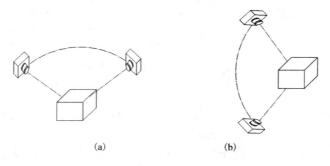

(a)   (b)

图 12-103 "相机"选项
(a)XY 面内旋转；(b)相对 XY 面旋转

目标（TA） 设置目标位置。通过指定点确定，或者用目标绕照相机旋转的角度确定。这种效果就像是通过转动头部以便在有利位置观看图形的不同部分。该选项的提示与"相机（CA）"选项基本相同。但该选项的角度是指目标绕照相机旋转的角度。

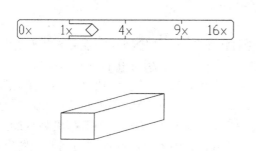

图 12-104 "缩放"选项

距离（D） 打开透视模式，并设置目标点与照相机之间的距离。绘图区域顶部的滑块（图 12-104）标记为 0x 到 16x，1x 代表当前距离。向右移动滑动条将增加相机和目标之间的距离。向左移动则减小距离。

点（PO） 设置目标点和照相机的位置。

平移（PA） 在屏幕上移动图形，但不改变图形缩放比例。

缩放（Z） 在透视方式时，调整照相机的焦距长度。在透视方式关闭时，相当于 ZOOM（缩放）命令的中心缩放效果。用户可通过滑块来确定缩放比例，如图 12-104 所示。

扭曲(TW) 围绕视线扭曲或倾斜视图。AutoCAD 按逆时针测量扭曲角度，0°角指向右侧。

剪裁(CL)　用前、后两剪裁平面在照相机和目标点之间剪裁图形。前剪裁平面裁去前面的部分，后剪裁平面裁去后面的部分，中间部分保留。剪裁平面与视线方向垂直。

隐藏(H)　消除所观察视图的隐藏线。

关(O)　关闭透视方式。

放弃(U)　取消上一次操作。

3.命令使用举例

例　观察图 12-105 所示立体。该立体大小见图 12-127。

命令:DVIEW↙

选择对象或<使用 DVIEWBLOCK>:(选择图 12-105 中对象)

选择对象或<使用 DVIEWBLOCK>:↙

输入选项[相机(CA)/目标(TA)/距离(D)/点(PO)/平移(PA)/缩放(Z)/扭曲(TW)/剪裁(CL)/隐藏(H)/关(O)/放弃(U)]:CA↙　　　　　　　　　　　　　　　　　　　　(改变观察方向)

指定相机位置，输入与 XY 平面的角度，或 [切换角度单位(T)] <35.2644>:50↙

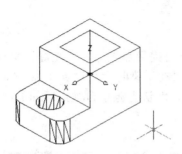
图 12-105　实体

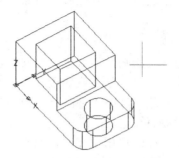
图 12-106　从另一点观察实体

指定相机位置，输入在 XY 平面上与 X 轴的角度，或[切换角度起点(T)] <35.26439>:-35↙

输入选项[相机(CA)/目标(TA)/距离(D)/点(PO)/平移(PA)/缩放(Z)/扭曲(TW)/剪裁(CL)/隐藏(H)/关(O)/放弃(U)]:PA↙　　　　　　　　　　　　　　　(平移实体到窗口中央)

指定位移基点:(在实体上拾取一点)

指定第二点:(拖动实体到适当位置拾取一点)(图 12-106)

输入选项[相机(CA)/目标(TA)/距离(D)/点(PO)/平移(PA)/缩放(Z)/扭曲(TW)/剪裁(CL)/隐藏(H)/关(O)/放弃(U)]:H↙　(图 12-107)

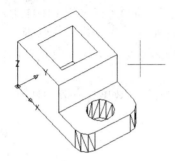
图 12-107　消隐实体

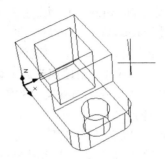
图 12-108　透视实体

输入选项[相机(CA)/目标(TA)/距离(D)/点(PO)/平移(PA)/缩放(Z)/扭曲(TW)/剪裁(CL)/隐藏

(H)/关(O)/放弃(U)]:D↙

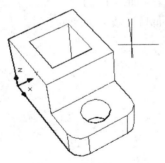

图 12-109 　实体的透视图

（透视实体）

指定新的相机目标距离 <1.7321>:500↙ （图 12-108）

输入选项[相机(CA)/目标(TA)/距离(D)/点(PO)/平移(PA)/缩放(Z)/扭曲(TW)/剪裁(CL)/隐藏(H)/关(O)/放弃(U)]:H↙ （图 12-109）

输入选项[相机(CA)/目标(TA)/距离(D)/点(PO)/平移(PA)/缩放(Z)/扭曲(TW)/剪裁(CL)/隐藏(H)/关(O)/放弃(U)]:↙

12.8 　渲染

AutoCAD 运用几何图形、光源和材质将模型渲染为具有真实感的图像。渲染可使设计图比简单的消隐或着色图像更加清晰。模型经渲染处理后，其表面显示明暗色彩和光照效果，因而能形成非常逼真的图像。AutoCAD 提供了强大的渲染功能。为了达到更好的渲染效果，一般在渲染之前应设置光源、背景，并给对象指定材质，以下分别介绍。

12.8.1 　光源

光源的设置直接影响渲染效果。AutoCAD 可提供点光源、聚光灯、平行光和默认光源。其中默认光源不需要用户创建或放置光源，如果在渲染时没有设置光源，AutoCAD 使用默认光源对场景进行着色或渲染。来回移动模型时，默认光源来自视点后面的两个平行光源。模型中所有的面均被照亮。

插入自定义光源或启用阳光时，将会出现图 12-110 所示的"视口光源模式"对话框，以提示是否关闭默认光源。

AutoCAD 提供了三种光源单位：标准（常规）、国际（国际标准）和美制。标准（常规）光源流程相当于 AutoCAD 2008之前的版本中的光源流程。AutoCAD 2008的光源流程是基于国际（国际标准）光源单位的光度控制流程，将产生真实准确的光源。

图 12-110 　"视口光源模式"对话框

早期版本的 AutoCAD 默认使用标准光源。用户可以使用 LIGHTINGUNITS 系统变量更改光源类型。LIGHTINGUNITS 系统变量设置为 0 表示标准（常规）光源；设置为 1 表示使用国际标准单位的光度控制光源；设置为 2 （默认）表示使用美制单位的光度控制光源。

1.POINTLIGHT（新建点光源）命令

点光源是从光源处向外发射的辐射状光源，其效果与一般的灯泡功能类似。

（1）命令输入方式

键盘输入：POINTLIGHT

工具栏："光源或渲染"工具栏→

菜单："视图(V)"→"渲染(E)"→"光源(L)"→"新建点光源(P)"

(2)命令提示及选择项说明

指定源位置 <0,0,0>: 指定一点作为光源位置。当系统变量 LIGHTINGUNITS 设置为 0 时，显示以下提示："输入要更改的选项 [名称(N)/强度(I)/状态(S)/阴影(W)/衰减(A)/颜色(C)/退出(X)] <退出>:"。当系统变量 LIGHTINGUNITS 设置为 1 或 2，显示以下提示：

输入要更改的选项 [名称(N)/强度因子(I)/状态(S)/光度(P)/阴影(W)/衰减(A)/过滤颜色(C)/退出(X)] <退出>: 输入选项。

名称(N) 选择该项后在"输入光源名称 <点光源 1>:"提示下输入光源名。名称中可以使用大小写字母、数字、空格、连字符 (-) 和下画线 (_)。最大长度为 256 个字符。

强度(I)、强度因子(I) 选择该项后在"输入强度 (0.00 - 最大浮点数) <1.0000>:"提示下设置光源的强度或亮度。取值范围为 0.00 到系统支持的最大值。

状态(S) 打开或关闭光源。

光度(P) 当 LIGHTINGUNITS 系统变量设置为 1 或 2 时，该选项可用。利用该选项可以设置光源的强弱和颜色。

阴影(W) 用该选项确定是否打开阴影功能和指定阴影类型。

衰减(A) 用于控制光线如何随着距离增加而减弱，距离点光源越远的对象显得越暗。仅当系统变量 LIGHTINGUNITS 设置为 0 时，"衰减(A)"选项才对光源有影响。衰减类型包括以下三种："无(O)"衰减时对象不论距离点光源是远还是近，明暗程度都一样；"线性衰减(L)"与距离点光源的线性距离成反比；"平方衰减(Q)"与距离点光源的距离的平方成反比。

颜色(C)、过滤颜色(C) 使用真彩色或索引颜色或 Hsl 或配色系统设置光源的颜色。

退出(X) 结束命令。

2.SPOTLIGHT（新建聚光灯）命令

聚光灯按设定的方向发出锥形光束，与舞台上用的聚光灯的效果相同。

(1)命令输入方式

键盘输入: SPOTLIGHT

工具栏:"光源或渲染"工具栏→

菜单:"视图(V)"→"渲染(E)"→"光源(L)"→"新建聚光灯(S)"

(2)命令提示及选择项说明

指定源位置 <0,0,0>: 指定一点作为光源位置。

指定目标位置 <0,0,-10>: 指定一点作为目标位置。当系统变量 LIGHTINGUNITS 设置为 0 时，显示以下提示：

输入要更改的选项 [名称(N)/强度(I)/状态(S)/聚光角(H)/照射角(F)/阴影(W)/衰减(A)/颜色(C)/退出(X)] <退出>: 输入选项。

当系统变量 LIGHTINGUNITS 设置为 1 或 2 时，显示以下提示：

输入要更改的选项 [名称(N)/强度因子(I)/状态(S)/光度(P)/聚光角(H)/照射角(F)/阴影(W)/衰减(A)/过滤颜色(C)/退出(X)] <退出>: 输入选项。这里大部分的选择项与 POINTLIGHT（新建点光源）命令相同，不同的是以下两个选择项。

聚光角(H) 使用该选项输入最亮光锥的角度。聚光角的取值范围为 0° 到 160°。默认值为 50°

照射角（F）　使用该选项输入完整光锥的角度。照射角的取值范围为 0°到 160°。默认值为 50°。照射角角度必须大于或等于聚光角角度。

3.DISTANTLIGHT（新建平行光）命令

平行光光源位于无限远的地方，向某一方向发出均匀的平行光，其光强不随距离的增加而减弱。用户可以利用平行光来模拟太阳光。AutoCAD 提供专门计算太阳角度的计算器。只要指定时间及所处的地理位置，AutoCAD 就能算出太阳的位置，从而确定光线方向。

（1）命令输入方式

键盘输入：DISTANTLIGHT

工具栏："光源或渲染"工具栏→

菜单："视图（V）"→"渲染（E）"→"光源（L）"→"新建平行光（D）"

（2）命令提示及选择项说明

指定光源来向 <0,0,0> 或 [矢量（V）]：　指定一点作为光源位置，然后提示"指定光源去向 <1,1,1>："要求设置目标位置。或者输入 V 用矢量定义光线的方向。指定光线方向后，当系统变量 LIGHTINGUNITS 设置为 0 时，显示以下提示：

输入要更改的选项 [名称（N）/强度（I）/状态（S）/阴影（W）/颜色（C）/退出（X）] <退出>：输入选项。

当系统变量 LIGHTINGUNITS 设置为 1 或 2 时，显示以下提示：

输入要更改的选项 [名称（N）/强度因子（I）/状态（S）/光度（P）/阴影（W）/过滤颜色（C）/退出（X）] <退出>：　输入选项。

各选择项与 POINTLIGHT（新建点光源）命令的选择项相同。

12.8.2　MATERIALS(材质)命令

要获得具有良好真实感的渲染图像，就要给模型表面附着材质。材质的设置使用图 12-111 所示的"材质"选项板进行。

1.命令输入方式

键盘输入：MATERIALS

工具栏："渲染"工具栏→

菜单："视图（V）"→"渲染（E）"　→"材质（M）..."

2.选项板说明

"材质"选项板由几个选项组组成，包括"图形中可用的材质"、"材质编辑器"、"贴图"、"高级光源替代"、"材质缩放与平铺"　和"材质偏移与预览"等选项组。

（1）"图形中可用的材质"选项组

"图形中可用的材质"选项组用于显示图形中可用材质的样例。默认材质名为"Global"（全局）。单击某一材质样例以选择材质，黄色样例轮廓表明被选择。该材质的名称出现在下方的材质名称中。该材质的设置显示在"材质编辑器"选项板中。样例上方右上角是"切换显示模式"（■）按钮，用于将样例从显示一个样例和显示多个样例之间切换。

样例下方的两组按钮可以提供以下选项。

"样例几何体"（●）按钮　控制选定样例显示的几何体类型：长方体、圆柱体或球体（默认）。

(a)

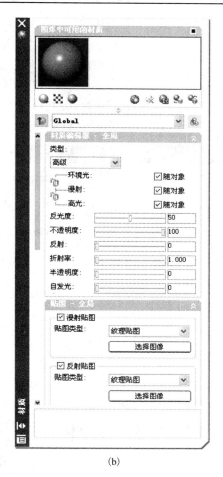
(b)

图 12-111　"材质"选项板
(a)材质类型为"真实"；(b)材质类型为"高级"

"交错参考底图关闭/开"（⊞）按钮　控制是否显示彩色交错参考底图，以帮助用户查看材质的不透明度。

"预览样例光源模型"（●）按钮　控制样例显示的光源模型：单光源或背光源。

"创建新材质"（●）按钮　显示如图 12-112所示的"创建新材质"对话框。输入名称后，将在当前样例的右侧创建新样例并被选择。

"从图形中清除"（●）按钮　删除选定的材质。无法删除全局材质和任何正在使用的材质。

"表明材质正在使用"（●）按钮　更新正在使用的材质样例的显示。在图形中当前已使用的材质样例的右下角显示 AutoCAD 图形图标。

图 12-112　"创建新材质"对话框

"将材质应用到对象"（●）按钮　将当前选定的材质应用到选定的对象和面。

"从选定的对象中删除材质"（●）按钮　从选定的对象和面中删除材质。

（2）"材质编辑器"选项组

"材质编辑器"选项组用于编辑"图形中可用的材质"面板中选定的材质。选定材质的名称显示在其标题"材质编辑器"之后。其后是收拢（⊗）或展开（⊗）按钮。"材质编辑器"的选项将随选择的材质和样板类型的不同而变化。图 12-111（a）是材质类型为"真实"时的"材质"选项板。图 12-111（b）是材质类型为"高级"时的"材质"选项板。

"类型"控件　　用于指定材质类型：真实、真实金属、高级和高级金属。"真实"为非金属材质，"真实金属"为金属材质，"高级"和"高级金属"则用于具有更多选项的材质。

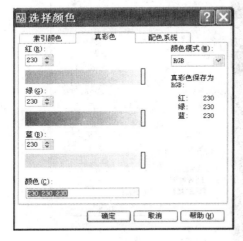

图 12-113　"选择颜色"对话框

"样板"控件　当"类型"是"真实"或"真实金属"时，可用于选择一种材质样板。

"颜色"项　当"类型"是"真实"或"真实金属"时，可选择指定材质的漫射颜色。单击"漫射颜色"（▨）按钮，显示如图 12-113 所示的"选择颜色"对话框（"真彩色"选项卡，RGB 模式，以下同），从中选择颜色。或者选择"随对象"复选框将材质的漫射颜色设置为对象的颜色。

"环境光"项　当"类型"是"高级"或"高级金属"时，可选择单独照射到面上的环境光颜色。单击"环境光颜色"（▨）按钮，显示如图 12-113 所示的"选择颜色"对话框，从中选择颜色。或者选择"随对象"复选框将环境光颜色设置为对象的颜色。

"环境光和漫射锁定/解锁"（⊙）按钮　当"类型"是"高级"或"高级金属"时，可锁定环境光颜色为漫射颜色。单击"漫射颜色"（▨）按钮，显示如图 12-113 所示的"选择颜色"对话框，从中选择颜色。或者选择"随对象"复选框将环境光颜色设置为漫射颜色。

"漫射"项　当"类型"是"高级"或"高级金属"时，可选择指定材质的漫射颜色。单击"漫射颜色"（▨）按钮显示如图 12-113 所示的"选择颜色"对话框，从中选择颜色。或者选择"随对象"复选框将漫射颜色设置为对象的颜色。漫射颜色是对象的主色。

"漫射和高光锁定/解锁"（⊙）按钮　当"类型"是"高级"或"高级金属"时，可锁定高光颜色为漫射颜色。单击"漫射颜色"（▨）按钮，显示如图 12-113 所示的"选择颜色"对话框，从中选择颜色。或者选择"随对象"复选框将高光颜色设置为漫射颜色。

"高光"项　当"类型"是"高级"时，可选择指定有光泽材质的高光颜色。单击"高光颜色"（▨）按钮，显示如图 12-113 所示的"选择颜色"对话框，从中选择颜色。或者选择"随对象"复选框将高光颜色设置为对象颜色。"高光"也称为"亮显"或"高亮"。亮显区域的大小取决于材质的反光度。或者选择"随对象"复选框将高光颜色设置为材质的颜色。

"反光度"项　　使用右侧的滑块或文本框设置材质的反光度。极其有光泽的实体面上的亮显区域较小但显示较亮。较暗的面可将光线反射到较多方向，从而可创建区域较大且显示较柔和的亮显。

"不透明度"项 当"类型"是"真实"或"高级"时，可使用右侧的滑块或文本框设置材质的不透明度。完全不透明的实体对象不允许光线穿过（0）。

"反射"项 当"类型"是"高级"或"高级金属"时，可使用右侧的滑块或文本框设置材质的反射率。当材质反射率设置为 100 时，材质完全反射，周围环境将反射在应用了此材质的任何对象的表面。

"折射率"项 当"类型"是"真实"或"高级"时，可使用右侧的滑块或文本框设置材质的折射率。折射率是控制光线通过透明材质时如何折射。

"半透明度"项 当"类型"是"真实"或"高级"时，可使用右侧的滑块或文本框设置材质的半透明度。半透明对象也允许光线穿过，但在对象内部会散射部分光线。半透明度值为 0.0 时，材质不透明；半透明值为 100.0 时，材质完全透明。

"自发光"项 该项可以使对象自身显示为发光而不依赖于图形中的光源。使用右侧的滑块或文本框，可设置自发光的强弱。

"亮度"项 亮度是表面所反射的光线的值。它用于衡量对象表面的明暗程度。当"类型"是"真实"或"真实金属"时可选择亮度，而自发光就不可用。使用右侧的滑块或文本框，可设置亮度的明暗程度。

"双面材质"复选框 打开复选框时，将渲染正面法线和反面法线；关闭复选框时，将仅渲染正面法线。

（3）"贴图"选项组

"贴图"选项组用于为材质的颜色指定图案或纹理。贴图的颜色将替换"材质编辑器"中材质的漫射颜色。使用贴图可以增加对象的真实感。"贴图"有四种："漫射贴图"为材质提供多种颜色的图案；"反射贴图"模拟在有光泽对象的表面上反射的场景；"不透明贴图"可以创建不透明和透明的图案；"凹凸贴图"可以模拟起伏的或不规则的表面。

（4）"高级光源替代"选项组

"高级光源替代"选项组提供了用于更改材质特性以影响渲染场景的控件。此控件仅可用于"真实"和"真实金属"材质类型。此控件可设置以下参数："颜色饱和度"用于增加或减少反射颜色的饱和度；"间接凹凸度"用于缩放由间接光源照亮的区域中基本材质的凹凸贴图的效果；"反射度"用于增加或减少材质反射的漫射光能量的百分比；"透射度"用于增加或减少透过材质传输的光源能量。

（5）"材质缩放与平铺"选项组

"材质缩放与平铺"选项组用于指定材质上贴图的缩放比例单位和平铺类型。

（6）"材质偏移与预览"选项组

"材质偏移与预览"选项组用于指定材质上贴图的偏移坐标和旋转角度，并能预览效果。

12.8.3 设置背景

为了使三维图形更加逼真就要添加背景。可使用 VIEW（命名视图)命令设置背景。该命令可创建、设置、重命名、修改、删除、保存和恢复命名视图、相机视图、布局视图和预设视图。命令输入后将弹出图 12-114 所示的"视图管理器"对话框。

1.命令输入方式

键盘输入:VIEW

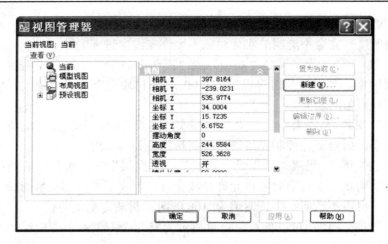

图 12-114   "视图管理器"对话框

工具栏:"视图"工具栏→

菜单:"视图(V)"→"命名视图(N)..."

2. 对话框说明

(1)"查看(V)"区

显示可用视图的列表,共有以下四种类型视图。

1)"当前" 选择"当前",在该区域右侧显示其"视图"和"剪裁"特性。所有特性中只有如下选项可以修改:"透视"选项可打开或关闭;"镜头长度(毫米)"选项可设置镜头长短;"视野"选项可指定视野角度大小;"前向面"和"后向面"选项可指定剪裁平面的偏移距离;"剪裁"选项可选择"关"、"启用前向"、"启用后向"、"启用前后向"。

2)"模型视图" 显示命名视图和相机视图列表,并列出选定视图的"基本"、"视图"和"剪裁"特性。

3)"布局视图" 在定义视图的布局上显示视口列表,并列出选定视图的"基本"和"视图"特性。

4)"预设视图" 显示正交视图和等轴测视图列表,并列出选定视图的"基本"特性。

(2)按钮区

1)"置为当前(C)"按钮 该按钮使视图列表中所选定的视图置为当前视图。当前视图的名称显示在对话框顶部的"当前视图:"栏中。

2)"新建(N)"按钮 该按钮用于创建新的命名视图,单击"新建(N)"按钮,将弹出图 12-115 所示的"新建视图"对话框。"新建视图"对话框内的选项将在下面说明。

3)"更新图层(L)"按钮 该按钮用于更新与选定的视图一起保存的图层信息,使其与

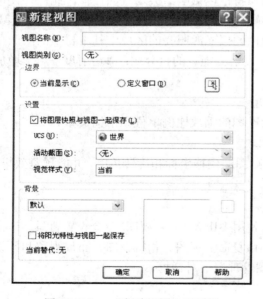

图 12-115   "新建视图"对话框

当前模型空间和布局视口中的图层可见性匹配。

4)"编辑边界（B）"按钮 该按钮用于显示选定的视图,绘图区域的其他部分以较浅的颜色显示,从而显示命名视图的边界。

5)"删除（D）"按钮 该按钮用于删除选定的视图。

（3）"新建视图"对话框

"新建视图"对话框用于创建命名视图。

1)"视图名称"文本框 该文本框用于指定视图的名称。

2)"视图类别"控件 该控件用于选择命名视图的类别。

3)"边界"区 该区用于确定命名视图的边界。选择"当前显示"按钮,使用当前显示的视图边界作为新视图的边界。选择"定义窗口"按钮,则使用其后面的"定义视图窗口"（圈）按钮指定两个对角点来定义新视图边界。

4)"设置"区 "将图层快照与视图一起保存(L)"复选框用于确定是否在新的命名视图中保存当前图层可见性设置;"UCS"控件（适用于模型视图和布局视图）用于指定要与新视图一起保存的 UCS;"活动截面"控件（仅适用于模型视图）用于指定恢复视图时应用的活动截面;"视觉样式"控件（仅适用于模型视图）用于指定要与视图一起保存的视觉样式。

5)"背景"区 在该区设置视图的背景。"背景"控件中有"默认"、"纯色"、"渐变色"、"图像"或"阳光与天光"几种类型。选择了除"默认"以外的其他背景时,该背景名将出现在"当前替代:"栏中。与此同时,将弹出相应的"背景"对话框（在下面说明）,可定义视图背景的类型、颜色、效果和位置。"将阳光特性与视图一起保存"复选框用于确定阳光与天光数据是否与命名视图一起保存。选择"阳光与天光"作为背景类型时,将自动选择该选项。使用除"阳光与天光"以外的背景类型时,将阳光与天光数据保存至命名视图是可选的。预览框将显示设置好的背景。使用预览框右边的 按钮将显示与预览背景相对应的"背景"对话框,从而可以更改已设置的背景。

（4）"背景"对话框

在上述"新建视图"对话框选择背景类型为"纯色"、"渐变色"、"图像"或"阳光与天光"时,将弹出相应的"背景"对话框。"背景"对话框主要用于设置背景的颜色或图像。

①选择"背景"控件中的"纯色"选项,将弹出如图 12-116 所示"背景"对话框,在这里指定单色纯色背景。"类型"控件用于显示或改变背景类型。在"实体选项"区单击"颜色"下方的颜色块,则弹出如图 12-113 所示的"选择颜色"对话框,以便设置"纯色"背景的颜色。 设置好的颜色在预览框中显示。

②选择"背景"控件中的"渐变色"选项将弹出如图 12-117 所示"背景"对话框,在这里指定三色或双色渐变色背景。"类型"控件用于显示或改变背景类型。在"渐变色选项"区指定新的渐变色背景的颜色。其中"三色"复选框用于确定使用"三色"渐变色还是使用双色渐变色。单击"顶部颜色"选项的颜色块,在图 12-113 所示的"选择颜色"对话框中选择渐变色的顶部颜色。单击"中间颜色"选项的颜色块,在图 12-113 所示的"选择颜色"对话框中选择渐变色的中间颜色。单击"底部颜色"选项的颜色块,在图 12-113 所示的"选择颜色"对话框中选择渐变色的底部颜色。"旋转"控件则可指定将渐变色背景旋转的角度。这些选项设置的结果将在预览框中显示。

图 12-116　纯色"背景"对话框

图 12-117　渐变色"背景"对话框

图 12-118　图像"背景"对话框

③选择"背景"控件中的"图像",将弹出如图 12-118 所示"背景"对话框,在这里指定一个图像文件作为背景。"类型"控件用于显示或改变背景类型。在"图像选项"区使用"浏览…"按钮查找和选择图像文件,将在预览框中显示该图像。使用"调整图像"按钮,在"调整背景图像"对话框中调整图像的位置和大小。

④选择"背景"控件中的"阳光与天光",将弹出"调整阳光与天光"对话框。用户可在该对话框中设置阳光与天光背景。

12.8.4　RENDERENVIRONMENT(渲染环境)命令

RENDERENVIRONMENT(渲染环境)命令用于设置雾化和深度的效果。雾化和深度的效果与大气的效果非常相似。雾化和深度的效果与相机和对象之间的距离成反比,即相机与对象之间的距离越小,雾化和深度的效果越浓;相机与对象之间的距离越大,雾化和深度的效果越浅。雾化使用白色进行,而传统的深度则用黑色进行。执行 RENDERENVIRONMENT 命令,AutoCAD 弹出图 12-119 所示的"渲染环境"对话框。

1.命令输入方式

键盘输入: RENDERENVIRONMENT

工具栏:"渲染"工具栏→

菜单:"视图(V)"→"渲染(E)" →"渲染环境(E)..."

图 12-119　"渲染环境"对话框

2．对话框说明

"启用雾化"选项　该选项用于启用或关闭雾化。

"颜色"选项　该选项用于指定雾化颜色。双击颜色代码可选择任一种颜色。

"雾化背景"选项　该选项不仅对背景进行雾化，也对几何图形进行雾化。

"近距离"选项　该选项用于指定从雾化开始处到相机的距离与远处剪裁平面到相机的距离之百分比。

"远距离"选项　该选项用于指定从雾化结束处到相机的距离与远处剪裁平面到相机的距离之百分比，一般为 100。

"近处雾化百分比"选项　该选项用于指定近距离处雾化的不透明度。

"远处雾化百分比"选项　该选项用于指定远距离处雾化的不透明度。

12.8.5　RPREF(高级渲染设置)命令

RPREF（高级渲染设置）命令用于在渲染之前进行相关的渲染设置。执行该命令将弹出图 12-120 所示的"高级渲染设置"选项板。

1．命令输入方式

键盘输入：RPREF

工具栏："渲染"工具栏→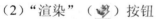

菜单："视图(V)"→"渲染(E)"→"高级渲染设置(D)…"

2．选项板说明

（1）"选择渲染预设"控件

"选择渲染预设"控件位于选项板的最上部。控件中列出从最低质量到最高质量的渲染预设：草稿、低、中、高、演示和渲染预设管理器（默认为"中"）。

（2）"渲染"（）按钮

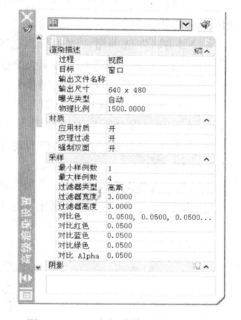

图 12-120　"高级渲染设置"选项板

"渲染"按钮位于选项板的右上角。使用该按钮执行 RENDER(渲染)命令。

（3）"基本"类

1）"渲染描述"选项组　"渲染描述"选项组用于设置影响渲染模型的方式。

①"过程"选项控制渲染过程中处理的模型内容。它包括以下三项设置：视图、修剪和选定的。"视图"项渲染当前视图。"修剪"项渲染用修剪窗口创建的一个区域。"选定的"项渲染选中的对象。

②"目标"选项用于确定显示渲染图像的位置。它包括以下两项目标："窗口"项渲染到"渲染窗口"；"视口"项渲染当前视口。

③"输出文件名称"选项用于指定要存储渲染图像的位置和文件名。

④"输出尺寸"选项用于指定输出渲染图像的分辨率。

⑤"曝光类型"选项用于指定曝光类型为"自动"或"对数"。

⑥"物理比例"选项用于指定物理比例。默认值为 1500。

2）"材质"选项组　　"材质"选项组用于设置处理材质的方式。

① "应用材质"选项用于确定是否应用用户定义并附着到对象表面材质。

② "纹理过滤"选项用于确定是否应用过滤纹理贴图的方式。

③ "强制双面"选项用于控制是否渲染面的两侧。

3）"采样"选项组　　"采样"选项组用于控制渲染执行采样的方式。

① "最小样例数"选项用于设定最小样例数。

② "最大样例数"选项用于设定最大样例数。

③ "过滤器类型"选项用于确定过滤器的类型

④ "过滤器宽度"和"过滤器高度"选项用于指定过滤区域的大小。增加过滤器宽度和过滤器高度值可以柔化图像,但是将增加渲染时间。

⑤ "对比色"、"对比红色"、"对比蓝色"、"对比绿色"、"对比 Alpha"选项用于指定颜色的阈值。

4）"阴影"选项组　　"阴影"选项组用于设置阴影在渲染图像中显示的方式。

① "启用"（💡）选项用于指定渲染图像中是否使用阴影。

② "模式"选项用于指定阴影模式。阴影模式有"简化"、"分类"、"分段"。

③ "阴影贴图"选项用于控制是否使用阴影贴图来渲染阴影。打开时,将使用阴影贴图的阴影。关闭时,将对所有阴影使用光线跟踪。

④ "采样乘数"选项用于调整为每个光源指定的固有采样频率:草图（0）、低（1/4）、中（1/2）、高（1）、演示（1）。

5）"光线跟踪"选项组　　"光线跟踪"选项组包含影响渲染图像着色的设置。

① "启用"（💡）选项用于指定着色时是否执行光线跟踪。

② "最大深度"选项用于限制反射和折射的组合。

③ "最大反射"选项用于设定光线可以反射的次数。

④ "最大折射"选项用于设定光线可以折射的次数。

12.8.6　RENDER(渲染)命令

1.命令输入方式

键盘输入:RENDER

工具栏:"渲染"工具栏→

菜单:"视图(V)" → "渲染(E)" → "渲染(R)..."

输入 RENDER(渲染)命令,开始渲染过程,并在"渲染"窗口或视口中显示渲染图像。

2.命令使用举例

例　渲染图 12-121 所示立体。

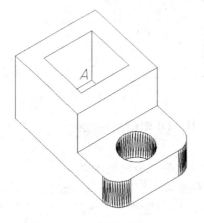

图 12-121　未经渲染的立体

1）创建光源

命令:<u>LIGHTINGUNITS</u>／　　　　　　　　　　　　　　　　（设置光源单位为标准单位）

输入 LIGHTINGUNITS 的新值 <2>:<u>0</u>／

命令:<u>SPOTLIGHT</u>／　　　　　　　　　　　　　　　　　　　　（设置聚光灯）

弹出图 12-110 "视口光源模式"对话框,单击"是（Y）"按钮。

指定源位置 <0,0,0>:<u>220,0,500</u>✓

指定目标位置 <0,0,-10>:<u>(捕捉 A 点)</u>(如图 12-121 所示)

输入要更改的选项 [名称(N)/强度(I)/状态(S)/聚光角(H)/照射角(F)/阴影(W)/衰减(A)/颜色(C)/退出(X)] <退出>:<u>N</u>✓

输入光源名称 <聚光灯 1>:<u>聚光灯</u>✓

输入要更改的选项 [名称(N)/强度(I)/状态(S)/聚光角(H)/照射角(F)/阴影(W)/衰减(A)/颜色(C)/退出(X)] <退出>:<u>I</u>✓

输入强度(0.00 – 最大浮点数) <1.0000>:<u>1</u>✓

输入要更改的选项 [名称(N)/强度(I)/状态(S)/聚光角(H)/照射角(F)/阴影(W)/衰减(A)/颜色(C)/退出(X)] <退出>:✓

命令:<u>DISTANTLIGHT</u>✓　　　　　　　　　　　　　　　　　（设置平行光）

指定光源来向 <0,0,0> 或 [矢量(V)]:✓

指定光源去向 <1,1,1>:<u>1.5,3,3</u>✓

输入要更改的选项 [名称(N)/强度(I)/状态(S)/阴影(W)/颜色(C)/退出(X)] <退出>:<u>N</u>✓

输入光源名称 <平行光 1>:<u>平行光</u>✓

输入要更改的选项 [名称(N)/强度(I)/状态(S)/阴影(W)/颜色(C)/退出(X)] <退出>:<u>I</u>✓

输入强度 (0.00 – 最大浮点数) <1.0000>:<u>0.7</u>✓

输入要更改的选项 [名称(N)/强度(I)/状态(S)/阴影(W)/颜色(C)/退出(X)] <退出>:✓

2）附着材质

命令:<u>MATERIALS</u>✓

AutoCAD 弹出图 12-111 所示的"材质"选项板。

①在"材质"选项板中,单击"创建新材质"（ ❂ ）按钮，弹出如图 12-112 所示的"创建新材质"对话框。

②在"创建新材质"对话框中，"名称"后输入"铜"，单击"确定"按钮，关闭该对话框回到"材质"选项板。

③在"材质"选项板中，选取"材质编辑器-铜"的"类型"为"高级"。

④在"材质"选项板中，选取"材质编辑器-铜"的"环境光"后的"环境光颜色"（▨▨▨）按钮，弹出图 12-113 所示的"选择颜色"对话框。在该对话框的"真彩色"选项卡中，设置"颜色模式(M)"为 RGB,设置"红(R)"为 255、"绿(G)"为 166、"蓝(B)"为 0。然后单击"确定"按钮，关闭该对话框回到"材质"选项板。

⑤在"材质"选项板中，选取"材质编辑器-铜"的"漫射光"后的"漫射颜色"（▨▨▨）按钮，弹出图 12-113 所示的"选择颜色"对话框。在该对话框的"真彩色"选项卡中，设置"颜色模式(M)"为 RGB,设置"红(R)"为 255、"绿(G)"为 166、"蓝(B)"为 0。然后单击"确定" 按钮，关闭该对话框回到"材质"选项板。

⑥将"材质编辑器-铜"中的"反光度"设置为 27，"折射率"设置为 1.200，其余均选默认值。

⑦在"材质"选项板中,单击"将材质应用到对象"按钮（ ✿ ），然后用光标点取选择图示立体，再按【Enter】键。

⑧关闭"材质"选项板。

3）设置背景

命令:<u>VIEW</u>✓

弹出如图 12-114 所示的"视图管理器"对话框。

①在"视图管理器"对话框中，单击"新建（N）..."按钮，弹出如图 12-115 所示的"新建视图"对话框。

②在"新建视图"对话框中，输入"视图名称"为"视图 1",选取"背景"控件中的"渐变色"，弹出图 12-117 所示的渐变色"背景"对话框。

③在渐变色"背景"对话框中，单击"顶部颜色"的颜色块，打开如图 12-113 所示的"选择颜色"对话框。在该对话框的"真彩色"选项卡中，设置"颜色模式（M）"为 RGB，设置"红（R）"为 102、"绿（G）"为 153、"蓝（B）"为 204，然后单击"确定"关闭"选择颜色"对话框，回到渐变色"背景"对话框。

④在渐变色"背景"对话框中，单击"中间颜色"的颜色块，打开如图 12-113 所示的"选择颜色"对话框。在该对话框的"真彩色"选项卡中，设置"颜色模式（M）"为 RGB，设置"红（R）"为 179、"绿（G）"为 204、"蓝（B）"为 230，然后单击"确定"按钮，关闭"选择颜色"对话框回到渐变色"背景"对话框。

⑤在渐变色"背景"对话框中，单击"底部颜色"的颜色块，打开如图 12-113 所示的"选择颜色"对话框。在该对话框的"真彩色"选项卡中，设置"颜色模式（M）"为 RGB，设置"红（R）"为 255、"绿（G）"为 255、"蓝（B）"为 255，然后单击"确定"按钮，关闭"选择颜色"对话框，回到渐变色"背景"对话框。

⑥单击"确定"按钮，关闭渐变色"背景"对话框，回到"新建视图"对话框。

⑦单击"确定"按钮，关闭"新建视图"对话框，回到"视图管理器"对话框。

⑧在"视图管理器"对话框中，单击"置为当前（C）"按钮，然后单击"应用（A）"按钮，则对话框左上角"当前视图:"显示为"视图 1",最后单击"确定"按钮，关闭"视图管理器"对话框。

4）高级渲染设置

命令:<u>RPREF</u>↙

执行 RPREF（高级渲染设置)命令，弹出图 12-120 所示的"高级渲染设置"选项板。

①在"选择渲染预设"控件中选择"高"。

②在"基本"选项组的"渲染描述"中，将"目标"设置为"视口"。

③在"阴影"选项组中，单击右侧"启用"按钮（⬚），关闭阴影功能。

④关闭"高级渲染设置"选项板。

5）设置显示精度

命令:<u>FACETRES</u>↙

输入 FACETRES 的新值 <0.5000>:<u>10</u>↙

6）渲染

图 12-122 渲染立体

执行 RENDER(渲染)命令,渲染结果如图 12-122 所示。

练 习 题

12.1　分别绘制图 12-123 所示立体的正等测图、表面模型和实体模型。

12.2　分别绘制图 3-48 所示支架的正等测图和实体模型。

12.3　构造图 12-82 所示转向轴的表面模型。

12.4　构造图 12-124 所示立体的表面模型。

12.5　构造图 12-125 所示的两个实体。（自定尺寸大小）

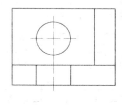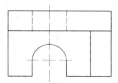

图 12-123　题 12.1 图

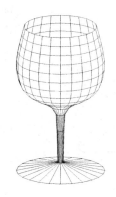

图 12-124　题 12.4 图

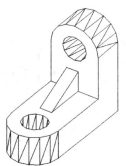

图 12-125　题 12.5 图

12.6　用下列三种方法生成一个半径为 10、长度为 40 的实心圆柱体：

①画一 5×40 的矩形，旋转 360°；

②画半径为 10 的圆，然后进行拉伸，拉伸高度为 40；

③用 CYLINDER（圆柱体）命令生成。分别改变系统变量 ISOLINES、DISPSILH 的数值，对生成的圆柱体进行观察。

12.7　用 MIRROR3D（三维镜像）命令将图 12-126 所示左前方的长方体生成为四个长方体连在一起的对象。

12.8　构造图 6-18 所示皮带轮的实体模型，并运用光源、

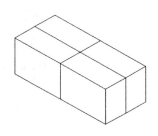

图 12-126　题 12.7 图

材质、背景、渲染功能，观察其效果。

12.9　构造图 12-127 所示支座的实体模型，并运用光源、材质、背景、渲染功能，观察其效果。

12.10　构造图 12-128 所示图形的实体模型，并运用光源、材质、背景、渲染功能，观察其效果。

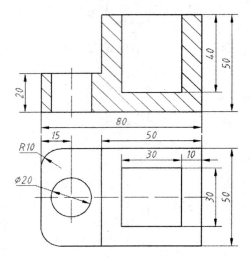

图 12-127　题 12.9 图

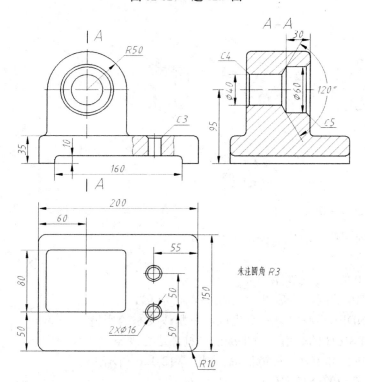

图 12-128　题 12.10 图

附　　录

1.常用命令

命　　令	别　　名	功　　能
3D		建立 3D 基本表面形体
3DALIGN		在二维和三维空间中将对象与其他对象对齐
3DARRAY	3a	建立 3D 阵列
3DCLIP		启用交互式三维视图并打开"调整剪裁平面"窗口
3DCORBIT		启用交互式三维视图并将对象设置为连续运动
3DDISTANCE		启用交互式三维视图并使对象看起来更近或更远
3DDWF		启动三维 DWF 分布界面
3DFACE	3f	建立空间的三边或四边面
3DFLY		在当前视口中激活飞行模式
3DMESH		建立任意形状的多边形网格
3DMOVE		在三维空间中移动对象
3DORBIT	3do，orbit	控制在三维空间中交互式查看对象
3DPAN		启用交互式三维视图并允许用户水平或垂直拖动视图
3DPOLY	3p	建立 3D 多段线
3DSWIVEL		启用交互式三维视图并模拟旋转相机的效果
3DWALK	ap	在当前视口中激活漫游模式
3DZOOM		启用交互式三维视图并使用户可以缩放视图
ADCCLOSE		关闭 AutoCAD 设计中心
ADCENTER	dc，adc，dcenter	打开 AutoCAD 设计中心
ALIGN	al	移动并旋转对象，以便与其他对象对齐
ANIPATH		指定运动路径动画的设置并创建动画文件
ARC	a	画圆弧
AREA	aa	计算指定对象或区域的面积和周长
ARRAY	ar	建立矩形和环形阵列
ATTDEF	att	建立属性定义
ATTDISP		控制图形中块属性的可见性
ATTEDIT	ate	改变属性信息
ATTEXT		抽取属性数据
ATTREDEF		重定义块并更新相关的属性
AUDIT		检查图形文件的完整性并更正某些错误
'BASE		设置图形的插入基点

命　令	别　名	功　　能
BATTMAN		编辑块定义的属性特性
BHATCH	bh，h，hatch	用图案或渐变色填充封闭区域或选定对象
'BLIPMODE		控制点的十字标记的显示
BLOCK	b	将选定对象定义为块
BMPOUT		用与设备无关的位图格式保存选择的对象到文件中
BOUNDARY	bo	从封闭区域建立面域或者多段线边界
BOX		建立长方体或者立方体
BREAK	br	删除部分对象或者将对象分割成两部分
BROWSER		启动默认的 Web 浏览器
'CAL		用表达式作数学计算
CAMERA	cam	设置相机和目标的位置来观察实体
CHAMFER	cha	在不平行的两直线间作倒角或对实体作倒角
CHANGE	-ch	改变对象的特性
CHPROP		改变对象的颜色、图层、线型、线型比例因子、线宽、厚度
CIRCLE	c	画圆
CLOSEALL		关闭当前所有打开的图形
CLOSE		关闭当前图形
'COLOR	Col，colour	设置新建对象的颜色
COMMANDLINE	cli	显示隐藏的命令窗口
COMMANDLINEHIDE		隐藏命令窗口
COMPILE		编译形文件和 PostScript 字体文件为 SHX 文件
CONE		建立圆锥体或椭圆锥体
COPY	co，cp	拷贝对象
COPYBASE		带指定基点复制对象到剪贴板
COPYCLIP		拷贝对象到剪贴板
COPYHIST		拷贝命令窗口中的文本到剪贴板
COPYLINK		拷贝当前视图到剪贴板，可链接到其他应用程序
CUTCLIP		拷贝对象到剪贴板，并从图形中删除对象
CYLINDER	cyl	建立圆柱体或椭圆柱体
DASHBOARD		打开"面板"窗口
DASHBOARDCLOSE		关闭"面板"窗口
DBLIST		列表显示图形中每个对象的信息
DDEDIT	ed	编辑单行文字、尺寸数字和属性定义
'DDPTYPE		设置点的显示方式和大小
DDVPOINT	vp	设置观察三维模型的方向
DIM		使用 AutoCAD 早期版本的尺寸标注子命令
DIMALIGNED	dal	标注尺寸线与目标平行的尺寸
DIMANGULAR	dan	标注角度尺寸
DIMARC	dar	标注圆弧长度尺寸
DIMBASELINE	dba	标注共基线尺寸

命　令	别　名	功　　能
DIMBREAK		打断相交的尺寸界线或尺寸线
DIMCENTER	dce	创建圆或圆弧的圆心标记或中心线
DIMCONTINUE	dco	标注连续尺寸
DIMDIAMETER	ddi	标注直径尺寸
DIMEDIT	ded	编辑尺寸标注
DIMJOGGED	djo, jog	标注折弯半径尺寸
DIMLINEAR	dli	标注线性尺寸
DIMORDINATE	dor	标注坐标尺寸
DIMOVERRIDE	dov	替代尺寸标注系统变量
DIMRADIUS	dra	标注半径尺寸
DIMSPACE		调整平行尺寸线间的距离
DIMSTYLE	d, dst	建立和修改尺寸式样
DIMTEDIT		移动和旋转尺寸文字
'DIST	di	计算两点之间的距离和角度
DISTANTLIGHT		创建平行光
DIVIDE	div	放置点或块到对象上，以便等分对象
DONUT	do	建立填充圆和圆环
'DRAGMODE		控制被拖放对象的显示方式
DRAWORDER	dr	修改对象的绘图顺序
DSETTINGS	ds, se	指定捕捉模式、栅格、极坐标和对象捕捉追踪的设置
DSVIEWER		打开鸟瞰视图窗口
DVIEW	dv	定义平行投影视图或透视图
EDGE		改变 3D 面边的可见性
EDGESURF		建立 3D 四边网格曲面
'ELEV		设置新对象的标高和延伸厚度
ELLIPSE	el	画椭圆和椭圆弧
ERASE	e	从图形中删除对象
EXPLODE	x	分解复杂的对象
EXPORT	exp	用其他格式来保存图形
EXTEND	ex	延长对象
EXTRUDE	ext	通过拉伸对象来建立实体
'FILL		控制是否填充有宽度对象
FILLET	f	建立圆角过渡
'FILTER	fi	建立满足特定条件的对象选择集
FIND		查找、替换、选择或缩放指定的文字
GRADIENT	gd	用渐变色来填充指定的区域
'GRID		控制栅格显示
GROUP	g	建立和管理命名的对象选择集
HATCHEDIT	he	编辑已填充的图案或渐变色
HELIX		创建三维螺旋

命　令	别　名	功　　能
'HELP		显示联机帮助信息
HIDE	hi	对 3D 模型进行消隐处理
'ID		显示指定点的坐标值
IMAGE	im	插入不同格式的光栅图像到 AutoCAD 图形文件中
IMPORT	imp	输入不同格式的文件到 AutoCAD 中
IMPRINT		将对象压印到选定的实体上
INSERT	i	用对话框插入命名块或者图形到当前图形中
INSERTOBJ	io	插入链接或嵌入的对象
INTERFERE	inf	建立两个或者多个实体的干涉实体
INTERSECT	in	建立两个或者多个对象或面域的交集
'ISOPLANE		指定当前的轴测投影平面
JOIN	j	将几个对象合并为一个对象
JUSTIFYTEXT		修改选定文字的对齐点而不改变其位置
'LAYER	la	管理图层和图层特性
LAYOUT		创建新布局和重命名，复制、保存或删除现有布局
LENGTHEN	len	修改对象的长度
LIGHT		在模型空间中创建和管理光源
'LIMITS		设置和控制绘制图形的界限
LINE	l	画直线
'LINETYPE	Lt，ltype	建立、装入和设置线型
LIST	Li，ls	列表显示选择对象的信息
LOAD		装入已编译的形文件
LOFT		在两个或多个曲线之间通过放样来创建三维实体或曲面
'LTSCALE	lts	设置全局线型比例因子
LWEIGHT	lw	设置当前线宽、线宽显示选项和线宽单位
MASSPROP		计算并显示面域或对象的质量特性
'MATCHPROP	ma	从一个对象拷贝特性到另一个对象
MATLIB		从材质库导入和导出材质
MEASURE	me	按指定的间隔放置点或块到对象中
MENU		加载自定义文件
MENULOAD		加载或卸载局部自定义文件
MINSERT		按矩形阵列插入一个图块的多个应用
MIRROR	mi	创建对象的镜像图形
MIRROR3D	3dmirror	创建三维镜像
MLEADER		创建多重引线
MLEADERALIGN		使多重引线的文字沿指定直线对齐
MLEADERCOLLECT		将几个多重引线中包含的图块串联在一起并附着到单引线
MLEADEREDIT		将引线添加到多重引线或从多重引线中删除引线
MLEADERSTYLE		定义多重引线
MLEDIT		编辑多线

续表

命　　令	别　　名	功　　能
MLINE	ml	建立多线
MLSTYLE		定义多线样式
MODEL		从布局选项卡切换到模型选项卡
MOVE	m	移动对象
MSLIDE		建立幻灯片文件
MSPACE	ms	从图纸空间切换到模型空间
MTEDIT		编辑多行文本
MTEXT	T，mt	建立多行文本
MULTIPLE		重复执行命令
MVIEW	mv	建立浮动视区并打开已有的浮动视区
MVSETUP		建立图形布局
NEW		建立新的图形
OFFSET	o	建立同心圆、平行线和等距曲线
OOPS		恢复被删除的对象
OPEN		打开已有的图形文件
OPTIONS	op	自定义 AutoCAD 设置
'ORTHO		打开正交模式
OSNAP	os	设置运行方式的对象捕捉模式
PAGESETUP		设置新建布局的页面布局、打印设备、图纸大小及其他设置
'PAN	p	平移图纸
PASTECLIP		从剪贴板插入数据
PASTESPEC	pa	从剪贴板插入数据并控制其格式
PEDIT	pe	编辑多段线和 3D 多边形网格
PFACE		通过定义顶点来建立 3D 多面网格
PLAN		显示 UCS 的平面视图
PLANESURF		创建平面曲面
PLINE	pl	建立 2D 多段线
PLOT	print	输出图形到绘图仪、打印机或者文件
POINT	po	建立点对象
POINTLIGHT		建立点光源
POLYGON	pol	建立正多边形
POLYSOLID		建立三维多段体
PRESSPULL		按住并拖动有限区域
PREVIEW	pre	打印或者输出图形时预览效果
PROPERTIES	Mo，ch，pr，props	控制现有对象的特性
PSPACE	ps	从模型空间视区切换到图纸空间
PUBLISH		将图形发布到 DWF 文件或绘图仪
PYRAMID		创建三维棱锥面
PURGE	pu	删除未引用的命名对象
QCCLOSE		关闭"快速计算"计算器

命 令	别 名	功 能
QDIM		快速创建标注
QLEADER	le	快速创建引线和引线注释
QNEW		通过默认图形样板文件启动新图形
QSAVE		快速保存当前图形
QSELECT		基于过滤条件快速创建选择集
'QTEXT		快速显示文本和属性对象
QUICKCALC	qc	打开快速计算器
QUIT	exit	退出 AutoCAD
RAY		画射线
RECOVER		修补被损坏的图形
RECTANG	rec	建立多段线矩形
REDO		取消最后的 UNDO 或 U 命令
'REDRAW	r	刷新当前视区中的图形显示
'REDRAWALL	ra	刷新所有视区中的图形显示
REGEN	re	重新生成图形并刷新当前视区
REGENALL	rea	重新生成图形并刷新所有视区
'REGENAUTO		控制图形的自动重新生成
REGION	reg	从选择的对象建立面域
RENAME	ren	改变对象的名字
RENDER	rr	对模型进行渲染处理
'RESUME		继续执行中断的脚本文件
REVOLVE	rev	通过绕指定的轴旋转 2D 对象来建立实体
REVSURF		绕指定的轴来建立旋转表面
ROTATE	ro	绕基点旋转对象
ROTATE3D	3r，3drotate	绕轴旋转 3D 对象
RSCRIPT		循环执行脚本
RULESURF		在两条曲线间建立直纹表面
SAVE		赋名保存图形
SAVEAS		用指定的文件名保存图形
SAVEIMG		保存渲染图像到文件中
SCALE	sc	缩放选择的对象
SCALETEXT		缩放文字对象而不改变其位置
'SCRIPT	scr	执行脚本文件
SECTION	sec	建立剖面图
SELECT		建立对象选择集
'SETVAR	set	列表显示或者改变系统变量的值
SHAPE		引用形
SKETCH		徒手绘线
SLICE	sl	剖切实体
'SNAP	sn	设置捕捉间距
SOLID	so	建立填充多边形

命　令	别　名	功　能
SOLIDEDIT		编辑三维实体对象的面和边
SOLPROF		创建三维实体对象的剖视图
SOLVIEW		在浮动视口中创建三维实体及体对象的多面视图与剖视图
'SPELL	sp	检查图形中的拼写
SPHERE		建立球体
SPLINE	spl	建立样条曲线
SPLINEDIT	spe	编辑样条曲线
SPOTLIGHT		创建聚光灯
STRETCH	s	移动或拉伸对象
STYLE	st	建立文字样式
SUBSTRACT	su	通过差运算来建立复合实体
SWEEP		通过沿路径扫掠二维曲线来创建三维实体或曲面
TABLE	tb	在图形中创建空的表格对象
TABLESTYLE	ts	定义新的表格样式
TABLE		创建空白表格
TABSURF		建立平移曲面
TEXT	dt	建立单行文本对象
'TIME		显示日期和时间信息
TOLERANCE	tol	标注形位公差
TOOLBAR	to	显示、隐藏或者定制工具栏
TORUS	tor	建立圆环体
TRACE		建立轨迹线
TRIM	tr	修剪对象
U		取消最后一次执行的命令
UCS		设置和管理用户坐标系
UCSICON		控制 UCS 图标的显示与位置
UNDO		撤消几个命令
UNION	uni	通过并运算来建立复合实体
UNITS	un	设置坐标和角度的单位、显示格式与精度
VIEW	v	保存和恢复命名视图
VIEWRES		设置对象显示的分辨率
VPOINT	-vp	设置 3D 图形的观察方向
VPORTS		将绘图区域划分成多个平铺视区
VSLIDE		显示幻灯片文件
WBLOCK	w	用对话框写图块或图形到图形文件中
-WBLOCK	-w	在命令行操作，写图块或图形到图形文件中
WEDGE	we	建立楔形体
XLINE	xl	建立参照线
XREF	xr	管理当前图形中的所有外部引用
'ZOOM	z	缩放显示图形

注：命令前加 " ' " 的为透明命令。

2.菜单

(1) "文件(F)"菜单

文件(F)	编辑(E)	视图(V)	插入(I)	格式
新建(N)...				CTRL+N
新建图纸集(W)...				
打开(O)...				CTRL+O
打开图纸集(E)...				
加载标记集(K)...				
关闭(C)				
局部加载(L)				
保存(S)				CTRL+S
另存为(A)...				CTRL+SHIFT+S
电子传递(T)...				
网上发布(W)...				
输出(E)...				
页面设置管理器(G)...				
绘图仪管理器(M)...				
打印样式管理器(Y)...				
打印预览(V)				
打印(P)...				CTRL+P
发布(H)...				
查看打印和发布详细信息(B)...				
绘图实用程序(U)				▶
发送(D)...				
图形特性(I)...				
1 H:\06cad\5-22				
退出(X)				CTRL+Q

(2) "视图(V)"菜单

视图(V)	插入(I)	格式(O)	工
重画(R)			
重生成(G)			
全部重生成(A)			
缩放(Z)			▶
平移(P)			▶
动态观察(B)			▶
相机(C)			▶
漫游和飞行(K)			▶
鸟瞰视图(W)			
全屏显示(C)			CTRL+0
视口(V)			▶
命名视图(N)...			
三维视图(D)			▶
创建相机(T)			
显示注释性对象(I)			▶
消隐(H)			
视觉样式(S)			▶
渲染(E)			▶
运动路径动画(M)...			
显示(L)			▶
工具栏(O)...			

(3) "标注(N)"菜单

标注(N)	修改(M)	窗口(W)
快速标注(Q)		
线性(L)		
对齐(G)		
弧长(H)		
坐标(O)		
半径(R)		
折弯(J)		
直径(D)		
角度(A)		
基线(B)		
连续(C)		
标注间距(P)		
标注打断(K)		
多重引线(E)		
公差(T)...		
圆心标记(M)		
检验(I)...		
折弯线性(J)		
倾斜(F)		
对齐文字(X)		▶
标注样式(S)...		
替代(V)		
更新(U)		
重新关联标注(N)		

(4) "编辑(E)"菜单

编辑(E)	视图(V)	插入(I)	格式(O)
放弃(U) 选项...			CTRL+Z
重做(R)			CTRL+Y
剪切(T)			CTRL+X
复制(C)			CTRL+C
带基点复制(B)			CTRL+SHIFT+C
复制链接(L)			
粘贴(P)			CTRL+V
粘贴为块(K)			CTRL+SHIFT+V
粘贴为超链接(H)			
粘贴到原坐标(D)			
选择性粘贴(S)...			
清除(A)			Del
全部选择(L)			CTRL+A
OLE 链接(O)...			
查找(F)...			

(5) "插入(I)"菜单

插入(I)	格式(O)	工具(T)	绘图(D
块(B)...			
外部参照(X)...			
光栅图像(I)...			
字段(F)...			
布局(L)			▶
3D Studio(3)...			
ACIS 文件(A)...			
二进制图形交换(E)...			
Windows 图元文件(W)...			
OLE 对象(O)...			
外部参照管理器(R)...			
图像管理器(M)...			
超链接(H)...			CTRL+K

(6) "格式(O)"菜单

格式(O)	工具(T)	绘图(D)	标
图层(L)...			
颜色(C)...			
线型(N)...			
线宽(W)...			
比例缩放列表(E)...			
文字样式(S)...			
标注样式(D)...			
表格样式(B)...			
打印样式(Y)...			
点样式(P)...			
多线样式(M)...			
单位(U)...			
厚度(T)...			
图形界限(A)...			
重命名(R)...			

(7)"工具(T)"菜单

(8)"绘图(D)"菜单

(9)"修改(M)"菜单

(10)"窗口(W)"菜单

(11)"帮助(H)"菜单

3.常用工具栏

(1)"标准"工具栏

| NEW(新建) | OPEN(打开) |
| QSAVE(保存) |
| PLOT(打印) | PREVIEW(打印预览) |
| PUBLISH(发布) |
3DDWF(三维发布)	
CUTCLIP(剪切)	PASTECLIP(粘贴)
COPYCLIP(复制)	
MATCHPROP(特性匹配)	BEDIT(块编辑器)
U(放弃)	REDO(重做)
PAN(实时平移)	ZOOM(实时缩放)
	窗口缩放及缩放弹出
缩放上一个	
PROPERTIES(对象特性)	ADCENTER(设计中心)
SHEETSET(图纸集管理器)	TOOLPALLETTES(工具选项板窗口)
MARKUP(标记集管理器)	QUICKCALC(快速计算器)
HELP(帮助)	

(2)"对象捕捉"工具栏

- 临时追踪点
- 捕捉自
- 捕捉到端点
- 捕捉到中点
- 捕捉到交点
- 捕捉到外观交点
- 捕捉到延长线
- 捕捉到圆心
- 捕捉到象限点
- 捕捉到切点
- 捕捉到垂足
- 捕捉到平行线
- 捕捉到插入点
- 捕捉到节点
- 捕捉到最近点
- 无捕捉
- OSNAP(对象捕捉设置)

(3)"渲染"工具栏

- HIDE(隐藏)
- RENDER(渲染)
- 光源弹出
- LIGHTLIST(光源列表)
- MATERIALS(材质)
- 平面贴图弹出
- RENDERENVIRONMET(渲染环境)
- RPREF(高级渲染设置)

(5)"查询"工具栏

- DIST(距离)
- AREA(面积)
- MASSPROP(质量特性)
- LIST(列表)
- ID(定位点)

(4)"缩放"工具栏

- 窗口缩放
- 动态缩放
- 比例缩放
- 中心缩放
- 缩放对象
- 放大
- 缩小
- 全部缩放
- 范围缩放

(6)"绘图次序"工具栏

DRAWORDER
- (前置)
- (后置)
- (置于对象之上)
- (置于对象之下)

(7)"对象特性"工具栏

颜色控制
线型控制
线宽控制
打印样式控制

(8)"工作空间"工具栏

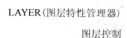

工作空间控制　工作空间设置　我的工作空间

(9)"图层"工具栏

图层

LAYER(图层特性管理器)
图层控制
LAYERP(上一个图层)
LAYERSTATE(图层状态管理器)

把对象的图层置为当前

(10)"标注"工具栏

标注

DIMLINEAR(线性标注)
DIMALIGNED(对齐标注)
DIMRADIUS(半径标注)
DIMJOGGED(折弯标注)
QDIM(快速标注)
DIMBASELINE(基线标注)
TOLERANCE(公差)
DIMCENTER(圆心标记)
DIMEDIT(编辑标注)
DIMTEDIT(编辑标注文字)

标注样式控制

ISO-25

DIMARC(弧长标注)
DIMORDINATE(坐标标注)
DIMDIAMETER(直径标注)
DIMANGULAR(角度标注)
DIMCONTINUE(连续标注)
DIMSPACE(标注间距)
DIMBREAK(断断标注)
DIMINSPECT(检验)
DIMJODLINE(折弯线性)
-DIMSTYLE(标注更新)

DIMSTYLE(标注样式)

(11)"修改Ⅱ"工具栏

DRAWORDER(显示顺序)
HATCHEDIT(编辑图案填充)
PEDIT(编辑多段线)
SPLINEDIT(编辑样条曲线)
EATTEDIT(编辑属性)
BATTMAN(块属性管理器)
ATTSYNC(同步属性)
DATAEXTRACTION(数据提取)

(12)"视觉样式"工具栏

二维线框
三维线框视觉样式
三维隐藏视觉样式
真实视觉样式
概念视觉样式
管理视觉样式

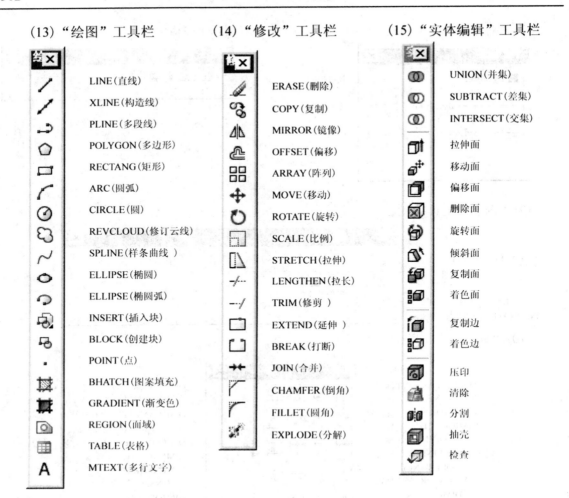

(13)"绘图"工具栏

LINE（直线）
XLINE（构造线）
PLINE（多段线）
POLYGON（多边形）
RECTANG（矩形）
ARC（圆弧）
CIRCLE（圆）
REVCLOUD（修订云线）
SPLINE（样条曲线 ）
ELLIPSE（椭圆）
ELLIPSE（椭圆弧）
INSERT（插入块）
BLOCK（创建块）
POINT（点）
BHATCH（图案填充）
GRADIENT（渐变色）
REGION（面域）
TABLE（表格）
MTEXT（多行文字）

(14)"修改"工具栏

ERASE（删除）
COPY（复制）
MIRROR（镜像）
OFFSET（偏移）
ARRAY（阵列）
MOVE（移动）
ROTATE（旋转）
SCALE（比例）
STRETCH（拉伸）
LENGTHEN（拉长）
TRIM（修剪 ）
EXTEND（延伸 ）
BREAK（打断）
JOIN（合并）
CHAMFER（倒角）
FILLET（圆角）
EXPLODE（分解）

(15)"实体编辑"工具栏

UNION（并集）
SUBTRACT（差集）
INTERSECT（交集）
拉伸面
移动面
偏移面
删除面
旋转面
倾斜面
复制面
着色面
复制边
着色边
压印
清除
分割
抽壳
检查

(16)"样式"工具栏

STYLE（文字样式）
文字样式控制
DIMSTYLE（标注样式）
标注样式控制
TABLESTYLE（表格样式）
表格样式控制
MLEADERSTYLE（多重引线样式）
多重引线样式控制

(17)"文字"工具栏

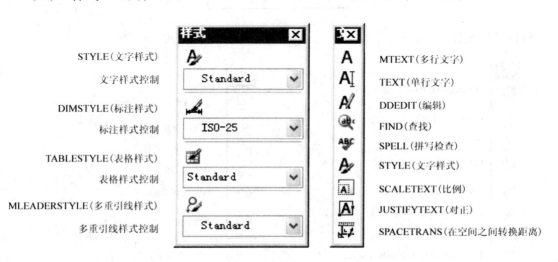

MTEXT（多行文字）
TEXT（单行文字）
DDEDIT（编辑）
FIND（查找）
SPELL（拼写检查）
STYLE（文字样式）
SCALETEXT（比例）
JUSTIFYTEXT（对正）
SPACETRANS（在空间之间转换距离）

(18)"实体"工具栏

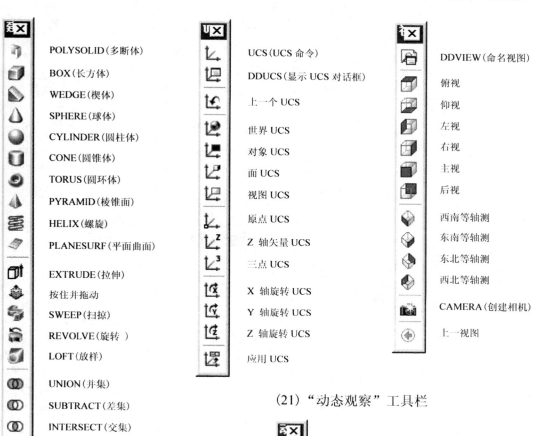

POLYSOLID(多断体)
BOX(长方体)
WEDGE(楔体)
SPHERE(球体)
CYLINDER(圆柱体)
CONE(圆锥体)
TORUS(圆环体)
PYRAMID(棱锥面)
HELIX(螺旋)
PLANESURF(平面曲面)

EXTRUDE(拉伸)
按住并拖动
SWEEP(扫掠)
REVOLVE(旋转)
LOFT(放样)

UNION(并集)
SUBTRACT(差集)
INTERSECT(交集)

3DMOVE(三维移动)
3DROTATE(三维旋转)
3DALIGN(三维对齐)

(19)UCS 工具栏

UCS(UCS 命令)
DDUCS(显示 UCS 对话框)
上一个 UCS
世界 UCS
对象 UCS
面 UCS
视图 UCS
原点 UCS
Z 轴矢量 UCS
三点 UCS
X 轴旋转 UCS
Y 轴旋转 UCS
Z 轴旋转 UCS
应用 UCS

(20)"视图"工具栏

DDVIEW(命名视图)
俯视
仰视
左视
右视
主视
后视
西南等轴测
东南等轴测
东北等轴测
西北等轴测
CAMERA(创建相机)
上一视图

(21)"动态观察"工具栏

3DORBIT(受约束的动态观察)
3DFORBIT(自由动态观察)
3DCORBIT(连续动态观察)

(22)"多重引线"工具栏

MLEADER(多重引线)
MLEADEREDIT(添加引线)
MLEADEREDIT(删除引线)
多重引线样式控制

MLEADERALIGN(多重引线对齐)
MLEADERCOLLECT(多重引线合并)
MLEADERSTYLE(多重引线样式)